攀枝花铁矿发现人刘之祥
及其学术研究成果

|主编◎吴焕荣|

四川大学出版社

项目策划：李思莹
责任编辑：李思莹
责任校对：刘慧敏
封面设计：胜翔设计
责任印制：王　炜

图书在版编目（CIP）数据

攀枝花铁矿发现人刘之祥及其学术研究成果 / 吴焕
荣主编. — 成都：四川大学出版社，2019.10
　　ISBN 978-7-5690-3166-9

　　Ⅰ．①攀… Ⅱ．①吴… Ⅲ．①矿山开采—文集 Ⅳ．
① TD8-53

　　中国版本图书馆 CIP 数据核字（2019）第 240408 号

书名　　攀枝花铁矿发现人刘之祥及其学术研究成果
　　　　PANZHIHUA TIEKUANG FAXIANREN LIUZHIXIANG JIQI XUESHUYANJIUCHENGGUO

主　　编	吴焕荣
出　　版	四川大学出版社
地　　址	成都市一环路南一段 24 号（610065）
发　　行	四川大学出版社
书　　号	ISBN 978-7-5690-3166-9
印前制作	四川胜翔数码印务设计有限公司
印　　刷	四川盛图彩色印刷有限公司
成品尺寸	185mm×260mm
插　　页	8
印　　张	20
字　　数	497 千字
版　　次	2019 年 11 月第 1 版
印　　次	2019 年 11 月第 1 次印刷
定　　价	128.00 元

◆ 读者邮购本书，请与本社发行科联系。
　 电话：(028)85408408/(028)85401670/
　 (028)86408023　邮政编码：610065
◆ 本社图书如有印装质量问题，请寄回出版社调换。
◆ 网址：http://press.scu.edu.cn

四川大学出版社
微信公众号

谨以此书纪念国立西康技艺专科学校（今西昌学院）刘之祥教授。

西昌学院

诚贺我国采矿专家、教育家，北京钢铁学院（今北京科技大学）建校元老刘之祥教授文集出版。

北京科技大学
土木与资源工程学院

中年时期的刘之祥

攀枝花中国三线建设博物馆中的刘之祥塑像

1936 年刘之祥在北洋工学院实验室。

　　继 1940 年 5 月在宁属北部调查之后，同年 8 月刘之祥率队在康滇边区开展地质矿产调查。图为调查队从西昌出发，刘之祥"一马当先"，西昌行辕地质专员常隆庆先生同行。

1940年9月刘之祥在尖包包矿旁的攀枝花树下留影（该树因雷击现已不存在）。

　　刘公生祠，西昌泸山半山处，面向邛海，南临光福寺。1939 年底至 1945 年刘之祥在国立西康技艺专科学校工作期间住址。

　　1945 年至 1947 年刘之祥受派赴英国皇家采矿学院和美国科罗拉多矿业大学
考察和研究。图为刘之祥在美国科罗拉多矿业大学。

刘之祥和部分家庭成员在一起。

序 一

　　刘之祥老先生算起来是我的上两代前辈了，能为他的"文集"作序，是我的荣幸。刘先生 1922 年入北洋大学预科，1924 年转矿冶系，1928 年毕业，后因学习成绩优秀留校从教。北洋大学求实和严谨的学风，奠定了他坚实的学科理论基础，确立了其用知识服务国家和社会的人生追求。他一生践行知和行、智和德相统一的为人准则，从教近六十年，为国家培养了一大批栋梁之材。1940 年攀枝花钒钛磁铁矿的重大发现，是他为国家做出的具有里程碑式意义的贡献。

　　先生一生学术成果丰硕，在采矿学科建设的多个领域都卓有建树。1956 年在全国召开的大型学术和教学方法研讨会上，他发表了长篇学术报告《中国古代矿业发展史》。这篇学术报告的视野从 1840 年一直向前延伸到 50 万年前，把原始生产资料石器作为采矿研究的起点，对铜、铁、煤、石油等的发现、开采、加工逐一进行考证，时间跨度之长，考证典籍之详，资料之丰，在采矿发展史的考证研究中当属首次。这篇学术报告的着眼点是采矿，当扩展到矿物加工的时候，也旁及了冶金，因此它实际成了新中国采矿和冶金两个学科发展史上的开山之作。

　　先生从上世纪六十年代中期开始，就把研究的重点转向了海洋矿产资源的勘探和开发，直到七十年代末期。这是我国很特殊的一段历史时期，旧社会过来的知识分子几乎都受到不同程度的冲击，先生就是一面受批判、写检查，一面进行研究的。先生自己确定研究方向，到处收集资料，掌握国内外动态，最终形成自己的研究成果，并于 1967 年和 1972 年相继在冶金工业出版社和科学出版社出版著作，1977 年在《海洋战线》发表论文。当时在国内，关于海洋矿产资源的开发，无人系统研究，先生是领跑人。在社会普遍认为陆地资源取之不尽的年代，先生的成果无疑对国人有启示和警醒作用。

　　在采矿学科建设上，先生做出的贡献在当时难有人相比。1952 年全国高校院系调整，北洋大学最具实力的专业之一采矿专业中的金属采矿部分连人带设备全部调整到新建的北京钢铁工业学院（现北京科技大学），同时吸收了清华大学、唐山铁道学院、西北工学院等院校的采矿专业教师。合并后的北京钢铁工业学院采矿系号称有十大教授，在全国当属领军之师，这里的一举一动对全国采矿学界都有很大的影响。先生在这一群体中，是开课门数最多、教材建设贡献最突出的一位教授。先生主编的《金属矿床开采》是非煤采矿专业必修的主干课程的指定教材，首次在国内建立了该课程的教学体系。该课程体系为后来的《金属矿床地下开采》和《金属矿床露天开采》两本优秀教材所采用。先生的《采矿大意》《物理探矿》《矿山力学及支柱》等，以及由他牵头、六院校共同编写的《采矿方法教学大纲》，都完成于1952年至1964年间。这是新中国采矿学科的初创时期，先生成为这个学科建设的奠基人。

先生奉献了丰硕的理论和实践成果，也积聚了博大的精神财富，形成了自己鲜明的学术特色和高尚的人格。

首先，在采矿学科发展中，先生的学术成果大多具有开拓性、前沿性和奠基性。先生学科理论基础坚实，知识渊博，治学严谨，视野开阔，思维敏锐，能熟练运用英语，通识德语、法语、俄语，这些都使他能够在广阔的学科领域捕捉先机，填补空缺，借鉴先人，推动学科理论向广、深、新的方向发展。

其次，先生在学术研究中孜孜以求，在社会实践中身先士卒，非常注重理论和实践的结合。北洋大学毕业即去厂矿实习，从教期间先后在青海金矿、会理铜矿兼职，协助矿厂勘探或冶炼金属矿，对西康省宁属地质矿产调查更是做出了特殊贡献。新中国成立后到年近七十岁前，先生几乎年年都带学生下矿井实习，"大教授"的表率之举让许多学生终生不忘。丰富的社会实践经历和生产实践知识，使得他在教学中所举案例生动鲜活，在学术研究中资料翔实，成果充分显示了科学性、论证力。听他的课，看他的著作和文稿，都能感受到先生学术功底深厚，学风正派，研究精细，文风如人德。

第三，先生学术研究的国家意识、社会意识很强。他入北洋大学，选采矿专业，就是由于当时国家急需矿物资源。他编写的每一部教材，都强调资源对国家和社会发展的极端重要性，而采矿的任务正是寻找和开发矿物资源。为了探矿和开发资源，先生冬天曾住在用冰雪搭建的"冰屋"里。两次宁属矿产调查，特别是康滇边区三个月调查，先生几次遇到生命危险。生前谈及这些经历时，先生说："为了国家的需要，就是牺牲生命也是值得的。"先生这种精神贯穿了他的一生。炽热的爱国心、浓厚的民族情怀、高度的责任意识，成为他成就事业的不竭动力。

第四，先生的丰硕学术成果和他的人格特征也是紧密相关的。先生待人谦和，无论名望大小、职务高低，都真诚相待。他不争名不争利，新中国成立后第一次评定职称，他被学校列为二级教授（第一名），当时是他负责向教育部呈递名单，得知二级教授名额要减少一名，他毫不犹豫地就把自己划到三级教授，从此三级教授定终生，但他从未抱怨。难能可贵的是，先生在进行系统的理论研究的同时，也热心于科普工作。他多次向采矿和冶金企业领导、技术人员和社会大众做学术报告，发表文章，普及采矿知识。先生是个会工作也会生活的人，多年习惯于凌晨四点多起床，写讲义备课；为掌握最新学术动态，他经常乘公交车到市内的外文书店查阅资料；他去过几十个国家，饱览了世界风土人情，见多识广；他有多种爱好，喜欢旅游、摄影和垂钓，还是个网球高手，上世纪五十年代初他和本校体育部门协作，在校内建起了八大学院中的第一个网球场，成了当时的一大趣闻。

先生一生笔耕不辍，培养的学生遍及国内外。他发现了攀枝花钒钛磁铁矿，为国家、为社会做出了重大贡献。北洋大学——天津大学、北京钢铁学院——北京科技大学、国立西康技艺专科学校——西昌学院，都为有先生而感到荣幸、骄傲。后学们当以先生为榜样，尊先生为师，永远怀念。

中国工程院院士、北京科技大学教授 蔡美峰

2015 年 7 月 30 日

序 二

　　1939 年 9 月 13 日，国民政府行政院因应抗日战争需要，批准在大后方（西康省）宁属地区西昌创建国立西康技艺专科学校，原北洋工学院院长李书田博士为首任校长。是时，刘之祥先生任会理铜矿工程师。1939 年 9 月 16 日，李书田校长致函，请刘先生负责康专在会理招考新生事宜。嗣后，刘先生受聘为探矿采矿副教授兼主持宁属地质矿产调查事宜。至 1945 年抗战胜利，刘之祥先生在国立西康技艺专科学校先后任采矿系副教授、教授，采矿系主任，兼任总务长、教务长等行政职务。

　　李书田校长创办康专的主旨在于为西康及其附近区域培养经济建设所需的专门人才，最终建立西康大学。1939 年 10 月 9 日颁发的西康技艺专科学校建校大纲总纲之第二条、第三条称：以教授各种应用科学，养成各级专门技术人才，适应西康及其附近区域之经济建设为目的。协助地方农林、畜牧、工矿事业之建设与推广。据此，国立西康技艺专科学校设立了农工技术推广部，下设农牧技术问询处、家畜诊疗院及宁属地质矿产调查队等机构，开展技术推广工作。国立西康技艺专科学校建校之初以泸山东麓古庙群为临时校舍，办学条件简陋，但所有教师不避生活艰苦，不辞工作繁重，谆谆教诲，为西康资源开发、经济建设和人才培养做出了巨大贡献。

　　刘之祥先生除担任教学工作、行政职务外，兼主持宁属地质矿产调查等事宜。1940 年 1 月，李书田校长与西康地质调查所共同拟订了《西康地质调查所与国立西康技艺专科学校合作调查宁属地质矿产办法》。1940 年 5 月底至 7 月中旬，刘之祥开展宁属北部地质矿产调查。8 月中旬至 11 月中旬，刘之祥先生为领队，和西昌行辕地质专员常隆庆先生一起，历经艰险，行程 1885 公里，对康滇边区盐源、盐边、会理、华坪、永胜、丽江、宁蒗等县，进行地质和矿产资源调查。1940 年 9 月 6 日，发现攀枝花铁矿，刘之祥函告李书田。1940 年 10 月 28 日，李书田校长封发了《国立西康技艺专科学校刘副教授芝生与西昌行辕常专员兆宁在盐边县发现大量铁矿煤矿》，向十家媒体发出新闻稿。该新闻稿在报刊发表后，引发广泛关注，刘之祥与常隆庆也因此被认为是攀枝花铁矿的最早发现者。刘之祥于 1941 年 8 月公开发表了调查报告《康滇边区之地质与矿产》，附有各地地质矿产分布及地形地势图，对地理、地质、矿产储量科考资料翔实，制定的开采规划十分详细。常隆庆也于 1942 年 6 月公开发表了调查报告《盐源、盐边、华坪、永胜等县矿产》。刘之祥受到教育部、西康省政府的隆重表彰和奖励，常隆庆也获教育部颁发的"光华奖章"。

1940 年 12 月，刘之祥先生在撰写的《国立西康技艺专科学校之创设与进展》中，提出将国立西康技艺专科学校建成一所涵盖农、工、医、师综合性大学的规划。刘之祥先生时任总务长，与周宗莲、雷祚雯校长等为西康大学的筹建付出了艰苦的努力。1945 年，西康省政府成立了西康大学筹备委员会，刘文辉任筹备委员会主席。但因种种原因，西康大学最终未能建立。1945 年 12 月至 1947 年 7 月，刘之祥先生先后赴英国皇家采矿学院和美国科罗拉多矿业大学进行考察和研究。归国后，刘先生回北洋大学任教。

1950 年 3 月 27 日，西昌解放，之后，国立西康技艺专科学校更名为西昌技艺专科学校。此后，又相继更名为西昌专科学校、四川省西昌农业学校、西昌地区"五·七"农业大学、西昌农业专科学校、西昌农业高等专科学校。2003 年 5 月 8 日，经教育部批准，西昌农业高等专科学校、西昌师范高等专科学校、凉山大学、凉山教育学院合并组建西昌学院。

斯人虽已远去，但刘之祥先生发现攀枝花铁矿的功绩，在国立西康技艺专科学校留下的精神财富，已经融入西昌学院的文化传统，将永留史册。我们将牢记先生功绩，牢记先生治校治学的精神和优良传统，鼓舞和激励全体西昌学院人，共同谱写学校发展的新篇章。

西昌学院院长

2016 年 5 月 16 日

目 录

第一部分 刘之祥生平概述

第二部分 发现攀枝花矿产资源的代表人

第三部分 学术地位和研究成果

第四部分　回忆文稿

第五部分　学生回忆恩师刘之祥

第一部分
刘之祥生平概述

一、刘之祥生平

刘之祥简历

　　刘之祥（1902—1987），字芝生，河北清苑人，中国民主同盟盟员。1922 年入北洋大学预科，1924 年转采矿专业本科，1928 年毕业。1928—1929 年在开滦煤矿实习，1929 年留校任助教，1933 年改任讲师。1937 年 7 月抗日战争全面爆发，天津沦陷，刘之祥与北洋大学师生外迁西安，先后在西安临时大学、国立西北联合大学、国立西北工学院任教，任副教授，受派任青海金矿探金队队长。1939 年受学校委派，转新建立的西康省，任西康金矿局西昌办事处主任、川康铜业管理处会理分处代理处长、会理鹿厂铜矿工程师。9 月负责国立西康技艺专科学校在会理的招生工作，之后先后任该校采矿系副教授、教授，采矿系主任，兼任总务长、教务长。1943 年因发现攀枝花铁矿，获颁教育部部聘教授。① 以研究员身份，于 1945 年 12 月—1946 年 12 月到英国皇家采矿学院、1947 年 1 月—1947 年 7 月到美国科罗拉多矿业大学进行考察和研究。1947 年 7 月回北洋大学任教。1948 年任北洋大学采矿系教授、采矿系主任、采矿研究所所长。天津解放前夕，部分教师和学生自发成立临时维持委员会，刘之祥任副主席，保护学校，迎接天津解放。天津解放后，该机构得到天津市军事管制委员会批准，刘之祥被任命为副主席，担任工学院代理院长。1949 年初该机构撤销，组建新的校务委员会，刘之祥任委员、常委，兼秘书长，教学和研究职务不变。1951 年 6 月教育部发文，在北洋大学的基础上成立天津大学筹备委员会，刘之祥是校产清理委员会委员。9 月任天津大学建校计划委员会委员。

　　1952 年全国高校院系调整后，刘之祥调入北京钢铁工业学院，担任校务委员会委员、校工会主席、采矿系教授。

　　社会职务方面，刘之祥曾先后兼任天津市工程师学会理事、北洋大学教授会主席、北京市科学技术协会理事、北京市金属学会理事。

---

　　①　刘之祥的档案中有记载。

三项学术研究成果创三个全国第一

——刘之祥的学术地位和研究成果

刘之祥的学术地位和研究成果归纳起来主要有以下几个方面：

第一，新中国采矿、冶金两个学科理论研究的开拓者和奠基人。

代表作：《中国古代矿业发展史》。此作为全国第一次科学研究和教学方法讨论会的学术报告稿。时间1956年2月，油印稿，正文共48页。国内同一领域的著作1980年始见。

在这份报告稿中，作者依据当时大量的古籍资料，将中国古代矿业发展史划分为史前原始公社时代、奴隶社会、初期封建社会、专制主义封建社会、末期封建社会及资本主义萌芽时期五个阶段。研究考察的历史跨度大，资料翔实，以矿业发展资料为主要内容，旁及冶金学科。这份报告稿关注的不是新中国成立初期对我国历史的分期是否科学，而是从漫长历史过程中获得的那些珍贵资料，以及由此形成的知识体系。

难能可贵的是，在"本文按语"中作者指出，此作"初次尝试用马克思列宁主义的观点进行科学研究"。在"绪论"中更具体引据经典著作：因为物质生产是社会生活的基础，物质资料的生产无论何时都是社会的生产，因此，人类社会的历史就既是社会经济形态发展的历史，同时也是劳动生产者发展的历史。刘之祥能够用历史唯物主义观点指导自己的研究，作为旧社会过来的知识分子，其个体思想变化的心路历程也成为老一代知识分子思想发展的缩影。

第二，中国海洋矿产资源开发研究的开创者。

上世纪六七十年代"文化大革命"特殊时期，刘之祥顶着来自外界的压力，多年间一直专注于海洋矿产资源开发的研究。在这之前和当时那个时期，这个领域的课题国内无人研究，国外也才刚刚起步。他的研究生、北京科技大学教授施大德说："在那个根本没有人研究学问的'革命'年代，没有人要求刘先生研究什么海洋采矿。没有项目，没有经费，甚至还有可能受批判，可刘之祥先生一直在关注世界范围内的专业前沿动态。"刘之祥相继出版了《海洋采矿》《开发海洋矿产资源》两本专著，发表了论文《海底矿床开采》。以《开发海洋矿产资源》为例，当时我国处于工业化起步阶段，学术研究领域和大众对海洋矿产几乎一无所知，社会普遍认为陆地矿产资源是取之不尽的。在这一社会背景下，这本专著高瞻远瞩，全面而精要地介绍了海水中的矿产资源及其开发情况、浅海和深海海底矿产资源、海底矿产资源的勘探方法以及海底矿产资源的开采方法。全书以海水成分为切入点，剖析海底矿产的生成机理。然后在浅海矿产资源中重点介绍了九种成分的储量、特征和可利用性，在深海矿产资源中重点介绍了海底地质结构特点、锰矿瘤的成分和不同的勘探和开采方法。最后介绍了科学技术发展条件下海底矿产资源勘探和开采的新方法和新特点。

今天看来，这些著作和论文将我国对自然资源的利用从陆地拓展到了海洋，开拓了新的学术研究领域，引领采矿学向纵深发展。

这些专著和论文虽然篇幅不大，但其历史地位、社会意义和学术价值却超出了很多鸿篇巨制。

第三，由刘之祥教授主编的教材《金属矿床开采》，在采矿专业学科建设中，长期被作为非煤采矿专业的指定教材，堪称同类教材中的佼佼者。

这部教材分四篇二十七章，是新中国成立后该专业所采用的第一部教材，也是国内首部介绍硬岩矿床开采的教材，受到了学界和学生的普遍赞誉。北京科技大学采矿专业教授刘华生认为："教材全面、系统地阐述了硬岩矿床开采的全过程，对矿床开采中所需遵循的核心理论、主要原则以及基本要求做了精辟的介绍。教材首次建立了该课课程体系，为采矿专业教学做了开创性工作。这一课程体系在后来基本上被全国非煤采矿专业使用的《金属矿床地下开采》《金属矿床露天开采》两本优秀教材所采用。"该教材将矿床开采生产过程中的工艺、工程、设备及其相互衔接以及配置有机地结合在一起，使教材的理论体系和生产工程相吻合，彰显了理论和实践相结合的突出特色，极大地深化了人们对硬岩矿床开采的认知和理解。该教材"填补了国内矿业类学科硬岩矿床开采教材领域的空白，对新中国矿业类人才的培养和矿业学科的建设起到了开拓奠基和引领作用，做出了历史性贡献"。

第四，跨学科研究的重要成果。

刘之祥在学术研究领域具有独特的品质：深厚的中外文知识基础，敏锐的思维能力，开阔的视野，超前的创新意识。他的学术成果不只限于金属采矿专业，还涉及采煤、冶金、石油等多个学科领域。例如，采煤专业方面有《井陉煤可洗性及洗净法实验》，冶金专业方面有《试金学》（英文讲义），石油开采方面有《在日本海的石油开采》（译文）等。上个世纪八十年代，他还以八十多岁高龄，担任《英汉金属矿业词典》的审定人，《中国大百科全书·矿冶》采矿编辑委员会第一副主任委员。

发现攀枝花钒钛磁铁矿
——刘之祥人生路上的一座丰碑

刘之祥既重视学术理论研究，也重视自然社会调查，把学术理论研究和社会实践紧密结合，并在两方面都取得了重大成果。

刘之祥的主要社会实践经历如下：

1. 到开滦煤矿实习。
2. 任青海金矿探金队队长。
3. 任会理鹿厂铜矿工程师、厂长。

这些社会实践和地质矿产调查经历，为其之后在宁属地区开展地质矿产调查积累了丰富的经验，奠定了坚实的基础。

4. 1940年5月30日至7月14日，根据《西康地质调查所与国立西康技艺专科学校合作调查宁属地质矿产办法》（以下简称"合作调查矿产办法"），刘之祥对宁属北部地区开展地质矿产调查。这是刘之祥根据"合作调查矿产办法"在这一年所做的第一次调查。他只身进入极度荒凉和落后的地区，风餐露宿，跋山涉水，为时一个半月，途经泸沽、冕宁、越嶲等十多个地区，初步探查了这一地区的地貌特征、地质结构，探明了储藏于这些地区的金、银、铜、铁、煤、石棉、云母、瓷土等多种矿产资源，考察了一些地区对资源的开发和利用情况，为后来的开发和利用指明了方向。

5. 尤其值得一提的是这一年根据"合作调查矿产办法"开展的第二次调查。这次调查由国立西康技艺专科学校牵头和主导，与西康地质调查所合作，国立西康技艺专科学校校长李书田发起和组织，委派刘之祥为领队，西昌行辕地质专员常隆庆"临时加入"，另有士兵四名，工友两名。调查队一行于1940年8月17日从西昌出发，冒着一个多月的阴雨，进入茫茫山峦和少数民族地区，一路上凶险不断，曾摆脱了几次有生命危险的劫难，克服了山水阻隔、人仰马翻的困难，行程1885公里，途经盐源、盐边等西康省多县和云南省丽江、永胜两县，用地质调查仪器对沿途地质矿产进行了测量、勘探、调查，于11月11日回到西昌，历时87天。

康滇地质矿产调查队跋山涉水

刘之祥在调查途中过梓里桥

1940 年 9 月 6 日，是刘之祥做出历史性贡献的日子。9 月 5 日，刘之祥一行到达盐边县攀枝花附近，住在保长罗明显家中。傍晚时分，刘之祥在院子里发现了两块铁矿石，他敏锐地意识到这里有铁矿储藏。第二天早晨，这两块铁矿石把刘之祥和常隆庆引到尖包包、乱崖、硫磺沟等山峦，他们在那里发现了多处铁矿露头。据刘之祥初步测算，这里的铁矿石储量在 1000 万吨以上，这在当时的宁属地区乃至全国都属大矿，附近还有煤，且有金沙江等便利的运输条件。作为调查队的领队，刘之祥当即写信向李书田报告。李书田于 10 月 28 日亲自起草，并向《宁远报》《大公报》等十家报纸发出了刘之祥等人在盐边县发现大量铁矿、煤矿的新闻稿。11 月 11 日，刘之祥、常隆庆回到西昌，带回的矿石标本经国立西康技艺专科学校化工系隆准教授化验，确认为含钒、钛等多种金属的磁铁矿。

刘之祥用了十个月左右的时间整理资料，绘制地质矿产图，于 1941 年 7 月和 8 月，分别在国立西康技艺专科学校丛刊第二号和第三号，公开发表了两份地质矿产调查报告。

一是《西康宁属北部之地质与矿产》。这是 1940 年 5 月 30 日至 7 月 14 日的调查报告。

二是《康滇边区之地质与矿产》。这是 1940 年 8 月 17 日至 11 月 11 日的调查报告。

这两份调查报告都由刘之祥精心编制、绘图。其中，第二份调查报告的内容包括"引言""第一章 沿途地质""第二章 矿产""英文提要"和 21 幅插图。其中一幅插图包含了沿途测量的 1000 多个选点数据和途经的 280 多个地区的名称，指出了攀枝花铁矿的位置。调查报告共印刷了 100 多份，国立西康技艺专科学校和西康地质调查所各50 份，经济部部长翁文灏 2 份，教育部部长陈立夫 1 份。刘之祥因此获颁教育部部聘教授，并获得 2000 元奖金。之后，国民政府西康省省长刘文辉在国立西康技艺专科学校做报告，当众感谢并表扬刘之祥发现攀枝花铁矿的这一重大贡献。

发现攀枝花钒钛磁铁矿是一次有计划、有目的、有组织的科考活动。在这次调查过程中，刘之祥尽职尽责，是当之无愧的领队，是发现攀枝花铁矿的代表人，报矿的代表人，把攀枝花铁矿的科学定论完整地公之于世的代表人。

这一结论有 70 多年前和近 30 年前的多份原始资料形成的证据链佐证。这些证据有足够的权威性、公信力和法理价值。新中国成立前，国民党政府急需矿产资源却无力开采，攀枝花铁矿沉睡着。新中国成立后，在党中央、国务院的领导下，攀枝花钢铁厂成为三线建设的重点工程。经过几十年的开发建设，现在该市已探明的铁矿储量达百亿吨，钒、钛储量居全国之首。攀枝花钢铁公司成为大型公司，攀枝花市成为拥有 100 多万人口的西南新兴城市、全国钒钛之都。这些巨大的变化，都和 1940 年 9 月 6 日攀枝花钒钛磁铁矿的发现紧密相关。

刘之祥在《康滇边区之地质与矿产》"引言"的最后一句话是："将来吾国重工业之中心，其唯此地乎?"七十多年后的今天，他的预言成真。人生有这么大的一个贡献足矣!

桃李满天下

——刘之祥从教六十年的硕果

刘之祥精心备课

刘之祥1928年从北洋大学毕业，1929年留校任教，到1985年摔伤髋部卧床不起，前后从教近六十年。从教是他的"主业"。刘之祥在中国工程界和教育界享有崇高威望。他的学生、同事、北京科技大学资深教授高澜庆说："他知识渊博，治学严谨，讲课效果极佳。"他教过的课涉及的知识面广，采矿学、采矿方法、金属矿床开采……采矿专业的所有专业课他几乎都讲过，同时还跨学科讲授过数学、物理、力学、冶金专业的试金学、地质专业的地球物理探矿等课程。除了校内授课，他还兼授其他几个学校的课，到北京后兼授北京地质学院（现中国地质大学）等校的课程。他培养的学生遍布我国黑色、有色、煤炭、化工、建材和核工业等各矿业及科研部门，遍布国内和国外。这些学生都在不同岗位上为矿业做出了自己的贡献。

刘之祥授课有几个特点：

第一，用"心"成为三尺讲台的主人。三尺讲台不大，但要站好这个讲台，在这个讲台上把知识讲深、讲透、讲活不易。刘之祥做到了。支持他这么做的是他为教育事业奉献一生的职业意识和事业心，以及把学生培养成材的使命感和责任心。他曾说，他不是师范院校毕业的，但他喜爱教育这个工作。

刘之祥讲课经常不带讲稿，有时在火柴盒上写上几个字。讲课时拿着一支粉笔，从讲台垫板的一头走到另一头，嘴里讲着内容，一只手在黑板上或写字或画图，另一只手在空中比比画画，用肢体语言表现矿区作业施工场景或某种机械，语言幽默，滔滔不绝，挥洒自如，课程内容刚告一阶段，下课铃便响了。踩着点上讲台，踩着点下讲台，时间精准，学生无不叹服。"听刘教授的课是一种享受，缺了一课就会感到很大的遗憾。"有些学生成了"刘之祥迷"。

刘之祥天资聪慧，记忆力极好，但他不是天才。当我们整理他的遗物时，看到他讲课的那些讲稿，仅"金属矿床开采"一门课，讲稿就有几大摞。几十年过去了，讲稿纸都已变黄。我们有幸找到他一个短时期的日记。以下是与备课相关的记录：

1957.12.27，早四时起，仍咳嗽，装订讲义稿；

1957.12.28，早四时起备课；

1957.12.30，早四时起备课……晚备课；

1957.12.31，早四时起备课；

1958.1.1，元旦放假，上午接待几批领导、同学，下午写讲义；

1958.1.2，星期天放假，仍上课，余时皆写讲义；

1958.1.3，早五时起写讲义；

1958.1.4，4:30起写讲义、备课，下午备课。

……

再往下看也都是如此。他担任着校工会主席的职务，每天的日程排得满满的，几乎都把备课、写讲稿的时间提早到4:00、4:30。当刘先生经常不拿讲稿就能把课讲得这么好，获得一片赞誉的时候，谁又能想到他没有享受一天节假日；当凌晨人们还在熟睡的时候，刘之祥已经在一个字一个字地写讲稿，理解和熟记着讲课内容。真是"台上一分钟，台下十年功"，支撑刘之祥持之以恒的，应该是他热爱教育的这颗心。

第二，教书以育人为本。是仅仅把教书作为一种职业，还是通过教书达到育人的目的，二者是有很大区别的。前者仅仅是把教师作为社会职业分工的一个岗位，后者则是理解了教师这一职业的本质要求和核心价值以后的一种理想追求。刘之祥把后者作为近六十年从教生涯的依归。

刘之祥理解和实践"教师"精义之一，是不当知识的搬运夫。刘之祥教书是要让学生完全理解他讲的知识，使学生有能力把这些知识作为母本，创造和生发新的知识和技能。他把自己的肩膀作为一个基石，让学生一个台阶一个台阶向上提升。这就是授人以渔，而不是授人以鱼。为了达成这个目标，他不仅在讲台上把一个脑袋、一张嘴、两只手充分调动起来，而且摸索、积累了一套教学方法。他在五十年代一次全校经验交流会上总结的教学方法有开门见山法、烘云托月法等。我们已无法知道他的一整套经验，但用诗一般的语言概括的背后，一定还有更丰富的内容。一门课，一个知识体系，一套教学方法，让学生理解知识，懂得运用知识的途径和领域。他的学生、现在已是教授的老教师们回忆起刘先生的教学来，仍旧很激动，说他们当学生时从刘老师那里学来的精神和方法，一辈子都在受益。

刘之祥理解和实践"教师"精义之二，是让学生在学习中成为主人。老师不应该把大学生、研究生"抱着走",而应该让学生有对知识的渴求,有掌握知识、化解学习中遇到的各种困难的能力。1956年,刘之祥开始指导我国采矿专业的第一批研究生,施大德教授是他指导的最后一名研究生。她在回忆导师指导自己的过程时深情地说:"刘之祥先生深入浅出的单独授课,海阔天空的讨论、答疑,虽然不脱离专业领域,却又是如此的开阔。我一直在他思维的海洋里遨游,如此博大而精细,缜密而灵活。但他对研究生的要求却又是如此'宽松',从不要求我做什么,怎么去做,一切由我自己决定。我紧张、焦虑,经常不知所措。他却如此的自信,气定神闲。一年多的时间,刘之祥先生平时看似不经意的谈话给了我许多点拨,使我悟出了许多道理和解决问题的方法,我在不知不觉中理出思路,在混乱中做出选择。我觉得自己渐渐地会做学术研究了,学会了该思考些什么,怎么去思考。我们师生二人一一化解了选题时的取舍,试验中的磨难,结果中的苦涩。我的感觉越来越好,论文思路逐渐清晰,对于研究成果很有信心。"八十年代,施大德从采矿专业转到了经济管理专业,劝她留在采矿专业的有本校的教授,也有外地学校的教授,而她的导师刘之祥听到她的想法后,却和她一起畅想如何把两个学科的专业知识结合起来。她感慨地说:"对于产生于工业社会的大学教育来说,刘之祥先生是真正意义上的教授,是真正意义上的导师。"

刘之祥理解和实践"教师"精义之三,是他认为找上门的学生或青年教师都懂得知识价值的深刻内涵,他们自己想学,所以他总是来者不拒,诲人不倦。他举办过青年教师培训班,帮助他们提高外语知识基础和专业技术能力。有多名青年教师因为用外语授课或出国之需,专门找到家里,请他单独辅导,每周两次或三次。刘之祥总是从发音、语法等基础知识说起,耐心地讲解,使这些教师很快就提高了运用外语工具的能力,能够独立讲授专业外语课或用外语讲授专业课。

第三,言教予智,身教厚德。培养人才重智,也要重德。做事先要学会做人,做人要讲人格、讲诚信、讲道德。一个人学了知识,但缺了为人之道,不仅对社会、对他人、对自己无益,而且还可能是有害的。刘之祥是旧社会过来的知识分子,新中国成立后在党的教育和社会实际的熏陶下,自觉地培养起爱国家、爱社会主义、尊重劳动人民的思想感情。这种感情在他的著作和文章中都有自然的流露。相信这种感情在课堂教学和课下师生交流的过程中,也自觉或不自觉地感染了学生,使学生在耳濡目染中受到了教育。

在刘之祥一些学生(他们都已是70岁以上的老人了)的口述或回忆文章中,谈及他的为人处世,都表示印象深刻,记忆犹新。他的工资不算低,但在他家里吃饭的人多,挣钱的人少。1958年刘之祥的父亲去世,他是借了钱回家办的丧事。但在同事和学生面前,他却从来都是大方的。在年龄大一点之后,他拉着他的研究生去逛街,一路谈笑风生,实际他的目标很明确,是去王府井八面槽外文书店。一进书店,他就钻进自己感兴趣或准备收集资料的书架前,习惯性地从口袋里掏出一两寸长的铅笔头和小本子,一面看一面摘抄。学生陈云鹤回忆:1954年夏天,刘之祥带领学生去弓长岭铁矿实习。采矿系学生住在台后沟老火药库内。床是用火药箱搭起来的通铺,分两边,一边住20多人,他就睡在最里面。白天他和学生同吃、同劳动。回京时按规定他买的是软卧车票,但到了车上,他就把软卧让给了体弱的同学,自己坐硬座,20多小时坐到北京。1961 年，刘之祥带领三个班的学生到山西中条山铜矿实习。虽已 59 岁，他却能做到生活全部自理，实习活动全部参加。在学生的心目中，刘之祥是知名教授，却又如此平易近人，如此尊重和体贴他人。他的行动就是一本教科书，告诉他的子女、朋友、学生，做人要讲德。

刘之祥在晚辈心目中是一位慈祥长者，在朋友心目中是一位挚友，在学生心目中是一位宗师，在教育界是一位杰出的教育实践家。

刘之祥主要学术研究成果

第一，调查报告、学术报告、讲义、著作。

1.《西康宁属北部之地质与矿产》，报告人：刘之祥，国立西康技艺专科学校学术丛刊第二号，1941 年 7 月。

2.《康滇边区之地质与矿产》，报告人：刘之祥，国立西康技艺专科学校学术丛刊第三号，1941 年 8 月。

3.《物理探矿》（讲义），作者：刘之祥，1952 年。

4.《采矿大意》（讲义），作者：刘之祥，1953 年。

5.《岩石力学及支柱》（讲义），作者：刘之祥，1953 年。

6.《矿山力学及支柱》（讲义），作者：刘之祥，1953 年。

7.《采矿知识》，作者：刘之祥、么殿焕，中华全国科学技术普及协会，1955 年。

8.《中国古代矿业发展史》，报告人：刘之祥，全国第一次科学研究和教学方法讨论会，1956 年 2 月。

9.《金属矿床开采》（合编），主编：刘之祥，冶金工业出版社（1959 年），中国工业出版社（1961 年）。

附：《采矿方法教学大纲》（合编），五院校共同编写，1964 年 8 月。

10.《海洋采矿》，作者：刘之祥，冶金工业出版社，1967 年。

11.《开发海洋矿产资源》，作者：刘之祥，科学出版社，1972 年。

12.《国内外采矿现状和发展方向》，报告人：刘之祥，北京天文馆（1977 年 7 月 8 日），首钢（1977 年 9 月 10 日）。

13.《采矿知识》（概念系列，中英文对照，讲义），作者：刘之祥，1978 年 3 月。

14.《采矿发展概况》（讲义），作者：刘之祥，1978 年 9 月。

15.《英汉金属矿业词典》，审定人：刘之祥，冶金工业出版社，1984 年。

16.《中国大百科全书·矿冶》，采矿编辑委员会第一副主任委员：刘之祥，中国大百科全书出版社，1984 年。

第二，论文。

1.《井陉煤可洗性及洗净法实验》，《北洋理工》，1937 年 6 月。

2.《海底矿床开采》，《有色金属（采矿部分）》，1974 年第 2 期。

3.《海底采矿》，《海洋战线》，1977 年第 3 期。

4.《世界采矿工业的成就和发展趋势》,《有色金属（采矿部分）》,1979 年第 3 期。

5.《攀枝花铁矿的发现》,《金属世界》,1985 年第 1 期。

第三,译文。

1.《金属矿采矿方法》,[俄]莫·依·阿格什柯夫著,杨利民译,刘之祥校对并修订,1954 年。

2.《无底柱分段崩落法中重力流动过程的研究》,刘之祥、苏宏志编译,童光熙校对,《有色金属（采矿部分）》,1974 年第 3 期。

3.《矿井通风的自动调节》,作者为芬兰采矿工程师,刘之祥译,1974 年 12 月。

4.《在采矿设计上的岩石力学》,刘之祥译,1974 年 12 月。

5.《在日本海的石油开采》,刘之祥译,1975 年 1 月 9 日。

6.《地下矿山管道设计中的岩石力学问题》,刘之祥译,1975 年 4 月 22 日。

7.《岩石力学用于设计和控制矿块崩落法》,刘之祥译,1976 年 11 月 13 日。

8.《发展采矿业洋为中用》,刘之祥译,1977 年 6 月 25 日。

9.《露天采矿》,刘之祥译,1978 年 12 月 14 日。

10.《试金学》（英语讲义）,刘之祥译,时间不详。

11.《矿块崩落法的现状和它在将来采矿工业的潜力》,刘之祥译,时间不详。

12.《国外矿山 1970 年使用电子计算机的情况》（涉及美国、加拿大、墨西哥、澳大利亚、日本等国家的 47 座矿山）,刘之祥译,时间不详。

13.《分段崩落采矿法》,朱烨译,刘之祥校对,时间不详。

14.《用化学添加剂来稳定顶板》,刘之祥、马安保译,时间不详。

15.《原生硫化矿石的核化学采矿》,刘之祥译,时间不详。

撰稿人：吴焕荣

2013 年 11 月 30 日

二、我的父亲

父亲生于 1902 年 12 月 23 日（冬至）凌晨，每逢冬至，我都会给父亲摆上碗面条，只是当年父亲用的那双象牙筷和那套精美的斟酒时鸟鸣、酒满时杯底呈现美女的酒具不见了。

1987 年 6 月 13 日下午，坐在轮椅上的父亲突然面部异常，意识不清，我当即将他送往北京大学第三医院并电报通知我的瑞士妈妈（继母）。妈妈以最快的速度于 6 月 20 日飞抵北京。

特护单间，窗式空调，明亮宽敞，设施齐全，医护和家属二十四小时看护，校领导及职工们也时来看望。父亲已是植物人，鼻孔、嘴都插着软管，全身瘫软，模样却依然安详。妈妈用瑞士偏方给父亲敷臂、按摩，用英语深情地对父亲呼唤："我来看你了！""你能看见我吗？""你认得我吗？"父亲大大的眼睛睁着，却没有表情和回应。看护了一个多月，回国的日期到了，妈妈向父亲告别。她看见父亲的右臂有轻微颤抖，激动地流下眼泪，这是我平生第一次见妈妈流泪。傍晚我们去机场送别，回来时父亲已停止了呼吸，时间是 1987 年 7 月 25 日晚 8 点左右，恰恰是飞机起飞时刻，父亲的灵魂随妈妈同机飞往瑞士，享年八十五岁。

1949 年父亲和家人在北洋大学

1949 年父亲和大妹瑞华在北洋大学

我爷爷毕业于保定军校，又毕业于北京法政学校（据说是别人代读），会日语，多年从事律师工作。大概是三十年代，爷爷在家乡（河北省清苑区耿家桥村）捐建了一所占地不少的小学，我和我的哥哥姐姐以及方圆数里的很多人都在这所学校读过书，因为这是当时家乡唯一的学校。爷爷多年任名誉校长，常住保定市（敌占区），土改时被定为"开明地主"。我有一个姑姑和一个叔叔，父亲比姑姑大十岁，比叔叔大二十岁。

父亲很优秀。国民政府时期他是全国为数不多的部聘教授，是攀枝花钒钛磁铁矿的发现人，他的名字早已载入《中国大百科全书》。

父亲由于学习成绩优异，大学毕业后留校任教，并被公派出国留学。先后到英国皇家采矿学院和美国科罗拉多矿业大学进修。曾周游世界，去过几十个国家，精通英语，也懂些德语和法语。父亲的好友中有几位外籍人士，他们的交谈往往是多种语言交替进行。他富有爱国心，1947 年回到了祖国。

日寇侵华期间，多所著名大学都迁到西南地区，那时父亲也随校去了西昌。他曾任教于位于泸山半山腰处的古刹光福寺的国立西康技艺专科学校（康专），只身住在学校旁边的刘公生祠。父亲住的地方后门景色优美，地势高而清静，视野开阔，能俯视邛海湖景。门外那棵高大的四季常青的茶花树，父亲最喜欢。1945 年初秋，蒋介石与宋美龄来康专视察，当时父亲在重庆，房子正好空着，校方便用来招待蒋宋，父亲不引以为荣，和很多有识之士一样，他对蒋宋孔陈四大家族的奢腐早有不满。

解放战争时期，父亲搭救和保护过两名进步学生，五十年代初他俩结伴从外地专程来校拜访答谢父亲。

天津解放前夕，父亲是北洋大学护校领导之一，之后曾担任秘书长、总务长、系主任、所长，也担任过工学院代理院长等职。

14

1947 年父亲在国外考察

　　新中国成立初期，国家师资匮乏，父亲在多校兼职任教，常年包洋车（当时的人力车）在课堂门口等候，一下课就接着到下一个讲课地点。他开的课程很多，除了多门专业课（金属采矿、非金属采矿、地球物理探矿、冶炼等有关课程）外，还有数学、物理、力学、化学、测量等基础课程。他精力很旺盛，讲课不用讲稿，上下课非常准时，课讲得很生动，很受学生们欢迎和敬佩。小时候父亲有时给我们背圆周率，他一口气能背出小数点后二十四五位来，我们听了都很惊讶。那时我用心背诵，也就背到小数点后六七位。平时他也爱给我们讲中外典故，出些智力测试题，我想这对我们的成长是有帮助的。我学习不用功，但数理化都学得很轻松，初中到大学都是外语班长（课代表），这无疑是受了父亲的影响。

　　北洋大学位于天津丁字沽，东邻北运河，地势低洼，校外水塘环绕。每年一到雨季，校内不少地方都被淹没。那时父亲经常冒着暴雨走出家门，蹚着过膝的积水到校内各处巡视水情并指挥工友们疏导沟管。那时的校舍都很陈旧，学校的围墙也大都破烂不堪，多有剥落松动，雨季时有倒塌。校方顾不上拨款修缮，父亲就自己掏钱买砖、雇工，将一段段危墙修缮加固。

他从不轻易求人，但当他知道别人有困难时，总是义不容辞，解囊相助，事后也只有家人知道，从不声张和表功，因此凡认识他的人都很尊敬他，他的为人、人缘之好是当时人们有目共睹的。也许是这个缘故才使他免戴了右派帽子，因为他也是主张专家（教授）治校的人。我毕业于天津大学，我读大学时所获得的优异成绩乃至受到的关注，无疑是沾了父亲的光。

父亲是左撇子，拿筷子、刀剪等都是用左手，唯有写字用右手，动手能力较强，还会点木工。大学时他是校篮球队队员，网球打得很好，曾代表学校到上海参加高校网球赛。家住清华时他常和好友马约翰一起打网球。父亲的优势是左手持拍，灵活又有力，那时清华正在摄制马约翰传记片，球场上的对手就是父亲，因马老突然病逝才中断了拍摄。

父亲待人友善，从不计较个人得失。五十年代高校第一次评级，他是学院的评委之一，也是负责向教育部上报名单的人。父亲当时被排在总排行的第二名，二级教授的第一名。教育部见到名单后，提出二级教授要减少一个名额，当时父亲就毫不犹豫地把自己划到了三级。评级结果公布后，很多人都很诧异，但父亲根本就没把它当回事。三年困难时期，三级和二级的待遇有差异，可他很坦然。我们的日子比起一般人家要好，能收到瑞士妈妈不时邮来的食品和日用品。"文化大革命"期间，学校的两名二级教授因调离幸免，其余的均被批斗。父亲苦笑着说，他要是二级，也在所难逃。

父亲出身书香门第，但他是很能吃苦的人。在青海荒漠中找金矿，不知多少日不能洗脸、洗澡，身上的虱子多得都已经不觉得痒了；冰冷的冬天，他住过自己用冰雪搭建的冰屋。那时的交通极为不便，有时给养中断，一切都要靠自己克服，饿肚子是常有的事。在那么艰苦的日子，父亲还养过两只小狼崽。他是个乐观豁达的人。在西南边陲地质调查中，父亲曾多次遭遇劫匪，但每次都因沉着冷静和友善沟通而脱险。崎岖山林荒草丛生，一步之差就可能坠入深渊。一次父亲连人带马滚到山谷，带着伤一瘸一拐在山沟里走了二十来里才爬上陡坡。在了无人烟的偏野孤店，一位学者（同济大学第一任校长）带的十来岁的男孩不小心掉进臭屎坑，未及时获救而惨死；一进餐馆，苍蝇"呼"的飞起来，才看见桌面的黑色原来不是木头的本色；一觉醒来，蚊帐的边角全是黑鼓鼓的臭虫，轻轻一拍就能落下半海碗来！几十年过后，父亲回忆起那段艰难经历，都视它为"趣谈"。

新中国成立前夕，一批知识分子去了美国或台湾，而父亲那批知识分子则决定留下来。这种爱国行为早已被党和国家多次予以肯定与表彰，然而谁又能料到，新中国成立以后政治运动一个接着一个，矛头几乎都是指向这批知识分子。父亲在相当长的时间里也是一遍又一遍地做"交待"，写"检查"。

父亲热衷于教育事业，教龄近六十年。他教过的学生人数众多，真可谓"桃李满天下"。父亲一生急国家之所急，做了不少的奉献。在北洋大学时（1950年左右），父亲将自己从国外购买的不少先进仪器都捐给了学校。这对改善当时学校科研及教学条件都有不小的贡献。我家的二十四本全套八开精装英文版《大英百科全书（第十三版）》及七十二本精装英文版《世界近代文集》，如今仍收藏在北京图书馆。

父亲平时留意学术动态，因精通英语，常搜集些自己需要的外文资料。在新中国成立初期，我国很多行业可以说才刚刚起步，人才师资各方面都很薄弱，学校的教材很多是从苏联照搬过来的。父亲参与了大量的教材编译工作。闲暇时，父亲写了《开发海洋矿产资源》一书，图文并茂，于七十年代初出版。这本可以说是当时我国较早涉及并积极倡导开发利用海洋矿产资源的册子，里面引用了不少当时国际上比较先进的资料情报及科技成果，具有一定的实际应用价值。但鉴于当时国情，并没有得到应有的重视。

多年来，三级以上教授未经国务院批准不得出国探亲访友，不得进行学术交流及讲学。和美国二十几年的断交，几乎隔断了所有的中美民间联系，连正常的书信往来都不能进行（那时父亲的来自瑞士的信件多被拆封）。直到七十年代中期"四人帮"被粉碎后，这一政策才有所松动。北洋大学校长李书田是父亲的师兄、挚友及同乡，两人关系非同一般。李先生移居美国后，创办了一所国际开放大学，任该校校长。父亲与他通信。他接到信后，对父亲有关海洋采矿的著作很感兴趣，要求译成英文。可惜父亲年事已高，未能完成，成为憾事。

大约在七十年代后期，中美关系解冻了，美国麻省理工学院校长来京访问几所高校，其间专程来北京钢铁学院，父亲应邀做全程翻译。临了，校长与父亲热情拥抱吻别，并将他的礼帽摘下戴在父亲头上。父亲年长于他，但作为校友，他们初次见面的热忱绝不仅仅限于礼节，他们一见如故。

父亲精力充沛，生活很有规律，一年四季总是四五点起床，从不睡午觉。以前他长年吸烟，吸的大都是铁盒装的上等烟。记得在我家楼道的阁楼上（天津家的夹层）总堆放着满满的烟盒和罐筒盒。他总是将烟悬叼在嘴角边，几乎是清早一根火柴点着了，一支接着一支的直到晚上睡觉。做事、讲课，甚至吃饭也叼着烟，熏得上嘴唇呈浅褐色。后来年纪大了，咳得厉害，医生建议他戒烟，父亲将标题为"列宁是如何戒烟的？"的一段报道钉在桌前墙上。一天，他从学校小商店（当时称合作社）回来说："一条毛巾三毛七，一盒烟也三毛七，一天吸一盒烟就等于每天扔掉一条新毛巾。"伴随他几十年的香烟就这样说戒就戒了，从未反复过。我不记得父亲生过什么病，他的身体一向很好。他爱好郊游，每年都带全家人去郊外山区踏青、秋游，周末有空时也带我们去公园。他走路步伐又大又快，我那时年轻，又是学校排球队队员，但跟他一起走路总得小跑才能跟上。他喜欢钓鱼，也喜欢用渔网捕鱼。过去家里储藏间一直保留着父亲用过的鱼竿和渔网。他喜欢摄影，有过六架相机，家里的相册摆了整整一书架，国内、国外的照片无数，朋友们来我家都喜欢看看相册。照片整理得井井有条，每张照片下面的深色衬纸上，父亲都用白色油漆写着说明，很工整的小楷，也有用英文标注的。父亲的字写得很漂亮。他办事严谨，思维敏捷，是个很善于计划的人，做事从不拖拉。他八十多岁时为他的爱妻，也就是我的继母，用中英文写过一首赞美诗。父亲的朋友，无论是外国人还是留学多年精通外语的学者，看了都赞不绝口，说："能把洋诗写得这么好，还合辙押韵的人不多见。"有的人还拿去当范文留存了。父亲是搞自然科学的，但他熟知我国历史，因此讲起故事来很生动，有名有姓有年代有地点，表述准确不含糊。只要有机会，大家聚在一起的时候，人们总爱提议要父亲讲故事。他从不怯场，总有很多的典故可讲。他讲的故事赢得了大家的欢笑与赞扬，他们对父亲惊人的记忆力及广博的学识由衷惊叹与佩服。

六十年代的父亲与女婿、外孙女们

1979年父亲和瑞士妈妈及小妹瑞和在八达岭

父亲很喜欢孩子。在我的记忆里，他从没有对孩子发过火，动过怒，当然更谈不上打骂了。他是个慈父。只是他对孩子溺爱放任有余，教育管教不足，特别是对我的两个妹妹，对此瑞士妈妈也很有看法，有时也会批评他两句。但父亲脾气好，总是一笑了之。父亲的生活里总是充满阳光。他从容、宽容、豁达、和蔼、真诚、慈祥、不虚荣、不虚伪、不张扬、可信赖、有责任心，热情而沉稳、聪明且努力、能干而谦和，善解人意、不悲不躁、踏踏实实，一生不结冤仇、奉献无保留、很具爱心，具备了好男人应有的品格。只是在八十三岁因骨折卧床两年之后，他的性格才有些暴躁。那次是渡口市史

18

志工作委员会的工作人员来到我家采访父亲，父亲讲述"发现攀矿"，持续两天多。采访结束后，父亲因过度疲劳与兴奋，坐床时不慎坐空而骨折。骨折部位在右大腿根部的关节处，手术难度较大，加之父亲已年逾八十，医生不同意手术，从此父亲便躺卧床上。

1954年末，瑞士妈妈带着我的两个妹妹回了瑞士。六十年代初我娘来到北京，和父亲虽没大的冲突，但两人感情不和。据我所知，父亲将近八十岁时曾与多年苦苦追求他的一位丧偶老相识见过一面。我见过此人，也见过她写给父亲的长信（夹在书架的书里）。她气度非凡，温文尔雅，文笔隽永，字迹清秀，如同她的相貌一样美，但我父亲不为所动，他们没有交往。父亲始终思念、钟爱着他的爱妻（瑞士妈妈），几十年书信未断。我生母健在，父亲一直维系着完整的家。

1981年父亲和瑞士妈妈及亲友们在家门前合影

到了晚年，父亲的几位老友时常来我家谈论人生。当时盛传某些名流遗产分配不均导致子女们反目成仇的事，父亲他们"看破了红尘"，认为儿孙自有儿孙福，留下遗产并非好事，于是把知道的北京好餐馆几乎都吃了个遍，最后选中了两三家，每周都去一两次。父亲有时带着家人，有时与几位老先生一起，有时叫上几位学生，算是享受人生和风流。这是父亲骨折前的一段晚年生活。

人在世上从事着各种职业，都有贡献，但多大的贡献才值得称颂呢？我觉得攀枝花钒钛磁铁矿的发现是父亲一生对国家最大的贡献，部聘教授是父亲一生最大的荣誉，值得称颂。他也是平凡的。我对父亲的回忆仅限于点点滴滴，我无力概括他的一生，但在我心目中，他是个好父亲就足够了。他永远活在我的记忆里，直到我生命的尽头。

女儿　刘桂馥

2013 年 12 月

第二部分
发现攀枝花矿产资源
的代表人

按　语

1. 当年发现攀枝花铁矿的三位主人翁李书田、刘之祥、常隆庆相继于上世纪七八十年代去世。本专题选载的李书田、刘之祥和常隆庆存留的这些历史文献资料，都和发现攀枝花钒钛磁铁矿直接且紧密相关，是研究1940年发现攀枝花铁矿最原始、最珍贵、最具权威性的材料。

刘之祥方面共有七份历史文献资料，提供了刘之祥在1940年两次地质矿产调查，包括发现攀枝花铁矿中的地位和作用的重要信息。

2. 1940年8月，刘之祥率队发现攀枝花铁矿的康滇边区地质矿产调查，是一次合法、合规、有领导、有组织的调查。发起人和组织者为原北洋工学院院长、时任国立西康技艺专科学校校长李书田。调查前李书田请示了当时的中央经济部，与西康地质调查所共同拟定了《西康地质调查所与国立西康技艺专科学校合作调查宁属地质矿产办法》，明确国立西康技艺专科学校出人，西康地质调查所提供经费，成果共享。李书田指定刘之祥为调查队领队，西昌行辖地质专员常隆庆因临时加入，作为同行者，没有分配具体任务。

3. 1940年，刘之祥进行了两次地质矿产调查。第一次是5月至7月去宁属北部，发现矿产10处。第二次是8月至11月去宁属南部即康滇边区，发现矿产15处，其中7处在现攀枝花市所辖盐边县境内。

文献资料突出显示了刘之祥在康滇边区地质矿产调查特别是发现攀枝花铁矿过程中的地位和作用。国立西康技艺专科学校和西康地质调查所拟订的"合作调查矿产办法"规定国立西康技艺专科学校出高级技师，国立西康技艺专科学校向新闻界公示的教授聘任书明确刘之祥除教学工作外，"兼主持宁属地质矿产调查事宜"，据此李书田指定刘之祥为这次调查的领队。1940年9月5日，刘之祥在罗明显家院内发现两块铁矿石，第二天刘之祥、常隆庆在罗明显的带领下上山，在尖包包、乱崖、硫磺沟发现多处铁矿露头，刘之祥初步测算储量有1100多万吨。发现攀枝花铁矿后，刘之祥当即给李书田信函，据此李书田亲拟并封发了给十家新闻媒体的新闻稿，把这一重大发现公之于众。调查结束后，刘之祥请本校化工系教授隆准化验样本，发现矿石中含钒、钛。刘之祥精心编著的调查报告《康滇边区之地质与矿产》于1941年8月公开发表，并呈送经济部部长翁文灏、教育部部长陈立夫。报告记述这次调查历时87天，行程1885公里，闭合路线图标示地名280多处，特别指出："矿产方面，则发现弄弄坪之砂金矿，及他处之煤、铜、铁等矿，亦皆绘制极简单之矿区图。其最有价值者，当属盐边县攀枝花之磁铁矿。"该矿"居宁属第一，亦全国不可多得之大矿"；"其他地带如倒马坎等，亦有磁铁矿之分布"。同时，预言"将来吾国重工业之中心，其唯此地乎"？报告附有英文提要及精心绘制的21幅地质矿产图。

刘之祥对攀枝花铁矿有个精准的评价："攀枝花矿几项优点：第一是地处西南边区，对外有险可守。第二是攀枝花矿储藏量很大，并且集中在攀枝花村附近一带。第三是含钒、钛量都很大，为稀有金属供给宝贵资源。第四是离金沙江很近，过江后就是云南的永仁那拉箐大煤田，煤质优而量大，以永仁之煤冶攀枝花之铁甚为相依。"他还提出了三套开发攀枝花矿产资源的建厂方案："钢铁厂可设于江边之保果"；"若需用较大之厂基，则在三堆子设厂亦可"；"否则亦可在会理县黎溪之南，沿金沙江处设大规模之炼钢厂"。每套方案都对资源和环境条件做了具体分析，热切希望"从速开发"。

康滇边区调查充满了困难和风险，甚至多次遭遇生命危险。面对种种困难，刘之祥说："我觉着为国家冒点险，这也是一种光荣任务啊。"这次调查不只为国家发现了巨大的物质财富，同时也留下了为国家、为民族勇于承担责任的精神财富。

为表彰刘之祥为攀枝花做出的贡献，教育部奖励2000元大洋，1943年特颁授刘之祥部聘教授。时任西康省主席刘文辉指名表扬刘之祥。

刘之祥发现攀枝花铁矿，早有新闻媒体报道。1940年11月27日，当时西康省《宁远报》载文："技专校采矿教授刘之祥等在盐边攀枝花发现大型铁矿床。"《中国大百科全书》1980年初版和2009年修订版都记载："1940年，北洋大学教授刘之祥在四川盐边发现了大型铁矿床。"

4. 常隆庆方面现知遗存三份历史文献资料：1942年6月公开发表调查报告《盐源、盐边、华坪、永胜等县矿产》，列矿床11处，因未带测高仪，缺沿途地质测量分析。自书编年史（1914—1974）记述1940年"9月6日到攀枝花，发现攀枝花铁矿"。常隆庆时任专员的国民党西昌行辕文献《八月份宁属要闻》，提到"行辕专员常隆庆、康专教授刘之相（祥）……赴康滇边境调查地质矿藏……"。未采集矿样。常隆庆在攀枝花铁矿发现中是随同发现人。

5. 攀枝花钒钛磁铁矿的发现，是攀枝花矿业公司、攀枝花钢铁公司、攀枝花市自然历史发展的原点。刘之祥把攀枝花铁矿的重大发现及时公诸社会，上呈中央，引起政府和社会的重视和广泛关注。之后相继有多批地质工作者前往进行更深入的调查，早在多年前即已探明矿藏储量达100亿吨，铁、钒和钛储量分别占全国的20%、87%和94%。1965年，党中央和国务院高度重视，决定把开发攀枝花钒钛磁铁矿作为当时三线建设的重大项目。经过五十年的奋斗，现在攀枝花矿业公司和攀枝花钢铁公司都已成为国家的大型企业，攀枝花市也由一个荒野山村建设成为拥有100多万人口的新兴城市、中国的钒钛之都。攀枝花铁矿的发现以及随后矿床面积的扩大和探明储量的增加，成为攀枝花建设和发展的充分和必要条件。

刘之祥是发现以攀枝花铁矿（后改称兰尖矿）为标志的攀枝花矿产资源的代表人物。攀枝花铁矿的发现是刘之祥人生路上的一座丰碑。

6. 本专题记述的仅为刘之祥1940年两次宁属地质矿产调查，特别是发现攀枝花铁矿的相关情况。

攀枝花

"将来吾国重工业之中心，其唯此地乎?"

摘自刘之祥调查报告《康滇边区之地质与矿产》之"引言"

一、发现攀枝花矿产资源的历史文献资料之一：国立西康技艺专科学校、李书田部分

李书田封发的《西康地质调查所与国立西康技艺专科学校合作调查宁属地质矿产办法》

西康地质调查所与国立西康技艺专科学校合作调查宁属地质矿产办法

（一）高级技师由李书田治科地质教授担任，助理技师由西康地质调查所酌派。

（二）地质调查就酌派。

（三）调查区域暂以宁康为范围。

（四）调查路费由西康地质调查所调查费项下接卷。

（五）调查时就按第三条各镇物标率，以供研究地质调查。

（六）一分在东方地分列室。

（七）调查人员薪以高级技师一人、助理技师又一人为限，期间材料双方同意。

（八）调查费预算：

甲 调查人员旅费依西康省政府旅费之规定办理，高等校师按荐任支给，助理技师按委任支给，以每月新廿日计共三百为七十五元，公缓及临时侠役日以五元计共九十元，每月共需三百字五元。

乙、特别费（包括乡导谢及医药等费）另列预备费。

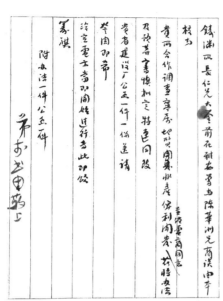
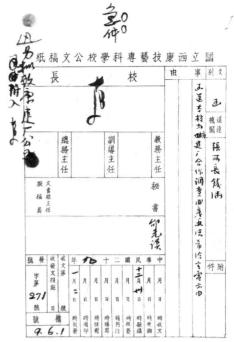

本件提要：

1. 《西康地质调查所与国立西康技艺专科学校合作调查宁属地质矿产办法》为国立西康技艺专科学校校长李书田与西康地质调查所所长张伯颜（字铸渊）经电商后，于1940年1月2日封发的，并报国民党中央经济部、教育部备案。

2. 函件中提及的陈华洲系当时中央经济部官员。

3. "合作调查矿产办法"的关键内容为调查中高级技师由国立西康技艺专科学校派出，经费由西康地质调查所承担，调查范围为宁属地区，矿石标本两单位各存一份。

4. 原件存于西昌学院。

李书田封发的《国立西康技艺专科学校
本年度各教授均已聘定》

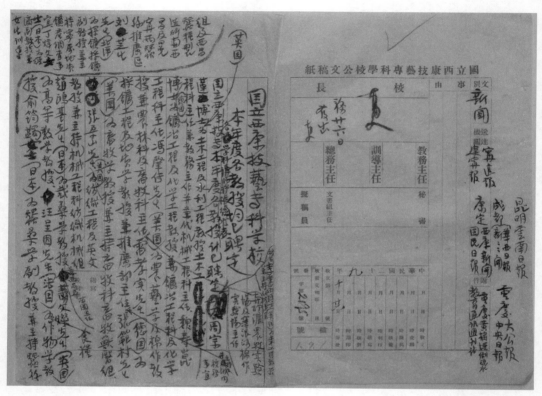

本件提要：

1. 本件是根据当时规定，国立西康技艺专科学校于 1940 年 10 月 26 日向十家新闻媒体发出的聘定教授的一篇新闻稿。

2. 与刘之祥相关的内容为"刘芝生先生（北洋）为探矿采矿副教授兼主持宁属地质矿产调查事宜"。

3. 原件存于西昌学院。

李书田封发的《国立西康技艺专科学校刘副教授芝生与
西昌行辕常专员兆宁在盐边县发现大量铁矿煤矿》

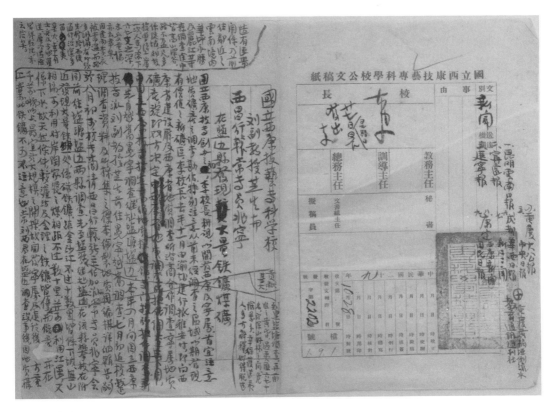

本件提要：

1. 本件是刘之祥 1940 年 9 月 6 日发现攀枝花铁矿，李书田接到刘之祥报告后于 1940 年 10 月 28 日向十家新闻媒体封发的新闻稿。

2. 稿件主要内容：向《宁远报》《大公报》《中央日报》等新闻媒体公布刘之祥、常隆庆在盐边县发现大量铁矿、煤矿的消息。调查队出发前，李书田嘱咐"首宜注意地质矿产之调查勘估，特别注意从前未经调查之区域，以期发现有价值之新矿区"。

3. 原件存于西昌学院。

李书田美国来信《攀枝花巨型铁矿发现之由来》

攀枝花巨型鐵礦發現之由來

李書田憶

　　余於一九三九年代表教育部參加川康視查團，事後建議政府成立國立西康技專。遂得集合羣賢，而獲劉之祥之加入而為採礦教授。復原以後，劉教授先後服務於北洋大學及北京鋼鐵學院。

　　北京鋼鐵學院劉教授之祥，臥病年餘，終因醫治無效，聞於今年七月廿五日病故，致令國家失去良師之一。

　　劉教授先後在西康技專和北洋大學工作期間，道余長校，其嚮往學術，致力礦產調查禆益國家。尤其在西康技專時，余曾於一九四零年五月三十日至七月十四日，及一九四零年八月十七日至十一月十一日，分別派伊赴寧屬北部和西部進行過兩次地質和礦產調查，並寫有兩份地質調查報告，一份是《西康寧屬北部之地質與礦產》，一份是《西康雲南邊區之地質與礦產》。這兩份報告在一九四一年七月，由學校叢刊第二號第三號出版。調查報告中說明，這兩次調查是由西康技專和西康地質調查所合作進行的。第二次調查時"同行者有常北寧君"（就是當時西康行轅的常隆慶先生），這次調查發現了攀枝花大鐵礦。當時我所以發起這兩次調查者，純為開發國家資源，遂和西康地質調查所的張伯顏先生共同商決，由西康技專出人（劉之祥），由西康地質調查所出錢，員擔經費。調查出發前，常隆慶先生臨時加入，劉之祥為領隊。在九月六日發現攀枝花鐵礦後，劉之祥寫信向余報告，遂把這一消息通知了西昌的《寧遠日報》，該報刊登了國立西康技專教授劉之祥在鹽邊縣發現攀枝花大鐵礦的消息。調查結束後，劉之祥員責寫了兩份調查報告，並受到教育部和西康省主席的表揚。採集的礦物標本共十箱,分別由教專和地質調查所兩處保存。

近聞攀枝花已建設成為中國的大型鋼鐵公司,這個公司的所在地渡口市已成為有四十萬人口的城市。最近,渡口市在收集攀枝花的歷史資料過程中,自然希望劉教授提供當年發現攀礦的詳細資料,並希望得到有關當事人的證明。余因為原來調查的發起者、組織者,並曾親派劉教授之祥親往調查。劉教授今雖仙逝,但其偉大發現,及今日渡口市成為四十萬人口之都市,悉為劉教授發現功果。余何榮如之。遠承劉教授令婿吳焕榮先生來請回憶,原錄如上,以記往事。

一九八七年十月十七日於北美南連地連城

二、发现攀枝花矿产资源的历史文献资料之二：
刘之祥宁属地区地质与矿产调查部分

西康宁属北部之地质与矿产

1. 调查报告的封面。

国立西康技艺专科学校学术丛刊第二号

民國三十年七月

西康宁属北部之地质与矿产

西康省地質調查一所
國立西康技藝專科學校合作調查報告之一

劉之祥編

2. 调查报告中的两幅插图（其余 23 幅插图从略）。

（1）插图一（原图为二号图纸，比例尺为二十万分之一）。

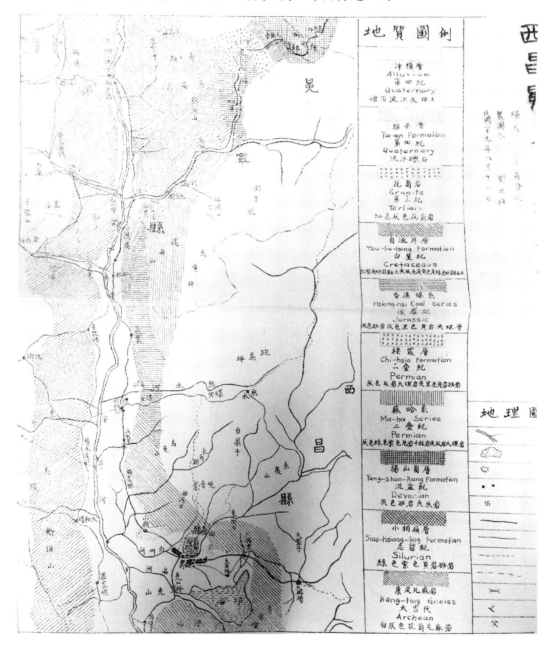

（2）插图二（原图为二号图纸，比例尺为二十万分之一）。

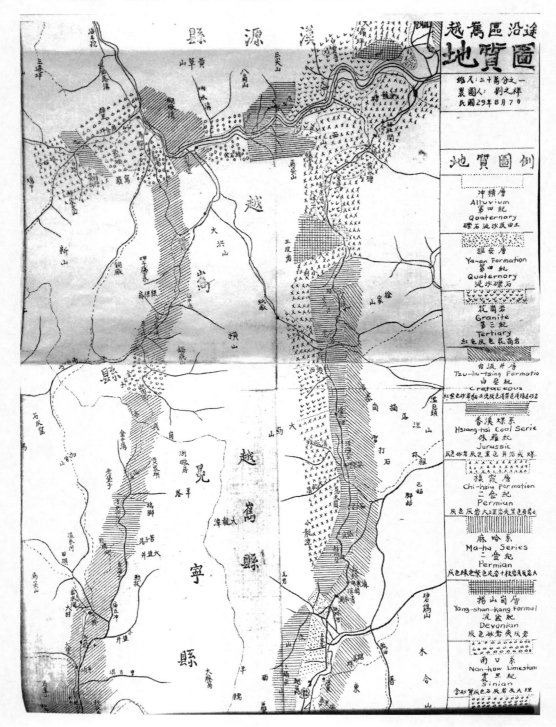

3. 调查报告的目录和正文。

目　录

引　言

西康宁属各县，地质复杂，矿产丰富，及时开发，增加资源，实为国家当务之急。是以国立西康技艺专科学校，创设之后，首先会同西康省地质调查所，从事宁属地质矿产调查工作，以为举办矿冶事业之初步。其第一次调查，系于二十九年五月三十日，由西昌出发，路经泸沽、冕宁、拖乌、安顺场、芍药槽、富林、海棠、越巂等地，于七月十四日返回西昌，为期一月有半。此次所用仪器，只有普通空盒气压表，借以测量海拔之高度；袋内罗盘仪，借以测量途径之方向，及作草略之地形测量。至于路程之距离，则由行路速度及时间计算而得。设备既欠完善，时间又觉短促，仅作旅行式之调查。走马观花，自难详尽。兹已将沿途地质绘制成图，沿途矿产略事调查，并附带采集矿物岩石标本若干种，分存国立西康技专校及西康地质调查所，以资陈列，而供研究。拟俟翌日设备周全，将矿物成分分析，将岩石磨成岩片，在显微镜下详加研考，庶对矿床之价值，及其生成之状态，始可清晰，而有益于将来矿业之发展也。兹分地质及矿产二章，报告如后。因矿物多未分析，其确实之成分，尚难尽知，而地层时代，又因缺乏化石，难免错误。尚望海内博学，不吝指正，俾臻详确，斯所乐闻者也。

第一章　地　质

第一节　地质总论

宁属北部地质，较为复杂，岩石之变化，海拔之高度，及路程之距离，均详见沿途地形及地质图。火成岩分布颇广，最古者为太古界之花岗岩，多已变质成片麻岩。兹将地层时代之次序，由新而古，分列如下：

一、第四纪（Quaternary）

1. 冲积层（Alluvium）含砾石、泥沙及田土。

2. 雅安层（Ya-an Formation）含砾石、泥沙，因胶着而较坚硬耳。

二、第三纪（Tertiary）

含红色及灰色花岗岩。此种花岗岩，有时含红色长石颇多而现红色。

三、白垩纪（Cretaceous）

自流井层（Tzu-liu-tsing Formation）含红紫色砂岩、黏土，夹灰色、浅黄色、浅绿色砂岩及黏土。

四、侏罗纪（Jurassic）

香溪煤系（Hsiang-hsi Coal Series）含灰色砂岩、灰色及黑色页岩，夹煤层。

五、二叠纪（Permian）

1. 栖霞层（Chi-hsia Formation）含灰色灰岩、大理岩，夹黑色页岩、砂岩。

2. 麻哈系（Ma-ha Series）含灰色、绿色、紫色片岩、千枚岩，夹灰色大理岩。

六、泥盆纪（Devonian）

扬山岗层（Yang-shan-kang Formation）含灰色砂岩，夹灰岩。

七、志留纪（Silurian）

小相岭层（Siao-hsiang-ling Formation）含绿色、紫色页岩、砂岩。

八、震旦纪（Sinian）

南口系（Nan-kow Limestone）含砂质灰色灰岩及大理岩。

九、五台系（Wutaian）

草八排系（Tsao-pa-pai Series）含绿片岩、千枚岩、板岩及灰岩，夹蛇纹石。

十、太古代（Archean）

康定片麻岩（Kang-ting Gueiss）含白灰色花岗岩及花岗片麻岩。

第二节　沿途地质

一、西昌至冕宁

西昌为宁属政治及商业之中心，位于安宁河东九公里之冲积层台地上，城垣在北山之麓，海拔一千七百二十尺。城东南三公里，有湖名邛海，周围可二十五公里。隔湖有泸山，林木茂盛，风景绝佳，庙宇层列，诚一佛家胜地，国立西康技专校即设于此。附近土地肥美，属河流之冲积层。三面环山，皆系红紫色之砂岩，属白垩纪，与四川之红色地层相近似。其下部之侏罗纪地层，因冲蚀作用，时有在沟谷内出露之处。如大石板附近之周家山，在沟内发现黑色页岩之露头，及侏罗纪之植物化石。又其东南十五公里处亦有侏罗纪之煤层，于农闲时，土人多采作家庭燃料。因质劣量微无经济价值，盖侏罗纪地层，多为白垩纪地层所覆盖耳。

由西昌沿安宁河之支谷行七公里半至小庙，亦称双龙泉，附近之丘陵地，为胶结之砾石及泥沙，应属第四纪之雅安层。共行十四公里三至锅盖梁，位于安宁河之东岸，此处谷宽可五公里，河之西岸山脉，有灰白色之花岗岩，似属太古界，表面因风化颇烈，多为白沙所覆盖。此种岩石，分布尚广，在冕宁县境内，尤显发育。共二十八公里半至礼州，皆系安宁河谷之冲积层。其东九公里，在热水沟旁，有土法煤窑，现正在开采中，属侏罗纪香溪煤系。沿沟东行又三公里，至热水塘。在沟内有温泉，泉水之温度，可达摄氏温度计五十二度。水因太热，不宜沐浴，其中硫化氢之气体尚多，臭气可达一公里外，亦含石灰质少许，盖因地下之热气上升，后与潜水混合而出也。其位置颇低，夏季水涨时，当为河水所淹没，是以不能修凿，而成良善之浴所也。

礼州河谷最宽，东西可九公里，农产颇丰。由此经太平场行十公里二至義农，其东为侏罗纪之黑色页岩，因石质较软，风化及侵蚀皆烈，土人将此受风化之石末，加黏土制成砂锅，销路颇广。经松林行二十七公里至老鹰沟，河旁有砂金之沉积层，去年尚有工人数十名在此采掘。因山谷狭小，含金沙层无多，开采已将尽矣，两旁见花岗岩，后又经二叠纪之片岩、千枚岩及灰岩，共行三十六公里，而至泸沽，又见花岗岩之出现。泸沽海拔高度为一千八百二十八公尺，其东南三公里之南冲沟，产白土，由片岩经风化而得，夏季因雨水过多，易混泥土，每年冬春两季，有工人数名，每日可制白土砖由十数块至数十块，行销市场，可制粉笔，可涂墙壁，并可作洗衣服之白浆。泸沽东南十里处之矿头山，有磁铁矿产于石英岩、大理岩、灰岩等与花岗岩之接触部分，有彭家夷人住于山顶，海拔高度二千五百公尺。又东南二里处有侏罗纪之煤一层，厚约七十公分，因距火成岩近，受变质作用故成高灰分之无烟煤。由泸沽经石龙桥、高山堡、峡口，行三十三公里九而至冕宁，除河谷之冲积层外，余皆属太古代之灰白色花岗岩，其中有一部分已变质为片麻岩，其变质之程度颇深。片麻岩层理极清晰，惟与不变质之花岗岩，交错接连，分界不甚显著。冕宁城东南二公里，在公路旁有辉长岩，今年春曾有人将此种岩石误认为铜矿，数次冶炼，皆遭失败。

由西昌至冕宁，皆沿安宁河之东岸而行，谷中系河流之冲积层，台地极发育，高出河水面有达一百公尺者。其高出二十五公尺以内之台地，多属壤土，田地肥美；其高出二三十公尺以上之台地，则沙土及砾石较多，除夏季外，雨量极少，而水分不足，田地较劣，亦有不能耕种者。至于沿途地形，则甚简单，山脉起伏平缓，河谷宽阔，当属壮年期之地形，每一山口皆有冲积之扇形地，以东岸山坡处，尤为显著也。

二、冕宁至芍药槽

冕宁城在安宁河谷中，海拔一千九百八十四公尺，南有南门河，源出四鸟角，成一平谷，冕宁即在此二河谷之交汇处，形成一近三角形之平原，周围岩石，多系花岗片麻岩。北行三公里八至大汶沟，有二叠纪之石灰岩，乐西公路在该处开办一石灰窑，供该路修筑桥涵之用；七公里四至平坝，又见花岗岩，经排府共行十八公里三至大桥，乐西公路第五工程总段，即设于此；以后逐渐上坡，经我瓦，海拔达二千三百八十公尺，又经一碗水，沿途皆花岗岩，因风化颇甚，石多碎软，乐西公路建筑桥涵，该石几不能应用，须由其地下深处采石方可将事。经十公里之侏罗纪地层，而至拖乌，风高气寒不宜居民，共行五十四公里六至菩萨岗，海拔二千五百八十公尺，系安宁河与南桠河之分水岭。南桠河北流入大渡河，大渡河古河床，似有经此顺南宁河而入金沙江之可能，故地质学者，多如此主张。但调查结果，在菩萨岗一带，并未发现河床之沉积物，反见带有菱角之石砾，故大渡河改道之说，尚无明证。其东四公里处为孟获城，尚有城垣遗迹，林木森莽，地湿多巨蛇。共行六十一公里九，至铁团团，多系绿片岩、千枚岩等变质岩石。路旁灌木丛生，河谷狭小，成"V"字形，当属少年期之地形也。经李子坪、半边桥、姚河坝、百子罗、擦罗、殷百户，共行一百二十二公里五至海阳会，海拔二千一百公尺，皆系太古代之花岗岩。再北则有五台系之岩石。至马鞍山，始离乐西公路线，而岩石皆为含矽质之石灰岩，曾发现属震旦纪之简单生物化石，与河北省南口之灰岩相似，皆属震旦纪。该种化石，亦或为溶液所生成，而根本即非化石。关于此，则有待古生物学家作进一步之研究，始能鉴定。共行一百四十四公里九，至安顺场，在大渡河之西岸，海拔一千一百三十八公尺，四周多系震旦纪之灰岩及大理岩，生于太古代花岗片麻岩之上，附近砾石及泥土之台地，发育极佳，可知侵蚀力量之大。安顺场为富林及海棠通康定之要路，人口及商业亦为沿路之冠，由此折往西行，沿松林河而上，经松坪子，皆属震旦纪地层。共行一百六十五公里三至西油房，山高坡陡，属少年时期之河谷，河床坡度亦大，流量尚多，水力当可应用也。兹将此段所见之台地，列表如后：

地　名	生成时期	高出松林河水面之公尺数	备　注
乔白马台地	上新统	335公尺	沙砾及泥土，不能耕耘
田坪子台地	雅安层	150公尺	砾石及泥土，能耕耘
安顺场台地	今日	20公尺	田土，能耕耘
河旁台地	今日	5公尺以下	泥沙及砾石，不能耕耘

西油房南山坡之金台子，及其对岸之广金坪，皆有含金之石英脉。现有裕宁金矿公司，在此开采山金。行十一公里至芍药槽，海拔二千二百四十公尺，附近系二叠纪之灰岩及大理岩，黝铜矿即生于此灰岩内，属填充矿床，川康铜业管理处在此设松林矿厂。附近地质复杂，地层变动剧烈，钟家火山处有极显著之逆掩断层（见图），他处之褶皱，亦多显著。山脉之走向，大致为南北方向。松林河应属顺向谷，其支流多为后成谷。灰棚子则为沟造谷，成于钟家火山逆掩断层之后，盖喜马拉雅山之造山力，即相当于阿尔布斯山之造山力，影响世界，此地当亦被波及。而河谷则成于该时之后，是以仍为"V"形谷，而属少年时期也。

三、安顺场至富林

由安顺场经小水，行八公里四至卡拉沟，皆沿大渡河西南岸而行。河对岸之冲积台地，含砂金，前由赖执中君雇工开采，每立方公尺含金沙层，约含金五厘至八厘，当时颇足自给，后因工价高，良沙渐少而停。经铁索吊桥，共行二十公里至农场，皆系粗粒之片麻状花岗岩，应属太古代。再东行共二十六公里至草八排，见绿片岩、千枚岩、灰岩及蛇纹石，应属五台系。其东南五公里之山腰处，产石棉，系蛇纹石所变成者，质佳而丝长，上品也，现正有人在此开采。其南十数公里之广元堡及五家蛮，皆系以产石棉闻，质虽较次，而矿区则较大耳。

由草八排沿大渡河南岸行六公里，至那儿坝，见侏罗纪之香溪煤系，故附近之狮子坪、川心店及石板沟一带皆有煤层之露头。土人到处零星采掘，以供家庭燃料之用。狮子坪煤层厚度，约六十公分，现每日产煤六七千斤。川心店及石板沟之煤，土人时作时停。共行十八公里六至要要沟，又见花岗岩，内含紫色及红色之长石结晶，应属第三纪。经曹河坝，渡大渡河，又经大冲、青杠嘴，共行四十一公里五至河床坝，沿途皆系此种花岗岩，而山之顶部，则有二叠纪之灰岩，盖花岗岩系侵入灰岩之内也。土人即利用河水冲来之灰石，烧制石灰。再行有泥盆纪之灰色砂岩，夹灰岩。至羊脑山则见侏罗煤系。共五十五公里七，至富林。除冲积层外，四周多系二叠纪之灰岩、砂岩及页岩。

四、富林至越巂

富林位于大渡河之北岸，海拔一千零六十公尺，北通雅安，南达西昌，东至乐山，西至康定，居乐西公路之中心，为宁属各县入四川必经之要道，是以商业因交通而繁盛也。渡大渡河，八公里三至大树堡，经李子坪、晒经关、白马堡，沿途所见皆系二叠纪之灰岩，夹页岩及砂岩。共行二十七公里八至宰罗河，又见花岗岩，为第三纪或三叠纪之火成岩侵入体。三十三公里八至河南站，海拔一千四百七十五公尺，经五里堡、□坎□大湾，皆系花岗岩。共行五十六公里至深沟，又见侏罗纪之香溪煤系，旋又改为二叠纪之灰岩。在平坝至窑厂间，侏罗纪之地层又露出，双马槽附近则属白垩纪之地层。共行八十二公里二至海棠，复见侏罗纪之页岩。其东南十公里之吊河崖，有孔雀石铜矿，东南二十四公里之大屋基处，亦产铜矿，现有协和铜厂在此开采也。

海棠海拔二千二百公尺，附近属侏罗纪地层，经镇西、清水塘、腊梅营、廖叶坪、西番堡、梅子营、保安、利济站，皆属侏罗纪之香溪煤系。又经沟东边、关顶、青杠关、板桥河，则属白垩纪地层。王家屯至天王岗一带之丘陵地为雅安层。共七十八公里至越巂，始见较宽之河流冲积层。

五、越巂至泸沽

越巂海拔一千八百六十公尺，四周属侏罗纪之香溪煤系，西门外阴山及阳山皆产煤，城西十五公里之白塔山亦产煤，城东五十公里之中普雄，则以产有烟煤著称。行八公里一至中所坝，其东南四公里之挖补塘，为产泥炭之所。经五里铺、白泥湾至前哨，属二叠纪之灰岩、大理岩，夹砂岩及页岩。经小哨、长老坪，共行四十公里九至相公顶，海拔三千一百公尺，为沿途最高之所，有砂岩及灰岩等，属泥盆纪。至九盘营及碉房，则见页岩及砂岩等，属志留纪。在登相营又见花岗岩，至保保关、深沟、过路坝一带，又见泥盆纪之地层。共行八十四公里四至冕山，又见花岗岩，风化甚烈，其东二十八公里之甘相营，有煤矿。经太平塘铁矿、大梨树、孙水关，共行一百一十二公里九，而至泸沽，皆系花岗岩。

第二章　矿　产

第一节　西昌热水大宁煤矿

热水煤矿海拔一千八百六十五公尺，位于西昌之北三十公里，礼州之东北九公里，地层属侏罗纪之香溪煤系。矿山在热水沟之南坡上，旧峒颇多，皆不深，现仍采掘者，尚有二峒：一为流沙坡矿峒，峒深只二公尺；一为沙子坝矿峒，峒深可八公尺。煤层厚约五十公尺，倾向南十五度东，倾角十三度。附近地层多受变质作用，故煤质不佳，灰分极高。前经西部科学院分析，其成分如下：

水分	挥发物	固定碳	灰分	硫	发热量	炼焦性
2.27	6.05	32.21	59.47	0.31	3337	不能炼焦

由分析结果，可知此煤为高灰分无烟煤，含石灰质颇多，故常见有薄层之石灰石，夹杂于煤层中。燃烧时，此石灰发生二氧化碳，爆炸甚烈，故此煤在工业上，用途极

小。民国二十八年孙子文等曾集资十六股，组织大宁煤矿股份有限公司，在此开采煤矿，系用包工制，每出煤千斤，工资五元，但矿工不过三五人，每日仅产煤一二千斤，只能销售于礼州，供作家庭之燃料耳。

第二节　冕宁泸沽南冲沟白土

南冲沟海拔一千八百五十六公尺，在泸沽东南三公里，在冕宁南三十四公里，地层为灰绿色片岩，风化后即变成含沙之白土。工人将此土采掘后，用水冲运至澄池中，所含沙粒在沟内即自动沉淀，仅白泥浆随水流入池中。共有池十五个，先后皆储满泥浆。俟半干时，切成砖形，然后取出晒干，并修整之，而成白土砖。运出贩卖，每块售洋五毛，工人四五名，每日可作白土砖数十块，除交纳泸沽小学少许费用外，尚能获利。夏季雨水较多，白土与泥土易混而不纯洁，其余每年可作工八个月，行销于冕宁、西昌、越巂等县，作为洗衣、涂墙及制粉笔之用，惟不耐火，故不能制造瓷器也。

第三节　冕宁泸沽矿头山磁铁矿

一、交通

泸沽海拔一千八百二十八公尺，在冕宁南三十三公里九，在西昌北六十四公里半（见西昌冕宁区沿途地质图），位于安宁河上游，为冕宁、西昌间及越巂、西昌间二大路相交之所，又为乐西公路所经之地，商业随交通而发达，西昌、富林间之第一大场镇也。矿头山在泸沽东南十公里处，山顶海拔二千五百余公尺，铁矿露头最高处海拔二千四百四十公尺，最低处海拔二千三百公尺。由矿头山至泸沽有二小路，一系顺山坡行，一系沿山沟行。后者路较近便，运输矿石，皆系下坡，尚不甚困难。在道路未修筑之前，只能利用人工背运及骡、马驼运耳。

二、地质

矿床围岩系大理岩、石英岩及石灰岩，厚可六百尺，属二叠纪。时见燧石之结核，其下部有片岩、板岩及千枚岩等。磁铁矿属接触式矿床，为花岗岩浆之含铁岩液与围岩浸染交换而成，故矿床之厚度不等，矿体亦不连续。其东南二公里处，有板岩及页岩，属侏罗纪之香溪煤系，含无烟煤一层，厚约七十公分，倾向南四十三度东，倾角五十度。由倾角之观察，亦可知此煤层在二叠纪地层之上部，应属侏罗纪无疑也。此煤距接触部分较近，受变质作用，挥发物减少，而灰分加高，乃成此高灰分无烟煤，工业上无大价值，现仅供山中夷人采作燃料耳。

三、储量

磁铁矿厚度十公尺至六十公尺不等，上槽较厚，下槽略薄（见矿区图）。上槽及下槽各有矿体二个，彼此距离颇近，大小及形状皆不规则，磁性亦不强。惟节理面则发育极完全，对于开采时炸碎矿石，颇有帮助也。下槽之西南，经猴子岩，过石灰窑后，又见另一小矿床，磁性极强，节理发育不佳。此外，在矿体之西北山坡，有铁矿块组成之山坡堆积层，厚可半公尺至三四公尺不等，与板状页岩及石英岩等碎块相混杂，此浮面矿石堆积层，分布之面积，长可三百八十公尺，宽可一百四十公尺，平均厚度约为一公尺半。兹估计磁铁矿矿床长二百二十公尺，宽一百八十公尺，平均厚度为三十五公尺，矿石比重为四点二，得储量如下：

矿床储量＝220×180×35×4.2＝5,821,200 公吨

矿石堆积层储量＝380×140×1.5×4.2＝335,160 公吨

磁铁矿矿石总储量＝5,821,200＋335,160＝6,156,360 公吨

兹假定矿石含铁平均成分为百分之五十八，得铁之储量如下：

铁储量＝6,156,360×58％＝3,570,688.8 公吨

四、矿冶概况

此矿为宁属铁矿中心之开发最早者，故附近森林昔日砍伐已尽。近年来感觉燃料不足，乃将矿石运往泸沽或冕山冶炼，取以矿就柴之便也。现冕山冶铁炉正在停工，仅泸沽华兴铁厂冶炼，系邓秀廷司令之太太出资开办者，雇用矿工三四名，在上槽之中部开掘，矿工每日工资三元，矿石由驮马运至泸沽冶炼厂，厂址在泸沽街边，孙水河之北岸，导河水至厂内，用以转动风箱（见木制风箱图）。矿石先在煅矿坑内焙烧数日，使矿石易于击碎，然后加入冶铁炉内（见冶铁炉图及冶铁炉全图）。以木炭为燃料，系由河边沟（距泸沽二十公里）所运来者，每百斤价五元。现每日可出铁五百斤至一千斤，惜亦时作时停耳。

五、结论

此矿含铁成分尚佳，储量亦丰，交通距大路不远，可称便利，为宁属颇有希望之矿。矿床上部能用露天开采法，较为经济，所缺乏者，只燃料耳。因附近无炼焦烟煤，若欲解决燃料问题，必先完成铁路交通，故此矿大规模之开采，当在铁路完成以后也。为应抗战需要计，可多设小厂，以增产量，并改良土法冶炼炉，以出产优良之灰口生铁，是当前所应注意者也。

第四节　冕宁大汶沟石灰窑

大汶沟海拔二千零五公尺，在冕宁北东三公里八，位临安宁河，因系河之上流，水浅流急，水运不便。对岸为菩萨渡，灰岩产于陆家山上，属二叠纪，厚约七十公尺，倾向北六十度西，倾角六十四度，因接近花岗岩，故稍变质。二十八年四月技专校与乐西公路合作，在此开办石灰厂，以供乐西公路作桥涵之用，由技专化学教授陆宗贤主持。计有灰窑三座，皆系就山坡挖土而成者。每窑每次计烧五日至七日，可出石灰一万三千市斤至二万斤。以木柴为燃料，每百斤一元五毛，系由大桥一带运来者。共有工人五十余名，工资每日一元二角，小工每日八角，并供膳宿。每百斤石灰需木柴二百斤，价三元，其他费用亦约合三元，故每百斤石灰成本在六元左右。在未设此窑以前，冕宁石灰每百斤已至二十五元，故此窑之创设，在经济及技术方面，皆可谓成功也。

第五节　越嶲芍药槽松林铜矿（黝铜矿）

一、交通

芍药槽海拔二千二百四十公尺，在越嶲北北西一百一十公里，在安顺场西西南三十一公里，由安顺场东达富林不过八十公里，陆路起伏无多，水路可利用大渡河，对外交通，可称便利。现矿峒在芍药槽（见矿区图），厂房在灯杆梁子，炉房在灰棚子，彼此

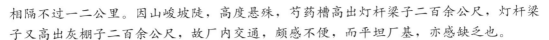

相隔不过一二公里。因山峻坡陡，高度悬殊，芍药槽高出灯杆梁子二百余公尺，灯杆梁子又高出灰棚子二百余公尺，故厂内交通，颇感不便，而平坦厂基，亦感缺乏也。

二、地形、地史及矿床

芍药槽附近山陡坡斜，立壁千余公尺，谷成"V"字形，显系少年时期之地形。矿床围岩为石灰岩及大理岩，常见方解石之结晶，而大理岩则质细色白，为他处产者所不能及，统属二叠纪，厚可五百公尺。其下为片岩、灰岩及绿片岩等变质岩石，属五台系，厚约七百公尺。其板岩之佳者，可制石板及墨板等。土人有开采者，此处地质变动极烈，褶皱断层及逆掩断层（见第八图）皆多，已详述于第一章第二节沿途地质部分。矿床成层状，厚度由数公分至六十公分，大致向东倾斜，倾角为二十五度，系受热水溶液之变化，填充于灰岩节理之中，属填充矿床。其中原生矿物，有黝铜矿、硫砷铜矿、黄铁矿及黄铜矿，次生矿物有斑铜矿、铜蓝、蓝铜矿、孔雀石等。其生成先后之次序，则以黄铁矿为最早（见矿物生成先后次序表）。附近岩石所见之绢云母化作用、黄铁矿化作用及绿泥石化作用，皆甚显明也。

矿物生成先后次序表
THE PARAGENESIS OF MINERALS

号数 No.	中　名 Chinese	西　名 English	浅成热液矿物 Epithermal	氧化矿物 Oxidation
1	黄铁矿	Pyrite	——	
2	黄铜矿	Chalcopyrite	—	
3	黝铜矿	Tetrahedrite	——	
4	硫砷铜矿	Enargite	——	
5	石　英	Quartz	——	
6	白铁矿	Marcasite	——	
7	绢云母	Sericite	——	
8	方解石	Caloite	——	
9	紫水精	Amethyst	——	
10	重晶石	Barite	——	
11	菱铁矿	Siderite	——	
12	绿泥石	Chlorite	——	
13	石髓	Chalcedony	——	
14	斑铜矿	Bornite	——	
15	铜蓝	Covellite		——
16	绿化铜矿	Atacamite		——
17	蓝铜矿	Aznrite		——
18	孔雀石	Malachite		——
19	褐铁矿	Limonite		——

三、矿量

此地黝铜矿之含铜成分，由经济部矿冶研究所分析之结果，共取矿样四种，列表如下：

矿样号数	铜	硫	铁	锌	铅	铋	锑	砒	不溶物
1	35.28	23.70	5.04	—	微	0.83	21.66	0.67	4.56
2	24.33	14.86	4.03	—	微	1.21	13.59	0.26	12.42
3	26.06	3.94	3.37	1.51	微	0.17	4.91	0.38	19.96
4	21.09	4.62	3.47	1.61	微	0.44	10.15	0.26	23.84
平均成分	26.69	11.78	4.03	0.78	微	0.66	12.58	0.39	15.19

由以上分析之结果，可知其为黝铜矿，而非辉铜矿，平均含铜成分为百分之二十六点六九。兹估定矿床长六百公尺，宽可二百公尺，厚十五公分，矿石平均比重，试验结果为三点二，由此推算，得矿量如下：

总储量 $=600 \times 200 \times 0.15 \times 3.2 \times 26.69\% \approx 15,370$ 公吨

兹估计已采之部分，长四十公尺，宽二十六公尺，得：

已采完之矿量 $=40 \times \dfrac{26}{\cos 25°} \times 0.15 \times 3.2 \times 26.69\% \approx 1470$ 公吨

现余之净储量 $=15,370-1470=13,900$ 公吨（铜）

除已采之部分，尚余铜储量一万三千九百公吨，此仅系芍药槽一处者，尚有七分窑亦产黝铜矿，约可含铜二千公吨，其余岔口石及横岩子亦产黝铜矿，虽无详确之估计，连同芍药槽等地，此处之铜矿储量，当可至二万公吨。若据华西大学之分析，矿石含铜成分为百分之二十八点二九，则全部储量又可增多，即芍药槽一处储量，即可达一万四千七百余公吨也。

四、沿革及现状

此矿原为安顺场绅士赖执中所开采，用土法冶炼，其法系先用木柴煅十数次，再用木炭冶炼数次，而冶成之铜，色黑而不纯净，附近柴木尚多，故成本不高。因矿石含锑颇多，对冶炼问题增加困难，乃于民国二十三年停办。原开矿峒，并无支柱，顶石及底石皆坚固，故至今尚未坍塌，附近居民往往采取矿沙或矿层中之石英脉，舂碎淘金，以为农闲之副业。民国二十八年夏，经济部川康铜业管理处，在此设松林矿厂，闻费款一万一千元，由赖执中买得矿权及厂基，始归国家经营。现共有土法冶炼炉（见图）一座，及土法小号冶炼炉（见图）一座，共有矿冶工人七十余名，一面整理旧峒，一面试验冶炼。炉中除加矿石外，尚加石灰石百分之三十至四十，及二倍于矿石之木炭。因矿石含锑过高，困难极多，所出之铜亦不纯净，质脆而色黑，将来如能对冶炼问题解决，则此矿颇有希望也。

第六节　九龙湾坝银厂

湾坝在安顺场西四十六公里，距芍药槽十七公里，山极险峻，河谷成"V"字形，

系少年期之地形（见银厂地形图）。向外交通，须经安顺场，系小路，尤以湾坝附近之交通，坡陡路险，颇感不便，食粮及器材之运输亦困难。数年前由安顺场绅士赖执中开采银矿，未见成效而停。二十八年改归西康省办，由建设厅技正王徽之主持，有工人二十余名，整理旧峒及开发新峒。矿床系方铅矿，内含银质。因矿床颇不规则，本地食粮不足，须由安顺场农场一带采购运来，工人招雇亦不易，故此矿恐无大希望也。

第七节　越嶲安顺场裕宁金矿

裕宁金矿系由西宁公司集股开办，位于安顺场西。沿松林河，共有矿厂二处，一为金台子厂，在松林河之南岸山坡上，海拔一千五百九十公尺，距安顺场十四公里。矿厂附近山坡陡峻，松林河无桥可过，二厂间交通不便。因距安顺场较近，对外交通，尚称便利。

金台子厂原有旧矿峒一个，系平峒，向南二十度东凿进，深可六十公尺许。在四十六尺深处，改为向下之斜井，现存有积水，再进又变为平峒，亦有积水之处，昔年恐系因水大而停工。现由裕宁金矿开凿新峒一个，位于旧峒下十七公尺处，按百分之二之向上坡度，及南六十五度东之方向凿进，水可由峒内自动流出，排水无问题矣。现已凿进至二十五公尺之深度，推测于八十公尺深处即可遇金脉，系含金之石英脉，厚度由十五公分至三十公分，成分每公吨矿石含金约二钱五分。现只有矿工数名，在此开凿中。

广金坪厂，原有旧峒二十处左右，多已坍塌，可知往昔开采之盛。现由裕宁金矿整理旧峒，已整理完竣者，有矿峒（俗称矿尖子）及马牙峒（俗称马牙尖子）（见坑道平面图及断面图）。矿峒内因未发现含金脉石，故已停工。马牙峒内，则沿含金脉石又凿进十二公尺，岩层倾向北四十度西，倾角十五度半，含金脉石之厚度，由十公分至三十五公分不等。此处地质复杂，褶皱及断层皆多，昔年开采已久，故储量无法估计。现有工人二十余名，所采矿石运至松林河边，先用煅矿炉（见第二十二图）焙烧之，使矿石之硫磺等挥发物减少，并使矿石易于击碎。每炉可煅矿石四万斤，需柴五千余斤，费时七日。然后将煅过之矿石，在水动捣矿机（见第二十三图）内击碎。该机系用水力转动水轮，轮之两旁，各有锤四个，轮流打击矿石。锤系生铁铸成，每锤重三十斤，每锤每分钟可击二十次。将矿石击至细末后，再用土法淘金摇床（见第二十四图）冲洗，最后用淘金盘将金取出。每百斤矿石，可得金半分，盖矿石并未舂碎至细末状态，其细微之金，未能全部与石质脱离。而土法淘金床，坡度太大，水流不均，金之损失当不在少数。若能改用新法，由汞膏板提金，或气化法取金，再加以新式之舂矿机械，此种机械在此可设法用水力发动，将矿石研至适宜之细度，则金之损失可减少，而所提取之金，当可远过于此也。

第八节　越嶲草八排石棉矿

草八排海拔一千零八十公尺，位于大渡河之南岸，在富林西西南五十五公里七，为安顺场至富林交通必经之所。其西六公里为农场，过农场有至海棠之大路，大渡河在此段能通木船，水陆交通，皆称便利。农产品亦丰，食粮不感缺乏。矿山在草八排东南二公里七高山上，坡陡无路，攀登困难。矿厂海拔一千三百七十公尺，山坡极险峻。现有工人四五

45

名，在此开采石棉。采出之废石，即自动流入山谷中。附近岩石为片岩、千枚岩等，构造颇复杂，蛇纹石尚多，亦偶见阳起石等。石棉即由蛇纹石变化而成，生于片岩中，露头甚多，皆系露天开采。因浮面岩石节理多而又受风化，故质不甚坚，易于开采。石棉纤维之长者可及十五公分，色白丝细，品质极佳，藏量亦丰富，有经营之价值也。

此矿发现尚早，民国十七年李克明团长创办农场时，即正式开采石棉。二十四年李克明在菩萨岗阵亡，此矿乃停。二十五年由张心岩等组织裕民公司，因缺乏工人而停办。二十六年当地人士又组织裕川公司，同时开采草八排五家蛮、广元堡之石棉，后因缺乏销路而停工。五家蛮及广元堡之石棉，多系由阳起石变化生成者，质粗而丝短，品质远逊于草八排所产者，不过矿区尚大，多生于疏松之石质及泥土中，故极易开采。近日经航空委员会出价收买，每公吨三千元，将旧存石棉买尽。现土人零星在各处继续开采，羊仁安司令正组织公司，不久当可正式开采，此矿将来不无希望也。

第九节　越巂海棠铜矿

海棠海拔二千二百公尺，在富林南八十二公里二，在越巂北七十八公里，当大路之冲，西北可通安顺场而至康定。交通便利，铜矿有二处：一处为吊河崖，在海棠东南十一公里；一处为一带谷，在海棠东二十八公里。

吊河崖铜矿，海拔二千一百公尺，附近岩石为页岩及灰岩，属三叠纪，矿床为孔雀石，生于灰岩中，为浸染矿床，厚约二十公分。据西部科学院分析之结果，该孔雀石含铜百分之十八点零三，未免太高，或系择成分较高之矿样分析者，其平均成分，恐不能此数也。民国二十二年由张敬之、沈幹之等集资设厂开办，有工人三十余名，将矿石运往海棠冶炼，至二十四年因资本不足、销路不良而停工。现尚有旧矿峒四处（见吊河崖矿区图），皆已坍塌。因孔雀石为最易冶炼之铜矿，故仍有开发之价值也。

一带谷铜矿，矿石以黄铜矿为主，亦有辉铜矿及孔雀石等。共有黄铜矿二层，每层厚约二十公分，二层相隔不过一公尺，矿石平均含铜成分为百分之二十二。冶炼前须先焙烧一二次，以减低矿石之硫质。冶炼炉与芍药槽松林铜矿土法冶炼炉（见第十七图）相似，每炼一次，能炼矿石四千斤，费木炭四千斤，可出铜八百余斤。现由复兴协和铜矿开采经理沈玉璋，亦富有经验，共有矿峒五处，深度由五公尺至二十五公尺不等，矿石系运往汪家桥炉房冶炼，已产粗铜七千斤许，成本每斤约合三元。因工资及木炭价高，此时恐难获利也。

第十节　越巂煤矿

越巂海拔一千八百六十公尺，城西阳山产无烟煤，岩石属侏罗纪之香溪煤系。现有工人十余名在此采掘，销售于越巂城内及中所坝一带。其附近之阴山亦产无烟煤，品质较阳山所产者尤佳，因夷人时出骚扰，虽有旧峒数处，现尚无人采掘。越巂西十七公里之白塔山，亦产无烟煤，品质尚佳。该处有旧峒百余处，最深者达二百五十公尺。越巂东七十公里之中普雄产烟煤，能炼焦炭，亦生于侏罗纪之岩石中，煤层厚一公尺余，储量尚丰，煤质亦佳，因系夷人盘踞之所，至今尚未正式开煤。将来治安平靖后，此矿当可开采，在工业上之价值决非浅鲜也。

4. 调查报告中的英文提要。

THE GEOLOGY AND MINERAL RESOURCES OF NORTH NING-YUAN DISTRICT.

ENGLISH ABSTEACT.

This is a report on a geological expedition conducted by the National Si-kang Institute of Agriculture and Technology in collaboration with the Geological Survey of Si-kang Province. The author started from Si-ch'ang on May 30th, 1940 and came back to the same place on July 14th, 1940, travelling through the northern part of Ning-yuan District covering Si-ch'ang, Yuen-hsi. and Mien-ning. In this expedition only simple instruments such as watch, tape, barometer, and pocket transit were used for measuring distances, altitudes, and directions or making rough surveys. From these data and geological observations as well as mining examinations 25 maps are drawn and inserted in this pamphlet as follows:

1. Geologic map of Si-ch'ang and Mien-ning Districts.
2. Geologic map of Yueh-hsi District.
3. Profile and geologic section from Si-ch'ang to Ta-ch'iao.
4. Profile and geologic section from Ta-ch'iao to An-shun-ch'ang.
5. Profile and geologic section from Shao-yueh-ts'ao to Ho-nan-chan.
6. Profile and geologic section from Ho-nan-chan to Yuen-hsi.
7. Profile and geologic section from Yuen-hsi to Lu-ku.
8. Geologic section showing thrust fault near Shao-yuen-ts'ao, Yueh-hsi.
9. Iron mining area of K'uang-t'ou-shan, Lu-ku, Mien-ning.
10. Manual air blower for native iron blast furnace, Lu-ku, Mien-ning.
11. Native iron blast furnace, Lu-ku, Mien-ning.
12. Complete view of iron blast furnace, Lu-ku, Mien-ning.
13. Lime kiln, Ta-wen-kou, Mien-ning.
14. Mining area of Sung-lin Copper Mine, Shao-yueh-ts'ao, Yueh-hsi.
15. Circular roasting kiln of Sung-lin Copper Mine.
16. Small native copper smelting furnace of Sung-lin Copper Mine.
17. Native copper blast furnace of Sung-lin-copper Mine.
18. Native copper refining furnace of Sung-lin Copper Mine.
19. Topographic map of Wan-pa Silver Mine, Chiu-lung.
20. Plan of underground development of Yu-ning Gold Mine. Kuang-chin-ping, Yueh-hsi.
21. Section of the underground development of Yu-ning Gold Mine.
22. Native water diven stamp-mill of Yu-ning Gold Mine.
23. Roasting kiln of Yu-ning Gold Mine.
24. Sluice of Yu-ning Gold Mine.
25. Topographic map of Tiao-ho-nai Copper Mine, Hai-tang.

This pamphlet is divided into two sections. The first section consists of eol-g ogy through the entire route as indicated in the geologic maps and Profiles. The

47

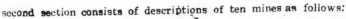
second section consists of descriptions of ten mines as follows:

1. Ta-ning Coal Mine. This mine is situated at Jo-shui, Si-ch'ang, and now worked only by a few hand-labors. The coal contains high ash and calcite impurities. so it has little economical value except for house-hold fuels in the near-by villages.

2. White earth. It is a weathering product occuring at Nan-chung-kou near Lu-ku. After the clarification from sands it is sent to the market for plaster and for making chalks.

3. Iron Mine. The ore, being magnetite, is situated at the top of Kuang-tou-shan, Lu-ku. It is now worked only in small scale by native methods due to its lack of fuel. Since it has large iron reserve of no less than 3,500,000 metric tons, this mine is very promising and can be mined on large scale after rail-way communication is available.

4. Lime kiln. It is installed near Mien-ning city for the production of lime to supply the demand of Lo-si High-way. Hence it is only a temporary work.

5. Sung-lin copper Mine. The ore, being tetrahedrite, is located at Shao-yueh-ts'-ao, Yueh-hsi, 2240 meters above sea level. The V-shaped valley represents young topogpaphic feature and renders poor transportation, and the high antimony content in the ore yields great trouble in smelting. Though the ore reserve is extensive and the quality is good, this mine is very hopeful only after the smelting difficulties have been overcome.

6. Wan-pa Silver Mine It is situated at Chiu-lung in a steep mountain slop. It is doubtful to have any hope due to its poor communication and suspectable ore reserve.

7. Yu-ning Gold Mine, An-shun-ch'ang, Yueh-hsi. The long history of excavation of gold in the past is revealed by the various old tunnels and pits oxposed on the mountain slopes. Instead of working by the Yu-ning Mining Company, it is better and va-luable for the time being to work by the government regardless of the cost to meet the national demand of gold.

8. Asbestos mine. Threre two kinds of asbestos. One at Ts'ao-pa pai has superior quality of long and fine fibers which are decomdecomposed from serpentine. The other at Wu-chia-man and Kuang-yuan-po has comparitively shorter fibres. The mine of both places can be opened profitably, and it is further worth while to make it into manufactured products.

9. Hai-t'ang Copper Mines. There are several copper mines in the vicinity of Hai-t'ang such as malachite ore in Tiao-ho-nai and chalcopyrite ore in Yi-tai-ku. The former has been discontinued since 1935 and the latter is still operated by the Hsieh-ho Copper Mine only in small scale.

10. Yueh-hsi Coal mines. Anthracite coal occurred near Yueh-hsi is now mined to supply the house-hold demand of the city. Bituminous coal is told to occur at P'u-hsung, east of Yueh-hsi, which is now occupied unfortunately by the Yi-tribes

The auther: C. H. Liu.

康滇边区之地质与矿产

1. 调查报告的封面。

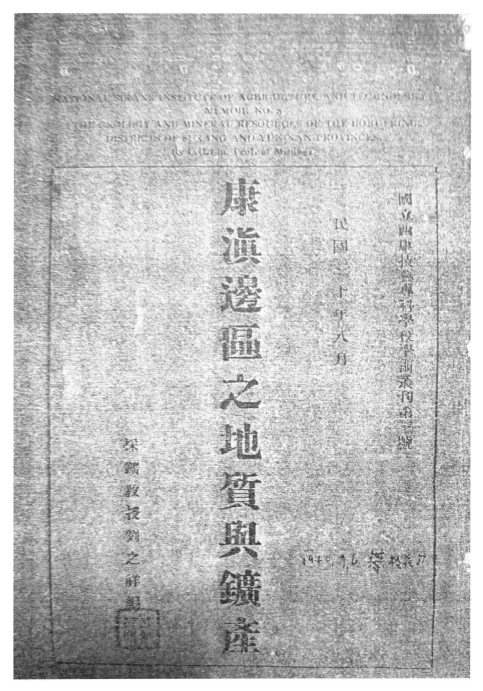

2. 调查报告中的两幅插图（其余 19 幅插图从略）。

（1）插图一（原图为一号图纸，比例尺为二十万分之一）。

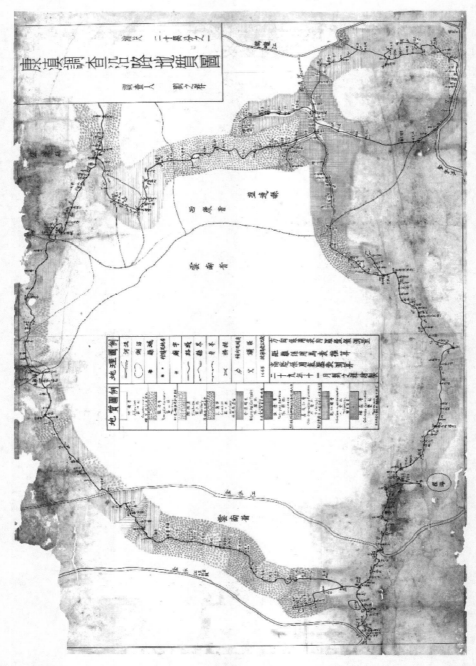

　　1940 年 8 月 17 日至 11 月 11 日，刘之祥率队开展康滇边区地质与矿产调查，历时近三个月，跋山涉水 1885 公里。本图为调查队从西昌出发最后又回到西昌的调查沿路地质图，途经盐源、盐边、华坪、永胜、丽江五个县，标有沿途 280 多个地名，攀枝花铁矿位于图的右下角。（本图为修复前的手稿）

（2）插图二（原图为二号图纸，比例尺为一万分之一）。

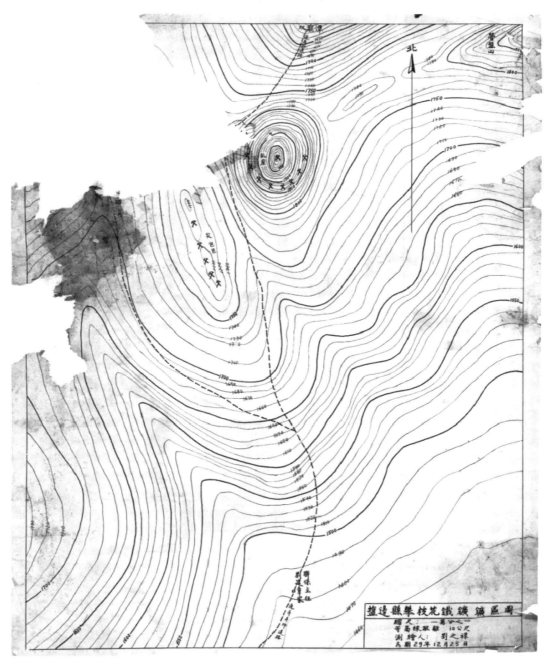

盐边县攀枝花尖包包、乱崖、硫磺沟铁矿区图。（本图为修复前的手稿）

3. 调查报告的目录和正文。

目　录

英文提要

引　言

国立西康技艺专科学校，与西康省建设厅合作，调查地质矿产，为将来开发资源之初步。第一次调查，限于越嶲、冕宁等县，业于二十九年八月完成，见宁属北部地质与矿产报告书。此次则限于宁属南部之康滇边区，爰于二十九年八月十七日，由西昌出发，十一月十一日返回西昌，共费时八十七日。路经河西、盐源县、白盐井、梅雨铺、黑盐塘、黄草坝、永兴场、盐边县、新开田、棉花地、弄弄坪、攀枝花、乌拉、火房、力马、苹苴芦、长官司而入云南境。至华坪县，经新庄、良马乡、仁里、德义乡、杨家坟而至永胜县。经金关、关牛栏、梓里街、过金沙江而至丽江县。经石鼓、白沙、玉龙雪山、鸣音、长松坪、凤科，渡金沙江而至永宁。过永宁海折回西康境内，经大石包、核桃园、盐源县而返西昌。共行一千八百八十五公里。计在西康境内，行一千一百三十九公里；在云南境内，行七百四十六公里。同行者，有常兆宁君，系西昌行辕地质专员。对沿途地质情形，常君供给之资料颇多。所携仪器，有袋内罗盘仪、空盒气压表及皮尺等，可供作简略之测量，及沿路海拔高度之记载。因适逢夏季，阴雨连绵者，月余之久。山陡路狭，泥泞满道。作者曾人马滚落山沟，沟深数丈，幸未重伤。途中多经夷区，在盐边县之他勃山，曾于晚间与夷匪遭遇于狭谷之中。夷匪七八十名，逼近身旁，层层包围。作者所随士兵四名，虽有枪四支，已无法应用，只好各持手榴弹以对之。既无藏身之处，又乏用武之地，大有同归于尽之势。后经引路夷人调解，双方皆不愿牺牲，而幸得免。又云南永胜、杨家坟一带，每月抢案发生，不下二十次。作者过此地时，又有匪人开枪数次。知此地系里苏人，不似夷人之凶野，乃令士兵占据山头，作包围之势，结果匪人六名逃逸，六名被擒，当即带交永胜县政府法办。此外，在盐边县之朵格、青山嘴及草坪子，盐源县之黑盐塘等处，皆与夷匪相遇。因时时作充分之戒备，故未出事。盖夷匪抢人，吼声震天，虚张声势。若有相当武力而决心抵抗者，匪人率多

53

不敢近前；若露畏怯之状，鲜有不遭其害者。此次调查，露宿山林者有之，夜行赶路者有之，先修路而后始能通过者亦有之。除调查地质与矿产外，又饱览风景，曾登玉龙雪山，至海拔五千余公尺。仰观雪山及冰川，俯视悬崖及深谷，伟大极矣。过梓里铁索桥，横跨金沙江，为长江唯一之桥梁，观石鼓金沙江改道之遗迹，及民情敦厚、世外桃源之丽江，皆世间所罕见者。地质方面，已绘制沿途地质及地形图，表示沿途之高度、距离、方向及地质情形。并发现吾国过去出版之地图，□有不确之处。如曾世英及屠思聪先生编写之中国分省地图中，华坪县应位于盐边之西南，而该地图则皆为西北方向。矿产方面，则发现弄弄坪之砂金矿，及他处之煤、铜、铁等矿，亦皆绘制极简单之矿区图。其最有价值者，当属盐边县攀枝花之磁铁矿。铁之储量，可达一千万公吨以上，居宁属第一，亦全国不可多得之大矿，距金沙江仅十余里，皆系下坡，运输便利。金沙江对岸永仁县那拉箐大煤田，质佳而量丰，顺江运下，亦极省力。钢铁厂可设于江边之保果，以永仁县之煤，炼攀枝花之铁，天然之条件，颇合理想。又可将大湾子之赤铁矿，由雅砻江顺流而下，运至保果，同时冶炼，尤可减低磁铁矿冶炼方面之困难。亦可在会理县黎溪之南，沿金沙江处，设大规模之炼铜厂。对外交通，将来有西祥公路，器材及机械之运输问题，得以解决。矿石则一方面取给于毛菇坝之磁铁矿，一方面取给于攀枝花及大湾子之矿石。连同永仁之煤，炼制成焦，统由金沙江顺水运下。盖此段江水平静，亦无大滩，载重五千余斤之木船，可以通行。故攀枝花之铁矿，或在保果冶炼，或在会理冶炼，皆应即日开发，以建设后方之重工业。况该地居后方之安全地带，对外有险可守，将来吾国重工业之中心，其唯此地乎？

第一章　沿途地质

第一节　西昌县至盐源县
（参照西昌盐源区沿途地质图及地形图）

西昌海拔一千七百二十公尺，环山抱湖，风景绝佳。邛海周可二十五公里，水深浪静，将来可供水上飞机场之用，气候则冬暖夏凉，为避寒避暑国内不可多得之地，诚西南之乐土也。由西昌至马道子，率皆白垩纪之红紫色细砂岩，除瑶山及泸山一带出露外，其余平坦地带，多为浮土所掩盖。由高草坝至河西，皆属安宁河之冲积层，覆盖于侏罗纪页岩之上，土地肥沃，西昌附近产米之区也。惟土质含砂较多，冬春二季，干燥多风，每逢下午，辄尘沙满天。高草坝之西南三公里处有煤矿，至少有煤三层，质不甚佳，现由该地农民用土法凿洞开采，运销西昌，每日可产末煤一公吨许。河西之北二公里许，有温泉，温度可达摄氏表三十五度许，前经西昌行辕修筑完善，已成为西昌附近唯一之天然温水浴所。河西之东南，德昌产瓷土，品质颇佳，前曾有德昌瓷厂，现已停办，大有重新恢复之价值。由西昌至河西，计二十五点八公里，路多平坦。再行则逐渐登山，经九盘寺，至高山堡，则为灰白色之花岗石，表面受风化颇烈，石质已不坚矣。此花岗石之侵入体，系侵入于侏罗纪页岩内，其年代当在侏罗纪以后。有人主张其为太古代之花岗岩者。过高山堡则为侏罗纪之红色及黑色页岩，岩层倾向南方及西方，倾角四十五度。经沙平堡至德力堡，则为灰色及黑色页岩。由德力堡，经小关，至冲河关（金河边）。该地侏罗纪之页岩，因受变动，褶皱颇多，亦极明显。附近之大盐池产盐，但尚未开采。由冲河关，渡雅砻江后，则为石灰岩。在白岩附近，曾见辉长岩之侵入层，夹于石灰岩内。由梅子堡，经禄马堡、绍兴堡，至平川堡，则有页岩及石灰岩，杂错而生。禄马堡附近，在隔河之北山坡，有水银矿，矿石系辰砂，矿脉较小，开采者用土法蒸炉，提取水银，作为农闲之副业，时作时停，产量甚小也。附近地带有铜矿及铁矿数处，昔日曾有用土法开采者，现皆已停办矣。由平川堡，经杭州、土公堡、马房堡、香水井、小钻天、大钻天、滥坝，至小高山，沿途皆系侏罗纪之页岩。小高山顶，名连峰岭，海拔三千三百四十公尺，为此段最高之地，岩层倾向南方，倾角为三十度至四十五度不等。经夹坝桥至盐源县，除见页岩外，多系土层之台地。盐源平原之土质，略显层次，应属第三纪，亦有属第四纪者。由西昌至盐源，共行一百五十点五公里。

第二节　盐源县至盐边县
（参照康滇调查沿路地质图及盐源县至盐边县沿途地形及地质图）

盐源县海拔二千五百二十三公尺，气候较西昌为寒。全县面积颇广，多为夷民占据，故农产品不丰富。矿产则煤、铁、金、银、铅、锌、水银皆备，尤以木里区之宝藏为最多。由县城行十六点五公里，经蛮坡子，至白盐井，仍属第三纪之盐源层，为浮土及砂砾所覆盖。此平坦之地带，周围有八十余公里，除少数耕田外，率多牧场，畜牧事业之所以尚不甚发达者，恐因夷人骚扰故也。白盐井海拔二千五百八十八公尺，以产盐名，运销于宁属各县，为该县最富足之镇，街市之繁华，甲于县城。该处有盐井二处，一名硝井，一名班井。硝井之盐水量大而质差，班井因水量小，夜间停班故名。每日共可产盐万余斤，运销于宁属各县及滇边等地。再行则经上店子、火烧堡、双王庙、梅雨铺、八家村，至清水河，一路仍系第三纪之盐源层。火烧堡、双王庙、三道沟及梅雨铺一带，产褐炭甚丰，在地面可见露头若干处，故易于采掘，储量当在一千五百万公吨以上。惜品质较差，含固定碳成分低，而挥发物及水分成分高。现有土人开采者数处，运往白盐井以供煮盐之用。再经冉家坪、七道湾、乐水洞、瓜达，而至黑盐塘，统属侏罗纪之香溪煤系。清水河以石灰岩为主，冉家坪以砾岩、砂岩为主，瓜达以页岩为主，黑盐塘以石灰岩为主。黑盐塘海拔二千三百四十五公尺，黑盐塘之南一公里半处有盐井，盐层亦生于石灰岩内，计有上井、下井，中有通风峒（见黑盐塘盐井矿区图），上井已坍塌，仅下井仍在开采中。离黑盐塘，经毛草洼、观音庙，至煤炭山，皆属侏罗纪，并有煤层之露头可见。经三家村、黄草坝、黄盐沟，至遥哨，皆属香溪煤系，以灰色、黑色页岩为主，夹杂灰色及紫色砂岩。三家村以后，又多系灰岩及砾岩。遥哨以后，则改为灰色灰岩及紫色页岩，应属三叠纪之嘉陵江层。经麦子地、他留山、干海子、古地垭口、殷家坡、透底河，而至龙塘，岩石皆无大变化。龙塘之上有瀑布，下有天生桥，系灰岩被水冲蚀成洞。洞长不足半里，河水经此洞流过，亦奇观也。经安米罗、十湾山、八岩，至永兴场（旧名拉萨田），仍属嘉陵江层。经麻柳坪、金龟塘，至盐边，系属侏罗纪之盐边层，皆以产砂金名，现仍有少数土人在此采金，作为农闲之副业，产量不多也。由盐源至盐边，共行二百零七点九公里。

第三节　盐边县境内
（参照盐边县境内沿途地形及地质图等）

盐边县海拔一千四百公尺，气候较盐源县为暖，有热带之芭蕉等植物，桐树尤多，所产小桐子为出口之大宗。附近麻柳坪一带，沿赶鱼河岸皆产砂金。河之北岸山坡上有方铅矿，内含银质，因品量不佳，故从未开采。由盐边经夷门、阿萨、老街至新开田，皆属侏罗纪之盐边层，系灰色页岩，棕色砂岩、板岩、片岩及绿片岩等。经罗家间房、棉花地、三阳乡，至合哨桥，则皆系第三纪之花岗岩。把关河及大水井一带，则改为三叠纪之嘉陵江层。新庄及弄弄坪附近，又属侏罗纪之香溪煤系。弄弄坪，在金沙江之北岸，系金沙江河床之沉积层，长三公里余，皆产砂金，储量亦丰，因水源缺乏，采金时冲洗困难。若将金砂运往江边淘洗，作大规模之开采，此砂金矿大有希望也。金沙江之南岸即云南省之永仁县，皆属侏罗纪之香溪煤系，那拉箐之大煤田，隔江在望，煤质佳而量丰，为吾国西南最有希望之煤矿。经马金子、麻坎、攀枝花、双龙潭，至双石马一带，皆系花岗岩之侵入体。攀枝花一带有磁铁矿之露头数处（见攀枝花铁矿矿区草图），质虽不甚佳，而储量颇丰，宜于大规模之开采。作者认为此铁矿之发现，为此次调查中最大之收获。乌拉一带，又属侏罗纪地层，煤田颇多，产煤之地区亦广，惟煤质不及那拉箐产者为佳，然亦颇有价值也。经邓家垭口，至城门洞一带，又属第三纪之花岗岩。至阿卡坭，又属香溪煤系，亦产煤之区也。其附近磨石箐煤层，煤质尚佳，煤层之下，有薄层之耐火土（见阿卡坭磨石箐煤矿矿区图），其余中纸房一带，皆有煤层之露头，现有土人数名开采中。经两岔河、火房、黑箐、草坪子、松坪子、沙坝，至力马，统属香溪煤系。由火房向东北行七公里，至大湾子，该处有赤铁矿床，品质极佳，生于石灰岩中，下临雅砻江，交通便利，亦颇有希望之铁矿也（见大湾子铁矿矿区图）。由力马，经黄竹垭口、红花地、早谷田，又返盐边县，则为侏罗纪之盐边层。共行二百零五点三公里，后因调查大矿山之铁矿，又由盐边向北行，经铁索桥、许洼、小坪子、黑田子、雷打石、莘苴芦，至大石房，皆属盐边层。该县唯一之巨绅，诸葛土司住此。由大石房，经大火山湾子，至大矿山，皆属二叠纪之栖霞层。矿石系磁铁矿，质尚佳，但量不甚丰，宜于小规模之开采耳。此矿距盐边县城仅三十九点七公里，矿床生于山顶（见大矿山铁矿矿区图），交通不甚便利也。

第四节　盐边县至永胜县
（参照盐边县至永胜县沿途地形及地质图等）

由盐边经花生坪子、菖蒲田、朵格，至殷家作房，拟调查朵格铁矿情形，因河水涨发，不克抵达矿厂，仅索矿石标本数块，知品质尚佳，至于储量之多寡，则不敢定也，地质则属嘉陵江层。由殷家作房折回，经湾岗、磨房沟、瓦厂坪、张官司、湾边，至青山嘴，皆属侏罗纪之盐边层，岩石为灰色页岩，棕色砂岩、板岩、片岩及绿片岩等。入云南境，经船房、冷水坪、灰窑子、大箭岩，至独树哨，则属三叠纪之嘉陵江层。经傅家坪、所落箐、大竹林，至华坪县，则为紫色页岩及石灰岩，应属三叠纪之飞仙关层。由盐边至华坪，路程共计八十八点四公里。

华坪海拔一千四百公尺，县城虽小，而街市尚颇整洁。大竹林所产之竹，品质颇佳，妇女多用之编制竹笠，行销极广，亦出口之大宗也。附近菩萨山及狮子岩等处，皆产煤，尤以在华坪东北十二点一公里处之泥巴箐为最佳（见华坪县泥巴箐煤矿矿区图）。该地煤层生于侏罗纪页岩内，其下部岩石，则顺次为嘉陵江灰岩、飞仙关页岩。由华坪经运峰窑、凉水井、华南镇（旧名银匠村），至苏坝窝，则飞仙关页岩，多露出于地面。经黑泽、坝子场、新庄、拉海洞、古路坪、郭家田、喇嘛坪，至石门坎，皆属嘉陵江灰岩。经亚□亚（亦名良马乡）、滥坝、瓦□角，又有飞仙关页岩之出露。经华竹乡、马宝田、新村、仁里，至马过河，又为侏罗纪之页岩。马过河后，又为飞仙关页岩。玉清塘、灰坡一带，则为嘉陵江灰岩。经东□、德义乡（旧名□□）、三爷坟、沙拉场、碗厂垭口、碗厂、杨家坟、柳树庄、凉水井，而至永胜县，皆系侏罗纪页岩。沿途侏罗纪页岩、嘉陵江灰岩及飞仙关页岩，相间出露于地面，地质构造，显系大褶皱层而无疑也。碗厂产瓷土，品质颇佳，有瓷厂数家，以新华瓷厂之规模为最大，所制瓷器，仅次于江西省产者，吾国西南唯一之优良产瓷地区也。由华坪县至永胜县，共行一百一十九点八公里。沿途皆用袖珍经纬仪测定方向，发觉吾国出版之地图，皆有错误。最新出版者，如曾世英或屠思聪君之地图，华坪县应在盐边县之南六十九度西，而该图则误印为北六十八度半东；永胜县应在华坪县之南八十度西，而该图则误印为南五十四度西。此种错误，在边区所见甚多，尚望国以后出版之地图，加以更正之。

第五节　永胜县至丽江县
（参照永胜县至丽江县及丽江县境内沿途地形及地质图等）

永胜县（旧名永北县）海拔二千二百公尺，以产瓷器著名，行销于康滇各省，如对制造方面再加以改良，则可以与江西瓷比美也。其次即以产铜著名。米里厂之铜矿，矿石系黑铜矿之矿砂，先经洗选后，再入炉冶炼，现由滇北矿务公司经营。该县产铜，每月约三万斤，连同瓷器及糖碱等，皆出口货之主要者。由永胜，经关垭口、二郎庙、童家湾、海坝村、哨垭口、凉关、马乌、沙河、金关、河西，至城广，皆属嘉陵江灰岩。由哨垭口可俯视程海。此湖系椭圆形，周可二十五公里，与西昌邛海之大小相若，在战时亦可利用为水上飞机场也。大花树、黄雁沟一带，则为第三纪之辉绿岩及闪长岩之侵入体。平坡岗、盐水塘、蝉林子坡一带，属飞仙关页岩。大湾、竹垭口、关牛栏一带，又属辉绿岩。由梓里街，经梓里桥、山神庙、所坪坝、对脑壳、山神庙、齐门口、梁洼、玉龙村，至丽江县，皆属二叠纪之栖霞层。梓里街以后，亦见一部分之辉绿岩侵入体。梓里桥海拔一千四百六十四公尺，系铁索桥，横跨金沙江，为铁索桥中之最大者，亦系长江之唯一之桥梁也。桥宽三点三公尺，桥身长一百一十三公尺，铁索系由铁环制成，共有铁索十八条，桥下计十六条，上有二条，铁索长一百五十二公尺，系清朝提督蒋宗汉出资十万吊修建，自光绪丙子年十月至庚辰年一月制成，共历时三年余，工人之死于是役者十八人。后于民国二十三年正月初二遭暴风，桥被吹断，旋于二十六年由丽江县士绅出资修成。吴梅村诗集中，"铁桥风定百蛮通"即指此桥而言，盖此桥由来已久矣。由永胜至丽江，共行一百二十四点八公里。

丽江海拔二千四百六十公尺，街市繁华，不亚西昌。商品除洋货、土货外，尚有西藏之各种土产。此地汉人极少，皆属摩挲人（即拉希人），男子多游闲无事，女子负劳工操作之责，故田间之农夫及街市之□人，率皆女子。女子之自由开放，天真活泼，大有欧西风度。民情敦厚，诚实可爱，气候优良，四季长春。市无乞丐，衣无褴褛，可知其一般富足之情形也。全县有小学二百余所，教育发达，士绅多主持公道，急公好义。除年老者，尚多操拉希言语外，余皆能操汉语。该种民族一切皆仿效汉人，尊敬汉人，对外毫无歧视之心理，故进步急速。县北一公里余，有黑龙潭，风景绝佳，游人亦多，四周有终年出水之泉十余处，泉水积于黑龙潭，再流入城市，分为小溪数条，大有姑苏之概，较苏州之水则洁而清也。北有玉龙雪山，海拔可七千公尺许，终年积雪，奇峰可观。此地治安既好，物价亦廉，又配此天然伟大之风景，诚世外之桃源也。美籍罗博士，系美国地理学会远东探险队队长，住此已三十年，关于此地之风景，在美国地理杂志，发表文章颇多，此地极美丽之照片，早为美国人所先睹矣。由丽江北行，至雪嵩村，居玉龙雪山之麓，由此登山，经麻黄坝、雪鸡坪、罗莫石古、沙子坝、和尚遗古，至萨八罗古，系雪山之旁峰。一路皆属二叠纪之栖霞层。山顶珊瑚化石极多。萨八罗古海拔五千零五十公尺，坡陡而险，在此俯视山沟，立壁千尺，成八十五度之角，与垂直仅差五度，险峭极矣。隔沟即雪山之正峰，高度约可七千公尺，终年积雪，因陡峻异常，雪与石灰岩相混滑下，流入沟内，霹雳之声，有如山崩。作者于半小时内，即闻此巨声三次，惊心眩目，奇观也。由此可望点苍山，南北对峙，伟大极矣。此山自麓至顶，有热、温、寒三代之植物，故庐山森林植物园，由江西迁于丽江，盖有因也。

由丽江西行，经安乐村、大水乡，至司马村，皆属栖霞层之石灰岩。因水内含石灰质最多，地面土质上常结成石灰质之硬层（Hard-pan），此亦特殊之现象也。黄山哨及拉石海一带，则为辉绿岩之侵入体。阿所罗一带，系飞仙关层，亦时有辉绿岩之侵入者。由麦熟地，经雄古坡，至冷水沟，皆属嘉陵江层。麦熟地附近地层，坍塌之洞甚多，小者直径一丈余，大者十余丈，皆成圆锥形，亦他处所难见者。可知下部空洞甚多，盖石灰石为水溶解也。沿金沙江行，经沙坝，至石鼓，皆系二叠纪之栖霞层。石鼓形势险峻，为金沙江转弯之处，转折颇锐。丁文江先生主张金沙江原系由此南流，经大理入澜沧江而入海者。现时河床，系日后因地壳之变动，改道所成。作者曾本丁先生之主张，沿改道之旧河床，在望城坡、溪骨潭及青口滩坡一带，调查一次，并无高大山脉相隔，颇有改道之可能。然亦未发现有旧河床之遗迹，即系改道，其年代当甚久远也。故改道之问题，仍须地质学者，作进一步之调查而决定之。石鼓距丽江共计四十五点六公里。江之两旁沙滩，皆产砂金。现有资源委员会之探勘者，并已作小规模之开采矣。土人歌谣，"石人对石鼓，金银万万五。有人找的着，买有丽江府"，可知该地砂金亦久为土人所注意也。盖因石鼓至冷水箐一段，江面宽而水流缓，余则多系急流，又因转折关系，故砂金易沉积于此也。

第六节　丽江县至盐源县

（参照丽江县至罗擦罗、罗擦罗至三家村，及三家村至盐源县，沿途地形及地质图等）

由丽江，经白沙、三家村、钟乳石沟、齐门口、干海子、白水河、洼吉罗，至黑水。沿路除三家村后及黑水附近有辉绿岩之侵入体外，余皆系二叠纪之栖霞石灰岩。白沙镇，庙宇颇多，系明万历年间所建筑，庙内壁画，极名贵，宝色古香，尚皆保存完整，精致极矣。三家村附近土上，由石灰质固结之硬层亦多。钟乳石沟，因沟内钟乳石极多，盖水内含石灰质沉积而成者。玉龙雪山，共计十二峰，峰峰峻峭，由干海子观之，最雄壮美丽。干海子积水处，周围不过二公里。白水河之下流，甲子村，有铁矿，已开采十余年矣。经大湾子、一道湾、三道湾，至里不各，皆系第三纪之辉绿岩，夹安山岩。经我路瓦、干拖、拉黑河、奇其特活、阿路口、鸣音，至那渣，皆属嘉陵江层。惟阿路口与鸣音之间，有一部分为辉绿岩所侵入。狼坝、坎插木一带，此种辉绿岩又露出。经长坪子、木切多、木罗耶罗，至羊子脑壳，又属嘉陵江石灰岩。羊子脑壳后仍有辉绿岩，沿途自白水河，至老鹰岩一带，有百余里，森林极茂。树之最大者，高可三十五丈，亦他处所罕见者。因交通不便，不能利用，时被火焚，辄蔓延数里之远，惜哉。此路晚间皆露宿林中，因树多，故燃料不感困难也。七道湾、九子溪、高廓、老鹰岩一带，皆为侏罗纪之香溪煤系。上罗擦罗则属嘉陵江灰岩，以后则属飞仙关页岩。罗擦罗后，经阿古几、木出郎、凤科，至金沙江，皆系侏罗纪之香溪煤系。渡江后，经拉海希里、莫则、几不格、拉司坡，至我洼，多系第三纪之辉绿岩。由我洼，过海拔三千八百三十公尺之哨房，至孤村，又属侏罗纪页岩。经二交河、开吉桥、永宁、竹石，至大石，系第三纪之盐边层。永宁属宁蒗设治局，有喇嘛庙，颇具威权，盖佛教区也。小海子有辉绿岩之侵入体。自力近，经永宁海、永宁海岛、黑□比岛、一把伞、小草海、多各舍，至大草海，皆属二叠纪之栖霞层。永宁海，周约九十公里（见永宁海图），水深而清，当可利用为水上飞机场也。内有岛四个，计木里岛、左所岛、黑窝比岛及永宁岛，以永宁岛为最美丽，系辉绿岩所成。孤山凸出，风景宜人，北望有狮子山峰之奇伟，岛中有亭廊楼阁之雅肃，四周湖景，朝夕不同。交通则皆用独木小船，亦觉别致。此湖除孤岛外，尚有一半岛，长可十公里许，因四周皆系石灰岩。此湖当为沉陷所生成，毫无疑义也。左所土司衙门，即在湖旁多各舍。土司喇宝臣，尚精干有为，故沿途治安尚佳也。左所以产菖蒲名，与普通菖蒲不同，前清时之贡品也。海门桥、哨房一带，又皆系辉绿岩之侵入体。由盖足，经三家村，至比几梁子，皆系二叠纪之栖霞层。宜人一带，则为侏罗纪之页岩，后又改为二叠纪之石灰岩。卧龙河一带，又为侏罗纪之页岩。由渡口，经各地罗、别样坪、一碗水、傅黑夷家、米家坪、铁矿坡、大石包沟、毛牛山、漏洞河、白岩子、马家村子、核桃园、喇嘛桥、□罐窑、项家坪子、半边街，至沙坝子，皆系二叠纪之灰岩。铁矿坡一带，有铁矿露头，储量尚丰，因矿床接近地面，故易开采也。由梅雨铺桥，经梅雨铺，至盐源县，皆属第三纪之盐源层。由丽江至盐源，共行四百三十三点四公里。由盐源回西昌，即由旧路而返也。

第二章 矿 产

第一节 总 论

西康省及云南省，矿产之种类颇多，如金、银、铜、铁、锡、铅、镍、煤、石油、盐、硫磺、石膏、石棉、硝、锑、钨、锰、瓷土及耐火材料等，无一不备。此次康滇边区调查，共经七县之区域，在康边则以金属矿产为多，种类亦繁，尤以铁矿为最佳，如冕宁县之泸沽，会理县之毛菇坝，及盐边县之攀枝花等处，皆其较著者也。滇边则以煤矿为多，如永仁之那拉箐，华坪之泥巴箐，品质皆佳。今将各种矿产，就此次调查之结果，分述于后。惟西昌高草坝之煤矿，德昌之瓷土，盐边朵格之铁矿，丽江石鼓及打鼓之金矿，皆在第一章沿途地质中述其大概，故在此章从略。

第二节　盐源县禄马堡水银矿

禄马堡在西昌之西南八十公里，在盐源之东北七十公里处，属盐源县境。附近岩石，表面为侏罗纪之页岩。其下部则为石灰岩，属二叠纪，或三叠纪。在石灰岩内，时有辉绿岩及闪长岩侵入之岩脉，辰砂矿石即产于此，属浸染矿床，矿脉颇零散，不能作大规模之开采，只供农闲之副业。现有矿峒数个，所采之矿石，经检选后，碎成小块，加入蒸炉内，用升华之方法，提取水银。每百斤矿石最优良者，可出水银二斤。蒸炉高五尺许，下部系铁锅，上部系竹罩，外涂豆荚灰泥，以防水银之走漏，蒸后水银即附于竹罩上。所产水银，为量不多，皆售与土法采金者。

第三节　盐源县禄马堡矿山梁子磁铁矿

矿山梁子海拔二千九百六十公尺，位于禄马堡之南九公里处。附近页岩，属侏罗纪，下有石灰岩，倾向北二十度西，倾角十五度，或属三叠纪。同时可见火成岩之侵入体，可知其为接触矿床，系石灰岩受接触作用而成者。在旧矿峒之上，见一露头，厚二公尺许。就内部观察，矿层厚可达四公尺。兹以长一百五十公尺，深二百公尺，比重为四点三计，则得储量 $150 \times 200 \times 4 \times 4.3 = 516,000$ 公吨。矿石品质颇佳，含铁可达百分之六十九，附近森林茂密，燃料不成问题，宜于土法开采。民国二十三年曾经开采，运往糖房沟冶炼。现该县陈县长，又拟集资开发，若能办理得法，颇有希望之铁矿也。

第四节　盐源县白盐井盐矿
（见白盐井地形图及盐厂工具图）

白盐井海拔二千五百八十八公尺，位于盐源县之西十六公里半处。四周多系丘陵地，居盐源之盆地中。岩石属第三纪，其下部有三叠纪之石灰岩，盐水即生于此石灰岩中。有盐井两处，一名班井，一名硝井。由硝井提取之盐水，比重为薄梅表（Baume）二点五度，每担水可含盐一斤许。因该井距河甚近，故盐水之浓度较小，而品质亦较差。此井有四口，皆系圆形，每口直径六十公分，井深约八公尺。稀薄之盐水，先用日晒法变浓后，再入锅熬干。亦有用稀薄之盐水，与较浓之盐水，相混合而熬干者。日晒法系先在平场上铺细煤矿渣一层，厚约二寸，将盐水洒布其上，利用日光晒干。随干随洒盐水，至煤渣上现有白色之盐霜，即将煤渣取起。用小篮将煤渣在水桶内洗去盐质，则水桶内可得加浓之盐液。此法必须于天晴时用之。熬盐锅系用细高较厚之铁锅，见白盐井盐厂工具图。锅十余个，或二十余个，排列于一灶之上。灶内燃褐炭，外端有温水大口锅两个。盐水先至温水锅，再用长柄勺将盐水由温水锅渐次分别添入各熬盐锅内。随熬随加盐水，约二日夜，即将火熄灭。取出盐锅，倒置之，则盐块自出，成圆柱体之炮弹形。班井在硝井之西北，见白盐井地形图。井口长二点五公尺，宽一点四公尺，井深十一点五公尺。由此井提取之盐水，比重为薄梅表（Baume）六度，浓度较大，盐质亦较硝井产者略佳，每担盐水可含盐六斤。熬盐方法，与硝井同。其由井内提取盐水之吊桶等之构造，见盐厂工具图。此地所产之盐，色灰白，含杂质如铁、钙、铝等较多，而含氯化钠较少，故碱度较海盐颇低，尚不及自流井盐之成分。尤以含碘太少，食此盐者，如再营养不足，则易患颈包（甲状腺肿）。应以新法精制，加入碘质，以改良之。又盐锅太厚，消耗燃料颇多，亦有改良之必要。燃料系取于距白盐井六点六公里之火烧堡。该地所产之褐炭，除一小部分供给家庭燃料外，余皆供熬盐之用，终日小驴驼驮，塞满途中，皆系运燃料者。每日共可产盐万余斤，运销于宁属各县，及云南之华坪等地，系盐源县最大之出口货也。

第五节　盐源县火烧堡褐炭

火烧堡海拔二千四百七十八公尺，位于盐源县之西二十三点一公里，距白盐井六点六公里。皆系平路，产褐炭。前因炭层被燃甚久，火烧堡之名，即由此而起。附近岩石，属第三纪之盐源层，多系红色砾岩及红色页岩，岩层倾角约七度许。炭层至少有三层，生于黑色及灰色之页岩中。因倾角颇小，灰层多接近地面，在三道沟等处皆可见炭层之露头。页岩因风化关系，石质松软，易于开采，故各处采掘之痕迹颇多。率皆极浅之矿硐，或露天掘之明槽，零乱不堪，缺乏整个计划，殊觉可惜。连同三道沟、梅雨铺一带之褐炭，现储量尚可有一千五百万公吨以上。褐炭比重为一点一，植物之纤维，尚颇显著。含固性炭成分低，而挥发物及水分高。主要销路，为运往白盐井作熬盐之用。若能将全部矿区加以整理，作有规模之开采，然后用以提炼石油及各种副产品，其在抗战时期之价值，当不小也。

第六节　盐源县黑盐塘盐矿
（见黑盐塘盐井矿区图）

黑盐塘海拔二千三百四十五公尺，位于盐源县西南八十点六公里处，距白盐井六十四点一公里。在卧龙河之南岸，共有汉人卅家左右，余皆夷人，散住于四周群山中，故治安仍不佳。黑盐塘之南一点五公里处，有盐井。附近岩石皆石灰岩，盐层即生于此石灰岩中。应属三叠纪，位于侏罗纪岩石之下。计有上井和下井，中有通风硐，见黑盐塘盐井矿区图。该井开办于咸丰二年，由中所土司主持，以光绪年间为最旺，每日可产盐三千余斤。自民国十四年起，地方不宁，又经民国廿三年之匪灾，街房率皆被焚，盐井即无形停顿。嗣后又渐次整理，现上井坍塌，仅下井仍在开采中。井深八丈许，用木制水龙排取盐水，再由木槽沿山坡流至黑盐塘，以便熬煮成盐块。其熬盐方法，与白盐井略同，性用木柴作燃料耳。上、下二井，皆系斜井，人可在井内上下，井似白盐井之用吊桶提盐水者。现下井每日出盐水八十担许，每担可产盐四斤至五斤，盐水浓度为薄梅表（Baume）四度。上井盐水较浓，现由兴盐公司整理中。此地之盐，品质与白盐井产者相似，其生成时期，亦应相同。因其盐硬度较大，民间认为耐用，故价值略高耳。所产之盐，皆系人力运出，销于盐源、盐边、永宁、华坪等地。嗣后治安改善，将上、下二井加以整理，增加产量，此矿当亦甚有希望也。

第七节　盐边县麻柳坪砂金矿

麻柳坪海拔一千四百四十五公尺，位于盐边县之西九公里处，在赶鱼河之北岸，正当盐源至盐边之大道。附近岩石属盐边层，有页岩、砂岩、片岩，时常夹有石英岩脉，金即产于此石英岩中。因侵蚀作用，金粒即顺赶鱼河而下，沉淀于河之弯曲或缓流之部分。故在麻柳坪一带，沿赶鱼河之两岸，时常有淘金者。前清时代，采金事业，曾大旺一时，工人有数百之多。现皆采掘零乱，不能再作大规模之开采，只可供农闲之副业。由麻柳坪往东行，经桑园、金龟塘，至盐边县，沿途顺赶鱼河，皆有采金之痕迹。在荜苴芦河与赶鱼河之交口处，尚有相当面积，可供开采。不过含金之成分不高，每公吨矿砂只含金一分左右。淘金者多三两成群，用木制淘金盆或淘金床，淘洗金砂，每日仅可维持生活而已。此带金之储量，约略估计，当在二千两左右。

第八节　盐边县弄弄坪砂金矿

弄弄坪海拔一千三百一十二公尺，在盐边县之南八十二点三公里处，位于金沙江之北岸，高出江面仅数十公尺，其南岸即仁和河入金沙江处。金沙江在此略有弯度，河面较广，而水流较缓，又有支流之交汇，故金沙江所携带之金砂，易在此地沉积。现成一广大之台地，系金沙江之沉积层。长可三公里，宽则一二公里不等，尚有不足一公里者。兹以长三公里、宽一公里计算，面积为三百万平方公尺。若含金层之厚度，以一公尺计算，则含金砂层有三百万立方公尺。一立方尺以含金一分论，此地金之储量，当在三万两左右也。附近农民颇少，已开采者无多，尚系处女地带，故颇宜于较大规模之开采。惟此冲积层之台地上，缺乏水源，开采时，冲洗困难。尤须利用新法，或将金砂运至江边，利用江水，作淘洗之工作。此矿颇有希望也。

第九节　盐边县攀枝花磁铁矿
（见盐边县攀枝花铁矿矿区图）

攀枝花海拔一千四百八十五公尺，位于盐边之南南东，距盐边县九十七公里，在弄弄坪以东十四点七公里处。农民有十余家，联保主任刘振□即居于此。南临金沙江，东西皆丘陵地，北多高山，有小溪自西北流来，经保果入金沙江，土地尚称肥沃，农产亦丰。北行至尖包包山顶，有磁铁矿之露头，其西为硫磺沟，可见硫磺铁矿之露头。东有山，名乱崖，颇陡峻，磁铁矿生于其顶部。再东则为营盘山，乱山峙立。附近皆属第三纪之花岗岩。此花岗岩之侵入体，范围颇广，故两盐及会理一带，金属矿床颇多，此其因也。乱崖海拔一千九百九十公尺，尖包包海拔一千七百八十三公尺，其磁铁矿皆生于石灰岩内，当系受火成岩之接触而生成者。又矿石之中常含极细砂质，亦有为岩浆分泌之可能。石灰岩厚约一百公尺，倾向北方，倾角十余度。在乱崖处发现石灰岩之上下，皆有磁铁矿床。其上层之矿床，位于山之顶部，厚可一公尺半；下层之矿床，位于山之腰部，厚可二公尺。尖包包之山顶较低，故仅在山之顶部发现矿床，相当于乱崖之下层矿床。硫磺沟附近，有罗明显家居住，沟内有小溪，沟旁有黄铁矿及硫磺铁矿之露头。

有含镍之可能，夹于辉绿岩中，当系受硫化作用而生成者，惟其分布面积不广，无甚大之经济价值。其他地带如倒马坎等，亦有磁铁矿之分布。今仅就尖包包及乱崖二处之磁铁矿，作储量之估计如下：

尖包包铁矿比重经试验为四点四，矿床长二百五十公尺，宽一百公尺，厚一公尺，其储量如下：

250×100×1×4.4＝110,000 公吨

乱崖铁矿床，下层平均长一千二百公尺，宽一千公尺，厚约二公尺。上层平均长、宽各三百公尺，厚一公尺半，比重仍为四点四，其储量如下：

1200×1000×2×4.4＝10,560,000 公吨

300×300×1.5×4.4＝594,000 公吨

总计尖包包及乱崖二处磁铁矿之储量，共为一千一百二十六万四千公吨。若再加入附近他处之磁铁矿，其储量当不只此数。此矿之成分，稍逊于会理之毛菇坝铁矿，及冕宁之泸沽铁矿，然储量则皆过之，故宜于大规模之开采。而此地距森林地带颇远，木柴燃料缺乏，此其所以从未有土法在此开采者。若用大规模之开发，此矿距金沙江仅十余里，皆系下坡，运输便利。金沙江对岸永仁县那拉箐大煤田，质佳而量丰，为炼焦最良之烟煤。可由金沙江顺流运下，亦极省力。钢铁厂可设于江边之保果，以永仁县之煤，炼攀枝花之铁，距离既近，运输又便，天然条件，颇合理想。又可将大湾子之赤铁矿，由雅砻江顺流运下，同时冶炼，尤可增加产量，并减低磁铁矿冶炼方面之困难。若需用较大之厂基，则在三堆子设厂亦可，距保果不过十余里，地基宽阔，水陆交通，皆甚便利；否则亦可在会理县黎溪之南，沿金沙江处设大规模之炼钢厂，对外交通，将来有西祥公路，器材及机械之运输问题，得以解决。矿石则一方面取给于毛菇坝之磁铁矿，一方面取给于攀枝花及大湾子之铁矿，连同永仁之煤，炼制成焦，统由金沙江顺水运下。此段江水平静，并无滩险，载重五千斤之木船，当可通行。故攀枝花之铁矿，或在保果冶炼，或在三堆子冶炼，或在会理冶炼，皆应从速开发，以建设后方重工业之基础。况该地居后方安全地带，对外有险可守，将来吾国重工业之中心，其唯此地乎？

第十节　盐边县乌拉许家沟及阿拿摩煤矿

乌拉海拔一千八百公尺，位于盐边县东南八十九公里处。四周皆系山地，交通不便，居民亦稀。附近多夷民，治安堪虑。许家沟在乌拉东北十里许，附近岩石，系棕色页岩及细砂岩，倾向北八十度东，倾角八十度。煤层生于细砂岩之间。计有煤八层，厚度由半公尺至一公尺半不等。土人仅择其较厚者之三层开采，附近马房田、大河沟、吴家坪子等处，皆有煤层之露头。在阿拿摩附近之露头，可见煤三层，上层厚一公尺，中层厚半公尺，下层厚约一公尺半，皆生于细砂岩内，下部则系页岩。倾向南七十八度，倾角八十四度，与许家沟处之倾向相反，可知此带地层之褶皱颇烈。煤质不甚佳，介于烟煤与无烟煤之间。沿途露头极多，处处可见，土人即就露头处采掘，供作家庭燃料。将来若能作有规模之开采，亦可利用雅砻江运出，以补此处燃料之不足。由许家沟至阿拿摩长约六公里，沿途露头亦多，若以煤层总厚度为二公尺计，顺倾角方向开采深度六百公尺，因不规则之关系，按折半计算，则可得储量四百六十八万公吨（6000×600×

$2 \times 1.3 \div 2 = 4,680,000$ 公吨），当亦有相当价值也。

第十一节　盐边县阿卡坭附近煤田
（见盐边县阿卡坭磨石箐煤矿矿区图）

阿卡坭海拔一千六百八十二公尺，位于盐边县东南七十公里处，在冷水箐山脉之北坡，与乌拉相对，中隔邓家垭口。四周皆山地，夷民多居山顶，汉人在山沟低处零散居住。中纸房在阿卡坭西约三公里处，磨石沟则在阿卡坭东四公里处。皆产烟煤，属侏罗纪岩层，倾向南五十度西，倾角七十五度。共有烟煤三层，上层厚二公尺半，中层不足一公尺，下层一公尺余，皆生于页岩中。磨石箐煤层，倾向南六十度西，倾角六十度，由露头处可见烟煤一层，厚可二公尺，下有薄层之耐火土，煤质甚佳。由其倾角之关系，可知此煤系应在中纸房煤层之下部。由阿卡坭北行至两岔河，沿途煤层露头颇多。此区煤田，以长六公里计，煤层总厚度五公尺，若沿倾角方向开采深度达六百公尺，因煤层之不规则关系，以折半计算，则可得储量一千一百七十万公吨（$6000 \times 5 \times 600 \times 1.3 \div 2 = 11,700,000$ 公吨）。若能炼制成焦，沿雅砻江顺流运至金沙江边，供给攀枝花铁矿之冶炼燃料，对于西南重工业之发展，贡献亦颇大也。

第十二节　盐边县火房大湾子铁矿
（见盐边县大湾子铁矿矿区图）

大湾子海拔一千四百八十公尺，位于盐边县之东东南五十五公里，在火房之北北东七公里处。附近岩石系石灰岩，中夹燧石结核颇多，倾向南十度西，倾角七十三度。属三叠纪，或二叠纪。赤铁矿即生于石灰岩内。在山坡上有露头，坡颇陡峭，西北临雅砻江，相距约二公里半，将来矿石可顺坡运下，由雅砻江用载重三千斤之木船，运至金沙江边，与攀枝花之铁矿，同处冶炼。矿床成层状，厚约一点六公尺。中夹石灰石二薄层，各厚约三十公分，故铁矿之净厚度约一公尺。兹以矿层长一千公尺，宽二百公尺计，比重由试验为四点六，得储量如下：

$1000 \times 200 \times 1 \times 4.6 = 920,000$ 公吨

此矿于民国初年曾由夷人傅德元等集资开采，运至火房附近，用木柴冶炼，现已停工。因矿石比重为四点六，可知其品质极佳。又系赤铁矿，较磁铁矿易于冶炼。此矿极有希望，应用新法从速开发。或利用永仁之煤，在三堆子冶炼，或利用阿卡坭之煤，在火房冶炼，皆不感困难也。

第十三节　盐边县大石房大矿山铁矿
（见盐边县大石房大矿山铁矿矿区图）

大矿山海拔二千三百公尺，位于东巴湾之山顶，在盐边县北三十九点七公里处。矿床附近，山颇陡峻，并有悬崖，运输较为困难。附近岩石，有页岩及石灰岩，倾向北四十度西，倾角十五度。属三叠纪，或二叠纪。矿床即生于石灰岩内，因冲蚀关系，现仅存山顶之一部分。长可一百公尺，宽二十公尺，平均厚度约二公尺，比重为三点五，其储量如下：

100×20×2×3.5＝14,000 公吨

因储量较小，矿质亦不甚佳，故无大规模开采之价值。然附近森林尚多，矿床皆接近地面，宜于土法采掘。现盐边土司诸葛绍武，拟集资即将从事开采云。

第十四节　华坪县泥巴箐煤矿
（见华坪县泥巴箐煤矿矿区图）

华坪县海拔一千四百公尺，附近轿顶山、狮子岩及菩萨山，皆产煤。尤以泥巴箐之煤矿为最有希望。泥巴箐海拔一千九百七十七公尺，位于华坪县之东北十二公里处，在大路之旁，驮马交通，尚称便利。岩石属侏罗纪页岩，其下则顺次为嘉陵江石灰岩及飞仙关页岩。烟煤即生于侏罗纪页岩及细砂岩内。倾向北五十五度东，倾角二十度，计有煤五层，现正在开采中。每日可产煤三公吨许，矿峒沿倾向而进，峒深约八十公尺。兹将煤系及岩石之层次，由上而下，分述如下：

黑页岩

棚炭（烟煤）四十公分

天沙（细砂岩）四十五公分

么夹（页岩）十八公分

么炭（烟煤）四十公分

么砂（细砂岩）二十公分

上槽口（烟煤）三十公分

黑页岩（夹石）三公分

下槽口（烟煤）三十公分

黑页岩（夹石）三公分

底板炭（烟煤）二十公分

黑页岩

烟煤共计五层，总厚度约一点六公尺。中隔夹石，皆不甚厚。当可将夹石同时开采，再检选之。煤质除棚炭及底板炭稍差外，余则品质极佳。皆可炼制焦炭，以供冶炼之用。轿顶山、狮子岩及菩萨山之煤，应系同一煤系。兹以煤层长六千公尺计，可采深度达五百公尺，比重为一点三，得储量如下：

6000×500×(CSC20')×1.6×1.3＝18,260,000 公吨

储量一千八百余万公吨，而煤质又佳，当有大规模开采之价值也。

第十五节　永胜县碗厂瓷土

碗厂海拔二千三百一十七公尺，位于永胜县之东南十八点七公里处。在杨家坟山东坡，里苏人在此时常劫人。永胜县政府当负责对治安加以注意，则瓷业更可发达也。附近岩石系侏罗纪页岩及砂岩，倾向北五十度西，倾角四十度。砂岩中，含长石颇多，风化后，即成瓷土。现有瓷厂十余家，新华及鼎新瓷厂，规模稍大。先掘取风化后之长石砂岩，入水池中搅和之，其石英砂等皆沉积池底。瓷土与水相混成白泥浆，再将此泥浆导入第二池，作第二次之沉淀，亦有沉淀四五次者。石英等杂质，完全除净。仅余纯粹

瓷土，即作瓷器之原料也。制瓷系用土法，由手工及转盘制成之。俟干后，再涂油料。重叠成套，入于窑中。瓷窑由五层至十五层不等。每窑可容碗二千许，以木柴为燃料。出窑后再绘画或贴花，又入烤炉，烤五小时，即得成品。此处瓷土，品质颇佳，比西昌之德昌及会理之鹿厂瓷土皆优，而风化后之长石砂岩，储量亦多。若再加以技术之改良，并增加产量，此地瓷业，大有希望也。

第十六节　盐源县大石包铁矿坡铁矿
（见盐源县大石包铁矿坡矿区图）

铁矿坡海拔三千四百九十公尺，在盐源县之西西北八十三点二公里处。此地总名为大石包，其北三公里处，有夷村，名米家坪。附近皆系山地，交通不便。岩石系石灰岩，似属二叠纪。倾向南三十度东，倾角二十度。赤铁矿生于石灰岩中，矿床成层状，在铁矿坡，有长六十公尺，宽四十公尺之露头。设矿床共长五百公尺，宽三百五十公尺，厚一公尺，比重为三点五，则储量为六十一万余公吨（500×350×1×3.5＝612,500公吨）。惟矿质不甚佳，附近又缺乏燃料。若干年前，曾有人开采，现已停工。此地夷人甚多，治安堪虑，故最近不易开采。然赤铁矿冶炼较易，而矿床又接近地面，采掘省力，将来亦不无希望也。

4. 调查报告中的英文提要。

THE GEOLOGY AND MINERAL RESOURCES OF THE BORDERING DISTRICTS OF SI-KANG AND YUN-NAN PROVINCES.

ENGLISH ABSTRACT.

This is a report on a geological expedition conducted by the National Si-k'ang Institute of Agriculture and Technology in collaboration with the Geological Survey of Si-k'ang Province. The author, with his partner Mr. Ch'ang, the geologist of the Si-ch'ang Generalissimo's Head Quarter, started from Si-ch'ang on August 17, 1940, and came back to the same place on November 11, 1940, travelling a distance of 1835 kilometers through Si-ch'ang, Yen-yuan, Yen-pien, of Si-k'ang Province, and Hua-p'ing, Yung-sheng, Li-chiang, and Yun-ning, of Yun-nan Province. In this expedition only simple instruments such as watch, tape, barometer, and pocket transit were used for measuring distances, altitudes, and directions along the road and making rough surveys in mining areas. From these data and geological observations as well as mining examinations, 21 maps were drawn to show the profile and geologic conditions of the route travelled and the topographical natures of the different mining areas. It took us, in this trip, 87 days travelling on an average of about 13 kilometers per day in the rainy season through several regions of barbarous races. Bandits of different tribes were met in Yen-yuan, Yen-pien, and Yung-sheng in the most serious nature. At one time, it was on a hill-side near the Yung-sheng City, 12 bandits were shooting at us. From a result of dangerous fighting with our four soldiers, whom we brought from Si-ch'ang for protection, six of the bandits were captured by us and another six escaped. Besides this, we saw the biggest iron chain suspension bridge across the Chin-sha-chiang River, the attractive spring pond at Li-chiang, and the beautiful lake near Yung-ning with four islands and one peninsula. We also climbed the famous snow mountain of Yu-lung-shan to more than 5000 kilometers above sea level confronted with the lofty Mont of altitude about 7000 kilometers with valley glaciers rolling down with high roaring sound like land-slides. All of these gave us highest interest and deepest impression besides the various geologic features and the valuable mining areas.

康滇邊區之地質礦產

九

This pamphlet is divided into two sections. The first section consists of the geologic conditions and the rock ages along the entire route as shown in the geologic and profile maps. The author found, by his observations and measurements, several mistakes in the Chinese maps even the latest edition. The second section consists of the description of the various mines discovered, of which the Pan-chih-hua iron mine of magnetite ore is the most valuable and hopeful and worth while to open in a large scale for the foundation of our heavy industry in the South-western China. The Ning-district is famous for its varieties of ore deposits. It has, in its limited area, iron, coal, gold, silver, copper, lead, zinc, nickel, mercury, salt, sulphur, gypsum, asbestos, manganese, saltpeter, refractory materials and many others. But in the bordering region of Yun-nan Province we found coal, iron, copper, and kaolin deposits only. The Na-la-ch'ing coal mine of Yung-jen Hsien and the Ni-pa-ch'ing coal mine of Hua-ping Hsien have their bituminous coals superior both in quality and quantity.

These mines, some had been worked for a long time and some were discovered in this expedition, are stated briefly as follows:

1. Lu-ma-pu Mercury Mine. This mine is situated near Lu-ma-pu, 70 kilometers north-east of Yen-yuan Hsien. The cinnabar deposits, with about 8% of mercury, occurs in or near the diabase dikes which had been intruded through the limestone. The ore body is very much scattered and disseminated. It is now worked occasionally by hand labors and the mercury distilled out by native crude method on on a small scale.

2. Kuan-shan-liang-tzo Iron Mine. This mine is situated nine kilometers south of Lu-ma-pu, Yen-yuan Hsien. It stands on a hill side of 2100 kilometers above sea level where transportation is difficult. The iron deposit belongs to the contact type occuring in limestone situated under the Jurassic shale. Its ore reserve amounts to about 516,100 metric tons of magnetite of high purity. It is very suitable to open in a small scale due to that the fuel is supplied easily from the forest in the vicinity.

3. Pai-yen-tsing Salt Mine. Pai-yen-tsing is situated 15 kilometers west of Yen-yuan Hsien. The salt deposit there is originated from the Triassic limestone. There are two salt wells in operation; the Pan-tsing or the shaft well, and the Siao-tsing or the salt-bore well. Brine water of density six degrees Baume is boiled up in one shift of 14 hours per day from the Pan-tsing, while the brine water boiled up from Siao-tsing has

a poor purity and a low density of about 2.5 degrees Baume. The brine water is then boiled to dryness in the cylindrical iron crucibles by using brown coal as fuel. It claims that the salt from Pan-tsing had a better quality and demands a higher price, though it still too poor as compared with sea-salt due to its high impurities of iron, calcium, and aluminium. The daily production of salt amounts to more than 10,000 catties which make a village in the mountain side becoming a busy town with a prosperous market and being the commercial center of Yen-yuan Hsien.

4. Huo-shao-p'u Brown Coal Mine. This mine is situated 6.6 kilometers west of Pai-yen-tsing with its deposits extending from Huo-shao-p'u to Mei-yu-p'o covering about 12 kilometers distance. There are at least three coal seams with a dip angle of about only seven degrees and outcrops exposed at several places. The natives have worked along the outcrops for many years to supply the fuel used in the Pai-yen-tsing Salt Mine. For the time being, the coal reserve is left about 15,000,000 metric tons which is still valuable enough to be worked by a systematic mining method for supplying fuel and for distilling oil by the low temperature carbonization method.

5. Hei-yen-tang Salt Mine. It is situated 80.6 kilometers south-west of Yen-yuan. The origin of salt deposit and the method of mining are very much similar to that of Pai-yen-tsing Salt Mine. The only difference is that the brine water is pumped by self-made native pumps instead of bailing up with buckets. There are two inclined mining pits and one ventilation pit. The upper mining pit is now caved down and under repair, only the lower pit is at work with a production of about 400 catties of salt per day. The density of brine water is about four degrees Baume scale. Both pits should be improved and reconstructed to the best condition, and modern pumps installed for increasing the output and production of salt.

6. Ma-liu-p'ing Placer Gold Mine. It is situated nine kilometers west of Yen-Pien Hsien near the bank of Kan-yu-ho River. The country rocks belong to the Yen-pien series of Jurassic age, from which the placer gold is derived and deposited along the Kan-yu-ho River especially in the inside curves where the currents aaren not so swift. The gold particles are more or less angular showing that its origin is not far from its deposition. The natives have worked the gold placer for a long time in their leisure times along the river banks from Ma-liu-p'ing to Yen-

pien Hsien in a distance of about nine kilometers long. It is now nearly exhausted and only few valuable places left with a total gold reserve of about 2,000 ounces.

7. Lung-lung-p'ing Placer Gold Mine. It is situated in the north bank of Chin-sha-chiang River, 82.3 kilometers south of Yen-pien Hsien. The deposit, covering an area of about three square kilometers, is in a terrace of the old river bed. The gold reserve is estimated to be 80,000 ounces, lying still untouched due to lack of water above the deposit. It is worth while to be mined by systematic methods.

8. Pan-chih-hua Iron Mine. It is situated 97 kilometers south-east by south of Yen-pien Hsien. It has a reserve of more than ten million metric tons of magnetite ore occurring near the tops of hills which are only few kilometers from the Chin-sha-chiang River. On the other side of the river, the famous Na-la-tsing bituminous coal deposit is found with superior quality and large quantity. The author is very much satisfied in discovering such a big iron deposit with the best coal in its vicinity and under the ideal natural conditions. It is worth while to open the mine and to install blast-furnaces as early as possible to establish the foundation of heavy industry for the development of the South-western China.

9. The Coal Field Near Wu-la. Wu-la, being a small village in the mountainous region, is situated 30 kilometers south-east of Yen-pien Hsien. Semi-bituminous coal occurs in its vicinities, such as Hsu-chih-kow, Ma-fang-tien, Ta-ho-kow, and Wu-chia-p'ing-tze. There are exposed with outcrops at least eight seams, three of which are of workable thickness. It has a coal reserve of about five million metric tons.

10. A-ka-ni Coal Field. It is situated 70 kilometers southeast of Yen-pien Hsien. The bituminous coal, which has a better quality than the Wu-la coal, occurs in the Jurassic shale. From the exposed outcrops the author found three seams in Mo-shih-kow and Chung-chih-fang and one seam in Mo-shih-tsing. The total coal reserve amounts to more than eleven million tons.

11. Ta-wan-tze Iron Mine. It is situated 55 kilometers south-east of Yen-pien Hsien. Hematite ore outcrop can be seen in the limestone on a steep mountain slope right above the Ya-lung-chiang River. Transportation can be done by wooden boat along that river. It has a reserve of 920,000 tons of hematite ore which can be smelted either at Huo-fang making use of A-ka-ni bituminous coal or at San-tui-tze together with the Pan-chih-hua ore

making use of the Ma-la-tsing bituminous coal.

12. Ta-kuang-shan Iron Mine. This mine is situated at a mountain top 29.7 kilometers north of Yen-pien Hsien. It has a reserve of only 14,000 tons due to the result of erosion. It is suitable to work by native method only, since wood fuel can easily be found in the vicinity.

13. Ni-pa-tsing Coal Mine. It is situated 12 kilometers north-east of Hua-p'ing Hsien, Yun-nan Province. Around the Hua-p'ing City, there are several coal mines belonging to the same seams in the Jurassic shale. The Ni-pa-tsing Mine is only one of them and is working now by native method with a daily output of three tons. The total reserve is estimated to be 18,260,000 tons of high grade bituminous coal which is worth while to work on a large scale.

14. Wan-ch'ang Porcelain Clay. Wan-ch'ang is situated 18.7 kilometers south east of Yung-sheng Hsien, Yun-nan Province. The clay is a weathering product of the feldspar from the arkose sandstone. Pure clay is got by settling the raw-clay several times in the water reservoirs. There are more than ten kilns for the manufacture of Chinaware which is only inferior to that produced in Chiang-si Province.

15. Ta-shih-pao Iron Mine. It is situated 83.2 kilometers north-west by west of Yen-yuan Hsien, Si-k'ang Province. The hematite ore occurs in the limestone in a mountainous region inhabited by the Lo-lo tribes. The ore reserve is estimated from its outcrop to be 612,500 tons. But for the time being, it is very hard to start the mining work due to the trouble of Lo-lo bandits and its difficulty in transportation.

INDEX OF MAPS

1. Geologic map of Si-ch'ang and Yen-yuan District.
2. Geologic map of the route of expedition in the bordering district of Si-k'ang and Yun-nan Provinces.
3. Geologic and profile map from Si-ch'ang to Yen-yuan.
4. Geologic and profile map from Yen-yuan to Yen-pien.
5. Geologic and profile map along the route torough different parts in Yen-pien Hsien.
6. Geologic and profile map from Yen-pien of Si-k'ang Province to Yung-sheng of Yun-nan Province.

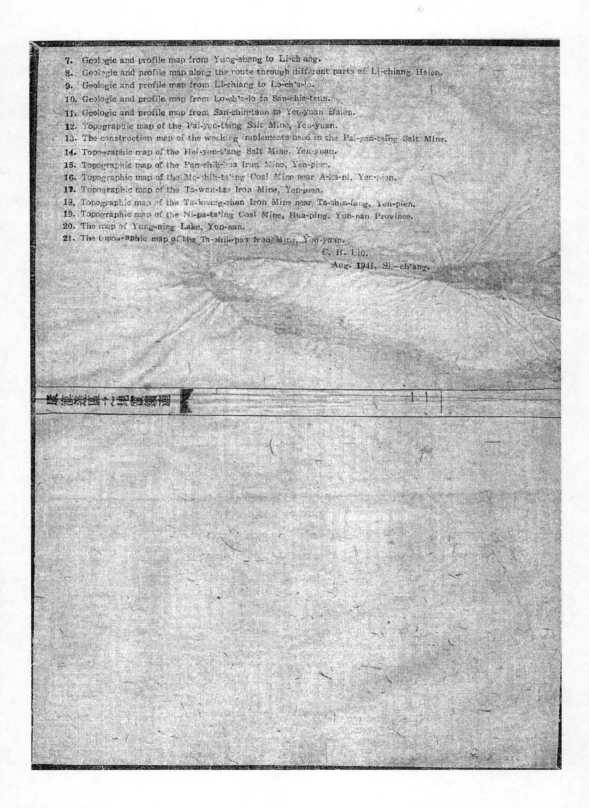

7. Geologic and profile map from Yung-sheng to Li-chiang.
8. Geologic and profile map along the route through different parts of Li-chiang Hsien.
9. Geologic and profile map from Li-chiang to Lo-ch'a-lo.
10. Geologic and profile map from Lo-ch'a-lo to San-chin-tsun.
11. Geologic and profile map from San-chin-tsun to Yen-yuan Hsien.
12. Topographic map of the Pai-yen-tsing Salt Mine, Yen-yuan.
13. The construction map of the working implements used in the Pai-yen-tsing Salt Mine.
14. Topographic map of the Hei-yen-t'ang Salt Mine, Yen-yuan.
15. Topographic map of the Pan-chih-hua Iron Mine, Yen-pien.
16. Topographic map of the Me-shih-ts'ing Coal Mine near A-ka-ni, Yen-pien.
17. Topographic map of the Ta-wan-tze Iron Mine, Yen-pien.
18. Topographic map of the Ta-kuang-shan Iron Mine near Ta-shin-iang, Yen-pien.
19. Topographic map of the Ni-pa-ts'ing Coal Mine, Hua-ping, Yun-nan Province.
20. The map of Yung-ning Lake, Yun-nan.
21. The topographic map of the Ta-shih-pao Iron Mine, Yen-yuan.

C. H. Liu.

Aug. 1941, Si-ch'ang.

攀枝花铁矿刘之祥个人著述摘要 11

刘之祥关于攀枝花铁矿发现过程的口述资料

背景说明

父亲从事教育事业近六十年，一生勤勉敬业，不畏艰难，淡泊名利。1985 年 2 月，渡口市史志工作委员会的工作人员来我家，就攀枝花铁矿发现过程对父亲进行了为期两天的采访。当时父亲已是 82 岁高龄，由于激动和过度劳累，在结束采访的当天傍晚，从座椅起身欲坐到床边时不慎坐空，致使右侧髋部骨折而卧床不起。一天午后，我拿来了半导体录音机，建议父亲讲讲发现攀枝花铁矿的事，父亲便讲述起来，晚饭前结束了录音。没想到，这次尝试性的录音，竟成了父亲留下来的唯一的乡音。父亲卧床长达两年，身体每况愈下，最后成了植物人，于 1987 年 7 月 25 日离开了人世。

录音中，父亲着重忆述了康滇边区之地质与矿产调查，包括这次调查的发起、组织以及父亲承担的任务，发现攀枝花铁矿的具体细节，发现攀枝花铁矿后的报矿，矿物标本的检验与保管，调查报告的撰写，向当时中央经济部和教育部的通报，以及沿途的风土人情和遇到的艰难险阻等。从录音中可以感受到父亲对新中国成立后攀枝花的开发建设有着难以抑制的激动和喜悦。

说明人：刘桂馥

刘之祥关于攀枝花铁矿发现过程的录音整理稿

我 1940 年被派调查宁属地质与矿产。被谁派的呢？被国立西康技专校长李书田和西康地质调查所所长张伯颜。两个单位合作，协作商议，派我去调查。由西康技专校出人，就是出刘之祥一个人；西康地质调查所出钱，就是出沿途的一些路费。调查工作分两个阶段进行，先是调查宁属北部地质与矿产，包括富林、海棠、越巂、冕宁等很多县。调查从 1940 年 5 月 30 日开始，于 7 月 14 日返回西昌。这次路途比较起来不太危险，但，就是脏！我是一个人徒步去的。一次我住到驼屋旅馆，一进去"呼"的一声，吓了我一跳，苍蝇飞起来了，看见的黑桌面原来是个白木头桌面；我的一个圆蚊帐都布满了臭虫，把圆蚊帐拿到屋外向个大海碗里抖落，能抖落好几就（捧）臭虫，有大海碗半碗。奇怪的是，那时翁之龙也打那儿过——翁之龙就是同济大学第一任校长，是学医的，他带着的十来岁的小男孩儿淹死在屎茅子坑里了。这个屎茅子坑在屋子里，下雨漏水，有六七尺见方，六七尺深，坑里有水，有尿，有屎，方坑边上搭着个圆木头，脚一蹬，它还动。解手时都是一只脚蹬着坑边儿，另一只脚蹬着木头。翁之龙校长的小孩儿才十来岁，就掉下去了，捞上来已经死了。

七月间我回去了，回到技专。我正准备向南部出发开始做第二阶段调查的时候，西康行辕常隆庆找我，说他愿意跟我一块去。我听说南边的盐源、盐边地区，彝族人很多，但是彝汉矛盾大，治安很不好，所以我也高兴有个伴。我们俩去的盐源、盐边。盐源有白盐井、黑盐塘。在盐边，我们俩发现了攀枝花铁矿。我们都是第一次到这边来。这次调查是 8 月 17 日从西昌出发，9 月 5 日到的攀枝花，住了两天，9 月 6 日就发现了攀枝花大铁矿。

我和常隆庆到攀枝花，住在保长罗明显家。这时我想起了一个中国发现钨矿的老专家，他叫李国卿吧？他是个世界著名的资本家，是英国伦敦大学皇家采矿学院毕业的，回国后在江西找矿。有一次他住在小店里，小店做饭的叫小妹，他发现锅台上盘着的一块石头就是钨矿石，这块矿石是小妹捡来盘在锅台上的。他把这块矿石寄到英国伦敦大学皇家采矿学院做了鉴定。这是一个质量很好的钨矿。当时世界上还没有好的钨矿产地，李国卿就借这个机会发了大财。在中国发现了很好的钨矿，他把中国的钨矿垄断了。后来他在纽约开了个世界钨矿公司，不仅垄断了中国的钨矿，连南美洲、非洲的钨矿也都垄断了。

我想起这个在小妹锅台上发现钨矿石的世界钨矿的垄断者，想起这个故事，所以一到罗明显家，我就到处乱看，在他院子的墙角处我看到了有两小块磁铁矿石。我想，这儿既然有磁铁矿石，附近一定会有磁铁矿。第二天一早，我把这个事情告诉了常隆庆，由罗明显带路，就一起去附近找磁铁矿露头。果然，在离罗明显家很近的地方，就找到了好几个露头，像尖包包、乱崖、硫磺沟等等，都是很明显的露头。

我们的这一发现，被认为是一种了不起的发现。我仅测量了两个露头，就有上千万吨矿石。虽然不是顶大，但在宁属地区没有这么大的。宁属地区也就是冕宁县的泸沽或者会理县的罗湖坝，那都是几十万吨或者几百万吨的，上千万吨的没有。我们光看了表面的一些露头它就有一千多万吨，这应该是国内很少见的，而况，我们又没带着挖掘工具，下部、深处我们都没看。因此我们觉着，这是一个很大的收获。我当时很兴奋，所以我就写信给西康技艺专科学校校长李书田，说这是个很大的收获，了不起。他就把我的信通知了当时西昌唯一的报纸《宁远报》，给发表了一个消息，上头写的是《国立西康技艺专科学校采矿教授刘之祥在盐边县发现了攀枝花大铁矿》，当时就轰动了技专，也轰动了全西昌，因为很多人都见了这篇报道。这篇报道是在 1940 年 9 月下旬发表的，现在可能还可以找到这张报纸，因为我们 11 月就回到了西昌，我也看见过这篇登我的报纸。当时学校师生也为我庆贺这件事情。

1944 年春天刘文辉主席到西昌的时候，专门到西康技专来做一次报告，在报告里就提到我为他们西康省发现了大铁矿。他说，我为他省做了这个重要工作，向我表示感谢。他还参观过技专的矿石标本。蒋介石、宋美龄也到过一次技专，参观过一次矿物岩石标本室。当时我住在技专的刘公生祠。刘公是一个将军，活着时修的生祠。我就住在刘公生祠的这个庙门口。也就是那个庙门口改成了一间住房，我在里头住。我住的地方一开后门就看见下边的山景和湖景，风景很好。1945 年蒋介石、宋美龄到了我们学校，学校就在我的那个小屋招待的蒋介石和宋美龄，可当时我不知道，当时我在重庆。那一次蒋来西昌就是为免龙云的职，也就是那年免了云南主席龙云的职。那一次他上位于我们学校的泸山，比下面海拔高 100 米，还得爬坡。蒋介石坐的车当然很好，所以能够爬坡。

这个磁铁矿，量很大。当时我带着一个袋内罗盘仪，一个空盒压力计，也就是测量高度的，还带着皮尺、步数表等等。常隆庆由于没带着空盒压力计，也就是测高器，他没有测量高度。所以我的报告里，沿途的高度一点儿没落，我记得很全。在我的报告上有，而常隆庆也就没写报告。因为西康地质调查所和康专都要求我写报告，我既是西康技专和西康地质调查所派去的，我答应的写报告，所以我就写了这两本报告。这时候，我的调查报告已经于1941年出版了。出版后，共印了一百多份。西康技专和西康地质调查所一边给了五十份，我还存有几份。同时我也通知经济部部长翁文灏，送给他两份报告；教育部部长陈立夫，也送给他一份报告；矿冶研究所所长朱玉伦，也送给他一份报告。朱玉伦现在在北京灯市西口冶金部的情报研究所，现在还健在。李书田在美国加利福尼亚橘城办大学，现在也健在。而李书田已经接受了天津大学，也就是北洋大学九十周年校庆的邀请，可能在今年10月初到天津去。因为我这个调查主要是由李书田发起的。李书田是北洋大学的校友，地质调查所所长张伯颜也是北洋大学的校友，西康省建设厅厅长叶秀峰也是北洋大学的校友，所以来往都很多。而我和张伯颜通信也很多，他也很高兴得到了我送给他的报告和很多的矿物岩石标本。

我带回来的标本一共是十箱，雇了五个马驮子，一个马驮子带两箱，现在在地质调查所和西康技专，它们还都保存。我在攀枝花采回来的矿石标本，也给技专和地质调查所平分，两边各分了一半。存技专的那一半，我曾交技专化工系主任隆准教授，请他鉴定。他答复我，这里钒钛不少，我才知道这是钒钛多金属磁铁矿。

攀枝花矿几项优点：第一是地处西南边区，对外有险可守。第二是攀枝花矿储藏量很大，并且集中在攀枝花村附近一带。第三是含钒、钛量都很大，为稀有金属供给宝贵资源。第四是离金沙江很近，过江后就是云南的永仁那拉箐大煤田，煤质优而量大，以永仁之煤冶攀枝花之铁甚为相依。

现在对外有铁路、公路，不似当年只有步行、骑马才能够到攀枝花。现在交通，水运、陆运都很方便。又对外有险可守，可说是很理想的重工业基地。

教育部看到了我调查报告中的全部地形、地质图，认为这功夫不小，而尤其是非专门探矿的，作为学校的教授，吃这个苦，冒这个险，这个成绩还是值得表扬的。所以教育部就发给了我2000块钱的出版费，这是一；同时为奖励我，把我改成教育部部聘采矿教授，因为部聘教授还是不多的。现在，我们学校里就有魏寿昆一个，还有我。外边还有茅以升是部聘教授，周培源是部聘教授，华罗庚是部聘教授。部聘教授限制人数，还是不多的。我是一个当时没出过国、没留过学的部聘教授，主要就因为我有这两篇调查报告。

这次调查是由西康技专学校出发的，随我去的有常隆庆先生，还带着四个士兵，都是同时出发的。因为由我带队，所以我在前头。我在最前头，"一马当先"的这张照片我现在还保存着。

我比常隆庆大两三岁，他是1930年北京大学地质系毕业，我是1928年北洋大学采矿系毕业，所以他比我小个两三岁，而他是学地质的，我是学采矿的。因为他是学地质的，所以他认识地质的人比较多。他学地质的，主要的是到各处跑地质。他跑过攀西，也就是攀枝花的西边，那个大地区包括好几个县。攀西他说是跑过几个月，但是他没到过攀枝花。到攀枝花是跟我一块儿去的，都是第一次。攀枝花他也是生。就因为我在罗明显家的那个院子里头的墙角看见那么一两小块磁铁矿石，我告诉他之后，他才同意说一块儿去找一找，在我没告诉他之前他并不知道附近就有磁铁矿。由于他去过攀西，所以地质界里面都认为他发现攀枝花矿早。攀枝花矿就是限制在攀枝花这个村儿，很小范围的矿，而不是攀枝花外头的七八个县，大范围里头并没有好矿。以后也已经证实了，也就是现在这个从事史志的人也都调查实了。而以前所有别的人到攀枝花的时间都比我们晚，都比我和常隆庆晚。说比我们早的人都被否定了，都是不真实的，是虚的。而最早的就是我和常隆庆。

我们这一次来，是由李书田和张伯颜他们主持来的，经费完全由地质调查所供给。常隆庆嘛，仅是我去了宁属北部回来以后他才加入的，是临时加入的，所以不是以他为主，而是以我为主。而且，我也是负责写调查报告的人。

我发表了报告之后，教育部奖励我，刘文辉来西昌之后还单独表扬我，而那时候，常隆庆也在西昌，他都听说了，他也都知道，他并没有提出异议。因为我的报告也发出了一百多份，可能他也见过。他以后的报告是他个人的部分报告，而没有全部报告。而只有宁属北部和康滇的地质与矿产（报告），它们是连续的，也是全部的。

我的两篇报告，一篇是《宁属北部之地质与矿产》，另一篇是西康南边的盐源、盐边的，报告的名字是《康滇边区之地质与矿产》，里头沿途的地形图和等高线的高度都是全的。一共有八九十天的路程，几千里路，我每天拿着那个袋内罗盘仪读方向，每天得读二三十个方向。当我回到西昌之后，我把这些方向点汇总起来之后便封了口，从西昌出发又回到西昌。这么一点一点地上千个方向合起来，所走的这个路程导线封了口，这说明我的记录是对的。但是我一查当时的《申报》出版的地图，是个姓曾的做的，有两个县，一个是永胜，一个是华坪，这都是云南、盐边挨着的县，两个县的方位跟我所画的两个县的方位相差若干度。我这是亲自记录的，亲手画的，我觉得我画的既然能够封口那就不会错，所以我就给当时的地理学会和地理杂志写了信，我说，永胜县和华坪县的方向的关系差着好几度，请你们再调查或者改正。结果我当时发出信之后，始终也没接到回信。

我在找矿的路途上遇到的危险还是很多的。在盐边，有一次我经过一个稻田，那个垄很窄，马倒在稻田里了，正好把我的左腿压住了，我真怕它在稻田里打滚儿把我的头压在水里。当时稻田的水有一尺以上，底下还有很厚的稀泥，所以马压住了我的一条腿，我也不敢推它，怕它一翻身把我的头压到水里。我只好扶着马等人，等了起码得有一刻钟，才有人打这儿过，替我把马牵开。我是满头满身都是泥，骑上马就走。旁边的行人就笑，说这个人是怎么的，浑身是泥水，后来才知道我是被马压在稻田里十几分钟。这是一次。

在永胜县的一个山上，我们在山下一个瓷厂正在参观的时候，听见上边有两声枪响，等了一会儿下来一个人，就是马被劫了的一个人，仓皇地跑下来说，山顶上有劫人的。但是我们调查地质嘛，不能够回头，还必须继续前进，所以我们就继续上山。当上到一半多点儿的地方，劫匪又连着向我们放了两声枪。这时候我们就说，我们有四个兵嘛，尽是树林，一边两个人来抄他的后路去，我们还慢慢地仍然向山头走。等到我们带的四个兵抄了他们的后路，发现他们一共是十二个人，六个人跑了，剩下的六个人就被我们抄了后路了。抄了后路，当下拿绳子把这六个人捆上，就把他们作为土匪，送到山下不远处的永北县政府，交给县政府了。

到第二天早起我们出发以后，碰见了走路的人告诉我们说："昨天晚上你们交的那六个人，今天早起县政府就把他们放了。"我说："为什么？"说他们跟县政府是勾着的，他们所劫的东西县政府都有一份，所以我们虽说是交了县政府，等于白交了。这也是一次。

我那时候是离家在外，独自一个人。可有的人呢，就怕冒险。而我觉着为国家冒点险，这也是一种光荣任务啊，所以我就很欢喜地承担了这个任务。承担这个任务之后，我遇到的几次危险，我已经说过两次了，还有三次危险。

一次是在罗伯山。在路上天快黑的时候，我们问一户人家，想在他那儿借住，他不愿意收留便说了句瞎话，说前头不远就有住家，去找前头的住家吧。说是前头不远，可我们一走就走了六个钟头，也没见到人家。走到罗伯山这地方，上陡坡，陡坡上有一块平坝子。我们一上平坝子，突然立起来了七八十个人，每个人都拿着一把明亮亮的刀。还有一个贵族跟着，贵族是带着手枪、骑着马。我们虽说带着四个兵，可还没赶到，只有我和常隆庆先到，到了之后，当下就让这七八十个人给包围了。据说这些人抢人、杀人之前永远是先吼，一吼就是要杀人。当时我看见我的这匹马周围就有七个人拿着锃亮的刀。那一次幸而是我们带着个翻译，他是个彝族人，容易和那些人交流。他说："这人可杀不得，他不是商人，你们看那五个马驮子装的都是石头。"随行的四个兵，刚围的时候落在后头，后来一会儿上来一个，一会儿又上来一个。当这四个兵都上来完了，看每一个兵都把两个手榴弹拿在手里，在边上一站。兵也不敢进，因为他们人多，都拿着刀。可是，他们看见这兵，看见了四个，也不知道还有多少个，以为我们后面还有兵呢。于是，这个翻译说："这是找矿的，你看他们箱子里头都是矿石，是石头，找石头的。第一他没钱，第二他不是做生意的，也不是做官的，而是单找矿石的。可是找矿石的这个人呢，是蒋委员长派来的。你杀了他们之后，蒋委员长知道了，就派天菩萨来了。"他们的言语，天菩萨就是飞机。他们是怕飞机轰炸的，而同时觉得也得不到什么，那四个兵又都带着手榴弹。就这么着，他们才让开路，才让我们过去。

还有最危险的一次，我们并没遭遇到。最危险的一次就是这条路，路右手边是个高坡，一人来高的高坡，这高坡上头都是树林，左手边是平地。这里每个月顶少也得劫三四十次以上，是出人命案最多的地方。而这个呢，县政府预先就告诉我们了，说在这儿过的时候，我们得提高警惕，因为一边是树林，劫匪常由树林子下来拿刀把人杀了就抢。而这一次呢，他们召集了一百多人。为什么呢？看见我们有兵，而且带着枪。因为那地方，枪支、子弹和鸦片是最值钱的，他们想抢我们的枪，所以是头一天晚上就召集了一百多人，准备先由树林里猛然间跳下来，把我们杀光，然后抢我们的枪。可是呢，我们听到县政府给我们透了信了，所以我们过这个地方的时候就特别小心。我们有四个兵，其中的三个兵一个人拿着一把步枪，另一个兵是个班长，拿着一把手枪。我们在这儿过的时候，我们的面都不向着前边，都向着这路旁的树林，枪都扳着机子，面向着这个树林，看见只要有一点儿风吹草动，就准备向这个树林开枪。因此他们一百多人没敢出面，我们就这么过来了。说，哎呀，这可真悬呀！

以后到晚上，住到店房的时候，碰见了三个走路的人，吓了这三个人一跳。"哎呀！我们真见到鬼了，你们早死了，怎么还活着呢？"那三个人见到我们像见到了鬼似的，问我们是怎么过来的。"因为他们有一百多人在这儿开会，我们是经常在这儿走路的，都熟。他们的会我们都听见了，说先杀了你们之后，然后再抢你们的枪。结果你们呢，一个也没死，怎么回事儿？真是见到鬼了！"我们这才把路上怎么过的，也就是，三把大枪，两把手枪，都扳着机子，面向右看着树林这么走，只要树林里略有一点儿动静就开枪。

而这最危险的一次，反倒是也没开枪就平安地过了。所以遇到这种危险，你越有准备他越怕，你要没准备他就要下手。

再一次就是我翻到山沟里了，我的相册上也有照片。因为山路很窄，逢山就得开路，要不然过不去。而这一次，我觉着这个小路可以过去，但是下着雨，很滑，结果这马就倒了，滚下山坡了。我的马在前边滚，我在马的后边滚，山很陡，想扒住草扒不住。由于山陡，一直滚到了山沟下边。滚到山沟底下之后，这才停住了。有一二十丈深的沟，我也是遍体鳞伤，而马也受了伤。这时候再上坡也上不去了，所以只能沿着山沟走，走了很远很远，这才爬上了坡。这一次也是一次。一共遇到五次危险。

这次常隆庆在前头，我滚山坡在他后头。我在这个山沟又走了一二十里路才爬上去，碰到常隆庆，而那时候我的衣服也破了，脸、手、腿也都被划伤了，但是没有重伤，我仍然可以骑马。那马一瘸一瘸的，还可以走。

一路上也见了许多风土人情。常隆庆的最大目的也是想游丽江。丽江治安好，风土人情也好。丽江有个大雪山叫作玉龙山，这个大雪山是很出名的，当时美国有一个地理杂志，我也见过这个地理杂志，尽些个大雪山的很美的景，当时美国有一个远东探险队队长在那儿。我们爬到了5500米的一个高峰，爬了三天，可是那还是个支峰，还不是主峰。我们爬到的地方，我的沿途路线图上都画着呢。爬到这儿一看，底下就是壁立千尺！实际也可以说是壁立千丈！前头看着不远就是主峰，但是这个山沟，是个有上千尺的山沟。看着前头的山，都是石灰石，还有冰雪，而前头的山老往下滑，老往下垮。我们先是在那个沿儿上立着，可听见那种声响，吓得连站都不敢站了，就在边儿上趴着，不敢动。我爱抽烟，身上总带着铁筒烟盒，我当时还把一张名片放在一个铁烟盒里，让一个大石头压着，也算是我到此一游的纪念吧。也不知道现在我那个烟盒是不是还在那儿。不过就是它那种声响，一垮山时候那种声响之大，真惊人，我们趴在那儿不敢动。给我们带路的那个人说，它一天要响好几次，几十次，老是不断地响。而我们在那儿待了一个钟头，听见了两次。

带路的那个人说，他随美国的探险队队长来过两次，现在随我们来这是第三次。我问这个队长叫什么名字，他说叫罗伯斯。这个罗伯斯，在这儿住了三十多年了，而美国的那种地理杂志上的照片，大都出自他一人之手。可这个主峰就是到不了，隔着一个山沟呢。这山沟那么深，那么陡，所以他本人呢，曾坐飞机围着这个山峰转过一圈儿。他在这个山区待了那么久，有一次在山里还迷了路。

我们听说这个罗伯斯住在丽江，所以我们下山之后到丽江去找过罗伯斯。但不巧，他刚走，刚去了香港。直到现在到底他的名字叫罗宾森呢还是叫罗博士呢，还闹不清。我们始终没见到这个罗伯斯。这个罗伯斯嘛，因为迷途迷了七天半，山里怎么走也是山，越走越远，越走越高，不知道路了，也见不到人。有七天多没吃饭，没碰见人。走了七天多这才遇见个老百姓，把他领出来，回到丽江。凡是看过美国地理杂志的人，对他都很熟悉。他是个照相专家，也是个探险专家，应该有很多文献记载过。

丽江有个村庄叫白沙，是个有名的地方，这里的壁画很有名，我现在还保留着好几张白沙壁画的照片。我照的那些照片，光彩夺目，为什么呢？它那颜色还是很新鲜。虽说是经过了一千多年的唐朝壁画，但是一细看哪，那领子或者袖子的边儿都是嵌的金丝，用真金子嵌着的。它不会长锈，也不会坏，很考究。

从白沙再往上走，就是爬玉龙雪山。我现在还保存着玉龙雪山远景和近景的十几张照片，还有那个在山顶的山石很惊险的镜头。再有就是，玉龙山那么高，上头有很多的珊瑚化石，我采集了珊瑚化石，说明别看玉龙山现在那么高，以前它也是海。我们讲地质都知道，喜马拉雅山当初是海，而玉龙雪山上也有很多的珊瑚化石，也可以证明它当初是海。我们看了这个之后，就去看最老的地质学家丁文江定的那个长江改道的地方——石鼓，我报告上有。看到长江改道的那地方，的确地势比较平缓。

那个时候是国民党统治时期，汉族和彝族有矛盾，所以到少数民族地区去，要尊重他们，要做好他们头人的工作；否则许多事情不好办，调查就搞不下去。我们到的第一家少数民族是个头人，是米加加的家。这家头人嘛，她有一个女孩儿、两个男孩儿，都是头人。她有一百多个下人，实际就是奴隶。我照的他们的相片也不少，她的女孩儿我在照片本上写的是"米氏公主"。

我们到那儿，事先就准备了给他们送小礼物，买了很多的骨针和五色花线，专门送给他们。我们一来，她见我们带着兵，有点儿害怕，问我们是不是查鸦片的，因为那儿的周围都种着罂粟。我们解释说不是。因为他们离汉人很近，她本人会讲汉话。这个米加加，是个头儿啦。我们说我们是找矿的，也为你们找矿，找了矿好开矿，为抗战的。她还会写几个汉字。她把我们招待得很好。什么叫招待得很好呢？就是她单独为你杀个羊。她为我们杀了羊，把羊头给我们拿上来，因为用羊头招待客人是最礼貌、最恭敬的。实际我们也不顶爱吃羊头，但是她尊敬我们，叫我们吃羊头。她有一百多个奴隶，我们一人赏给一两个骨针，赏些五色花线，还格外一人赏给一毛钱的硬币，所以光硬币我们就花了十块多钱，一百多人，一人一毛嘛。所以她就相信我们了，把我们招待得很好。第二天走的时候，她亲自送我们，带着她的儿子，骑着马，带着枪，送我们到了她地盘的边境，走了有二十里地的样子。到边境时，她下了马，说："我们一辈子也没见过汉人有你们这么好的老佛爷。"她管我们叫"老佛爷"。那是第一次见到的彝（族）人，米加加的一家，因为他们离西康也不顶远，他们对汉人也都熟悉。

那个时候他们各有各的势力范围，每一家都是头人，一家头人有一个区域，都有自家奴隶。有的奴隶是买的，有的奴隶是抢的，劫人的时候劫到汉人就把他收成奴隶。他们是不穿鞋的，是赤足。抢了汉人之后第一个处理就是烫脚板，拿烙铁烫脚板，烫糊了点儿，就叫他跑山路。这么一跑，脚板底就有了很厚的茧子。烫这一次脚板，以后是走山路，走木头渣子，走石头渣子就毫不在乎了，看他们脚底下的裂缝就有三四分（毫米）深。因为他们可以买卖人，贵族穷了就卖奴隶，有钱了就买奴隶。奴隶要逃跑，抓回来就杀，头人有生杀掠夺之权。我向她开玩笑说："像我们这样的值多少钱？"她摇头说："你们不值钱。"我问："为什么不值钱？""你们戴眼镜，戴眼镜的谁都不愿意买。因为买来是为干活儿的，戴眼镜的都不能干活儿。再说也都不能光脚，所以不值钱。你们顶多值几十两或一百两银子，要是不戴眼镜的至少也得二百两银子买一个。"

每家有每家的奴隶，都是用来保护头人的。他们时兴打冤家。邻家有时结仇，结了仇两家就打冤家。每家把自己家的奴隶武装起来，就打起冤家了。而打一次至少要死好几个人，有时候得死几十个人。打过冤家以后就成世仇了，这边的奴隶不敢到那边去，也不敢见那边的奴隶，见了就打。所以不想打冤家了，只有年岁老的女头人才可以出来劝解，这样以后就不打了，而男的劝解一般还都不行。

我们一路上治安最好的就是丽江。丽江原来是丽江府，现在是丽江县。住在这里的是摩梭人，少数民族，但是他们是羡慕汉人的少数民族，不仇视汉人。早在前清的时候，中举的、中进士的都有。这儿全县小学就有二百多处，年轻的现在都会说汉话。为什么呢？这儿的小学生在学校里被发现说本地土话就要罚一毛钱，所以在小学里交谈都不能说本地话。只有年老的人才说本地话，年轻人现在都会说汉话。丽江的商业很盛，我有丽江女的照片，现在还保留着。丽江女的背后都有六个圆绒垫，那是背包袱、背筐子用的。现在很新鲜、很考究的衣服上仍然绣着六个圆绒垫，还有传统的习惯嘛。他们的铺家趴柜台做生意的几乎百分之八九十都是女的，地里种地的几乎全都是女的，所以那儿女的当家，男的权也很大。因为他们比较富足，男的打牌，玩洋狗，在山里牵着洋狗去打牌。

那儿有个黑龙潭，是个风景区，我也保存着相片。黑龙潭的鱼都一两尺长，不知道有几百条，一个挨一个的。黑龙潭边上尽是些卖玉米花的，买玉米花为的是喂鱼。那儿的治安也好，尤其我们在丽江住店的那天，正好是八月中秋节，住店老板还请客，说："过节，今天我请客，不要钱。"他又请客又不要钱，又有酒又有肉，所以我们俩离开的时候，一个人赏给他十块钱。我们也不能白吃嘛，一共二十块钱，我们还有兵，都在一块儿，关系都处得很好。

那里的商业也很好，一般别处买不到的东西，那儿能买得到。在路边儿叫卖，有卖宝石的，还有卖印度进口宝石的。我在那儿买了一副扣子，是琥珀扣子，在普通的城市一般都买不到，琥珀里有死虫子。还有，那儿的铺家夜晚都上锁，这说明铺子里没人了，锁了门就回家了，说明里面没人看着，治安很好。

通丽江的有个桥叫梓里桥。那时候梓里桥是个铁索桥，是当时最长的铁索桥，金沙江是长江的上游，它也是当时长江上唯一的桥梁。我们路过梓里桥的时候也挺害怕，因为它很长。原来的桥有两个拉绳，一边一个拉绳，而以后两个拉绳都断了，所以只要有风的时候它就摇摆。虽说桥面不太窄，也有丈八宽，九条铁索上有木板，可木板都有缝，建的都不好，所以胆儿小的就不敢走，尤其我们骑着马更不敢走。我们下了马过梓里桥的时候，我还有在梓里桥的照片。刚一试过的时候，两手抱着腿就这么慢慢地走，因为它一晃，头也晕。其实就是倒下也不见得会掉下去，它也有七八尺的宽度，但是底下的流水看得清清楚楚，又很高，所以过梓里桥相当害怕。

梓里桥是谁修的呢？桥头那儿有碑，碑上写着是姓蒋的将军修的。碑上写着段故事。这个姓蒋的将军，以前是给地主家当长工的，他跟地主的女儿发生了关系，地主发动老百姓要打死他，一赶赶到江边。他认为这下子可完了，要赶上就得被打死。这时候他想，假若有个桥该多好呀，碰到个船也能救命。他正想的时候，还真的来了只船，他跪下求船主，后来被摆过去了。之后他到了云南，参了军，连打胜仗，成了个大将军。他想以前被百姓追赶的时候，这儿有个桥或是摆渡该多好，所以他就建了一个铁索桥。很多年之后，一次刮大风把这个桥刮翻了，铁索断了好几根，这样桥就报废了，而这时候蒋将军已经死了，桥也没了。

丽江这里的人比较富，丽江的绅士收集了很多钱，在原址又重新建了这座桥，所以我见到的已经不是蒋将军建的桥了。当我们走的时候，新修建的这座桥，那个拉绳也断了，所以有风还是很摇摆。

丽江那儿的治安很好，当时那个地方排斥彝族人。当时有条规定，就是不许彝族人进丽江县，原来是丽江府。彝族人不许过来，就是说，谁要是摆渡摆彝族人过金沙江就要受罚。而丽江本县的彝族人被汇集在一个村子里，被管理得严，这也是对彝族人的歧视。

丽江文风很盛，所以学校也很多，在丽江的这部分彝族人都不抢人、不杀人。我们回来之后经过丽江，又经过永宁。永宁有一个永宁海，实际是个永宁湖。永宁那儿有一个大喇嘛，我们参观了喇嘛寺。那个大喇嘛的管家很有权威，他说："好吧，我明天领你们到永宁海参观去。"这个喇嘛的管家第二天把我们领到了永宁海。永宁海里有个岛，我记得在永宁海岛上有个很漂亮的别墅，四面都是玻璃的别墅。在永宁海我是第一次看到独木船，我有划独木船的相片。什么叫独木船呢？就是一棵大树把当中掏空了就变成了一条船，船也很大，可以载六七个人，还可以再加上两三匹马。船是个掏空的大树干，所以一有风浪就滚动，不安全。像这样的独木船我以前没见过。

1940 年是抗战最艰苦的时期，抗战最艰苦，就是说物资最缺乏，也就是中国的钢铁最缺乏的时期。而在这种中国缺乏钢铁的时期，忽然间在盐边发现了攀枝花铁矿，这种价值，当时都认为了不起。

攀枝花矿虽然是偶然发现的，但是也是个机会，要错过了这个机会，那攀枝花铁矿就发现不了了。因为我们地大，可是矿床所生成的地方还是很小，星星点点的。在这种广阔的地区里头找矿，就跟在大海里捞针是一样的，也得细心，也得有机会，碰机会。

采矿发展历史都是这样子的。当然，都是由先开发边缘地区的宝藏开始的。攀枝花是如此，鞍钢是如此，包钢也是如此。都是先找到铁矿床，然后再建钢铁基地的。

世界上，1908 年，在西南非发现了金刚石矿，当地的面貌立即改变；在 1848 年以前对加利福尼亚的开发，更说明问题；1882 年对澳大利亚的开发，1896 年对加拿大的开发，1900 年对阿拉斯加的开发，都是在发现大矿床、富矿床后，由采矿开始的。1848 年以前，美国的中部和西部都是荒野地带。自从在加利福尼亚发现了丰富的砂金矿，轰动了全国，各州人民都争先恐后地奔向加利福尼亚去采金，形成了举世闻名的 1848 年的"金矿奔趋"，从此加利福尼亚有了白人的定居。

盐边的攀枝花在当时才有十几家人，也就是一共顶多一百口人，也是荒凉得很。可是现在成了 40 万居民的都市了，渡口市，中国著名的钢铁基地之一。

看来人民需要矿产资源，矿产资源吸引人民定居。昨天的穷山恶水，今天就繁荣昌盛，矿山的作用就是如此之大。因此，找矿、采矿的必须先行。

攀枝花矿是我们这次于 1940 年 9 月 6 日发现的，并且在《宁远报》公之于众。可是过了二三十年没人动，宝藏仍然埋藏在地下。直到解放后，毛主席曾说过这么一句话：要不开发攀枝花铁矿，我觉都睡不着。所以以后大力开发，而当然啊，依赖的是劳动群众，费了很多的心血，攀枝花才有今日。我们那时候骑马、步行才能到的这么个荒凉地方，现在是飞机、汽车、火车全都有，里头一切的设备都有了。

所以现在看到攀枝花，我心情特别欢喜。我也感谢劳动人民的艰苦奋斗，我也感谢党的有力支持，使攀枝花有了今天。攀枝花的今昔对比，很说明这种状况。

在沿途都画了很详细的地形图和地质图，我还照了很多照片，在家里还保存着。这种不能泯灭的历史资料，还是可贵的。所以渡口市史志工作委员会的干部到我这儿来过两次，把我的两篇调查报告，也就是《西康宁属北部之地质与矿产》，还有《康滇边区之地质与矿产》，借走了，也都使用了，也都复印了。现在渡口市的史志工作委员会费了很大人工，最后下的结论："攀枝花大铁矿是刘之祥和常隆庆第一次发现的。"

我现在还保留着从西康出发的照片，那时我是领队的。我是在西康技专校的门口外出发的，就因为校长李书田是组织者，由他指定我任领队，我们这才发现了攀枝花矿。

李书田现在在美国加利福尼亚州橘城的一个大学当校长。天津大学今年 10 月 2 号是九十大庆，已经邀请了李书田来参加。我想到 10 月初，我们都可以见到李书田，而李书田是这里边的领导人和发起人，他对情况知道得应该很清楚。

文字整理：刘桂馥　吴焕荣

2013 年 7 月

第三部分
学术地位和研究成果

一、新中国矿业发展史研究的先驱者

按　语

本专题收录了刘之祥的两篇文稿，展示了他在采矿学科理论研究领域的视野：从古代到近代，从中国到世界，从学科专著到科普读本。本专题的代表作是《中国古代矿业发展史》。《中国古代矿业发展史》是新中国采矿学科理论研究领域的一项具有开创性的学术成果，也是刘之祥对采矿学科理论建设的一项重要贡献。查阅我国权威图书机构的图书资料，同类著作始见于 1980 年。以下内容主要是对这篇论文的说明。

1. 本文是刘之祥在全国第一次科学研究和教学方法讨论会上做的长篇学术报告，时间为 1956 年 2 月，地点为首都钢铁公司。

2. 如刘之祥所说，中国矿业已有四千年的历史，但是中国矿业发展史包括古代和近代发展史尚未形成系统的理论研究成果，本文是首举。在矿业发展史上，矿冶从来是密切联系的，采矿总是和冶金相伴且互为条件发展的。在这个意义上，本文实际上成为中国古代采矿和冶金两个学科发展史的开山之作。

3. 本文研究的时间跨度很大，上自人类早期（50 万年以前），下至我国近代史的起点（1840 年）。本文把人类使用石器作为研究起点，对以后相继发现、采掘铜、银、铁等金属和非金属矿物的渐次演进进行梳理，并与新中国成立初期的历史分期相结合，形成了自己的逻辑体系。今天研究本文的着眼点不在于新中国成立初期对我国历史的分期是否科学，而在于人类把矿物作为生产和生活资源的发展演进过程。

4. 本文研究引用典故多，资料丰富，考证翔实。文中指出："到神农氏（纪前 3328 年）时，分工和交换有了发展，矿业也渐有可考了"。对铜、铁的采掘、冶炼、使用，引用的典故就达十部，对其他金属、非金属矿藏如银、煤、石油的发现和开采，也有较翔实的考证。刘之祥用丰富的史料证明了中国采矿和冶金在世界科学技术发展史上的众多第一，诸如"昔炎帝始变生食，用此火（燃石之火）也"，"黄帝采首山铜"，《管子》进行了很好的探矿学总结，《吴越春秋》提供了可靠的采矿史料。1100 多年前已懂得用铁从硫酸铜溶液中将铜置换出来。早在唐代，盐井已可深达 250 公尺，知道排水法、防瓦斯。宋代开始运用成矿原理找矿。西周开始形成采矿制度，出现地质矿产图。这些考证对认识矿业发展推动我国生产力发展、科学技术发展和社会制度发展，提供了科学依据。

5. 本文研究起点高，尝试以唯物史观为指导，在学术研究中进行了有益的探索。刘之祥引证马恩的经典著作，指出：因为物质生产是社会生活的基础，物质资料的生产无论何时都是社会的生产，因此，人类社会的历史就既是社会经济形态发展的历史，同时也是劳动生产者发展的历史。刘之祥把中国古代矿业发展看作是"伟大祖国经济文化的光辉历史"的基础和推动力量，明确反对"中国科学落后"论，认为中国古代矿业发展的历史，是我国灿烂的古代文化中"民族的精华"的一部分。刘之祥把古代矿冶业作为生产力的重要组成部分，研究了矿冶业发展引发的农业革命和以机械为标志的工业革命。刘之祥实际上是以生产力和生产关系、经济基础和上层建筑的辩证关系为指导，分析和论证了矿冶业发展在社会历史发展中的地位和作用。这一思想也贯穿于他的其他著作和教学中。《中国古代矿业发展史》蕴含的对历史观的探索，也是老一代知识分子思想变化的一个缩影。

《国内外采矿现状和发展方向》和《中国古代矿业发展史》相对应，一今一古，古今对接，中外对接，成为上世纪中叶中国和世界矿业发展水平的历史记录和界碑。

中国古代矿业发展史^①

目　录

（一）绪　论

"中国古代矿业发展史"的任务，在于探讨中国古代的矿业情况。中国矿业已有四千年的历史，在我国灿烂的古代文化之中，"矿业史"显然是其"民族的精华"的一部分。因此，探讨其沿革变迁和盛衰消长的目的，不仅在于说明祖先的劳动业绩和伟大祖国经济文化的光辉历史，而且对于目前的五年计划建设，或是作为历史资料来说，都是十分重要的。

因为物质生产是社会生活的基础，物质资料的生产无论何时都是社会的生产，因此，人类社会的历史就既是社会经济形态发展的历史，同时也是劳动生产者发展的历史。

从这个原则出发，"矿业史"的分期便采用了一般的中国通史的分期：

1. 史前原始公社时代（中国猿人时期，50 万年以前—禹，纪前 2198 年？）的中国矿业

2. 奴隶社会（夏启，纪前 2198 年？—商纣，纪前 1122 年）的中国矿业

3. 初期封建社会（西周，纪前 1122 年—秦统一，纪前 221 年）的中国矿业

4. 专制主义封建社会（秦，纪前 221 年—唐，907 年）的中国矿业

5. 末期封建社会及资本主义萌芽时期（五代，907 年—清鸦片战争，1840 年）的中国矿业

"矿业史"探讨的范围，就矿石种类来说，不仅包括了金属和煤，而且也包括了其他的非金属矿产。

遗憾的是，解放以前的中国矿业，尤其是中国古代矿业的情况一直没有受到重视，

---

① 刘之祥于 1956 年 2 月在全国第一次科学研究和教学方法讨论会上做的长篇学术报告，地点为首都钢铁公司。文中有关历史时期的划分与现代不同，为尊重原文，保留原貌。报告中的图片均已省略。

反动的"学者"们动辄就说"中国科学落后",在狭小的没落阶级圈子中画地为牢地用鼠目寸光来看祖国的经济文化,无视祖先开发矿产的古老历史;殊不知远在纪元前三十三世纪以前,我国矿业就有了记载。自然,古代的矿业都是属于土法开采,史籍所载,也限于矿产的开发本身而没有涉及开采的方法;虽然如此,根据手头已有的资料,在三百多年前的明代,我国就对采矿方法有了相当详细的记载,因此,"中国古代矿业发展史"无疑是我国灿烂的古代文化中辉煌的一页。

(二)史前原始公社时代(中国猿人时期,50万年以前—禹,纪前2198年?)的中国矿业

这是传说中从远古的有巢氏到禹这一段漫长的时期,也就是从原始群到母权制氏族社会解体为止。其中引用的文献记载,是带有浓厚的神话色彩的。

在约十万年前的"山顶洞文化"时期,原始人的遗物中就有赤铁矿粉粒和赤铁矿染红的石珠,这是对于有用矿物最早的利用。

远在伏羲氏年代,《文献通考》就记载他铸钱便民,据说这"钱"就是指金。

根据手头可查的史籍,《燕闲录》记载烧煤始于女娲,《物原》记载炭始于祝融,女娲和祝融时代是四千多年以前,在伏羲与神农之间,当时可能是由煤层露头处采捡而得,这当然有利于冶金业的发展。

在太皞(纪前3338年,是远古时东方的少数民族夷族中一族的著名酋长)时就有了"金"这一名词,应该说这就是矿业的萌芽:

《文献通考》:"自太皞以来则有钱矣,太皞氏、高阳氏谓之金。"

其中,"钱"是指一种农具,"金"是指铜。也就是说,那时的农具中已有了铜铲或铜镰,当时我国即已进入铜器时代的初期。

到神农氏(纪前3328年)时,分工和交换有了发展,矿业也渐有可考了。

《拾遗记》:"(炎帝神农)渐革庖牺之朴,辨文物之用。……采峻镆之铜以为器。峻镆,山名也。"

《拾遗记》:"昔炎帝始变生食,用此火(燃石之火)也",这说明神农时代,已开始了家庭用煤。这是公元前三十二世纪的事。

黄帝(纪前2698年)向来被尊为汉族的祖先,是我国古代母权制氏族社会时一个大部落的著名领袖。关于他领导人民在首山(今河南襄城县)采矿的事迹,很多文献上都有记载:

《史记·封禅书》:"黄帝采首山铜,铸鼎于荆山下。"

《洞冥记》:"此刀黄帝采首山之金铸之。"

《子华子》:"黄帝采铜于首山,作大炉、铸神鼎于上。"

《拾遗记》:"(黄)帝以神金铸器,皆铭题。"

同时,还有关于当时用铁的记载:

《山堂肆考》:"黄帝之先不用铁,至帝始炒铁铸锅釜,造干戈军器之物。"

《事物原始·古史考》:"剪,《古史考》曰铁器也,用以裁布帛,始于黄帝时。"

另外，还可以从与黄帝同时的蚩尤的有关事迹，看看当时的矿业：

《管子》："葛卢之山，发而出水，金从之，蚩尤受而制之，以为剑铠矛戟。"

《铜剑赞》："蚩尤铸铜，为兵几年，天生五材，实此为先。"

《古今注》："（黄）帝与蚩尤战于涿漉之野，蚩尤作大雾，士皆迷四方，于是作指南车以示四方，遂擒蚩尤。"

由上述旁证也可得出黄帝时代已经应用铁铜的结论。

这些都充分证明了当时氏族社会内部的分工和交换已相当频繁，金属的应用和采矿也有了相应的发展。

在尧舜以前也不断地有关于"采取"金属的记载：

罗泌《路史》："（颛顼）修黄帝之道而赏之……采葛峰之铜铸鼎，以藏天下之神主。"

颛顼（纪前2514年），相传是黄帝子昌意的后裔，号高阳氏，就是我国古代第一位伟大的诗人屈原的祖先。

《史记·平准书》："农工商交易之路通，而龟贝金钱刀布之币兴焉。所从来久远，自高辛氏之前尚矣。"

高辛氏就是帝喾（纪前2436年），相传是黄帝子玄嚣的后裔，尧的父亲。

到了尧舜时代（尧，纪前2351年；舜，纪前2257年），氏族社会的规章制度已具规模，金属货币流通，金属的应用和采矿也前进了一步。

《尚书·尧典》："金作赎刑。"

一作"舜典"："金作赎刑。"

把金属作为赎罪的罚金，可见其采出量之多。

同时，还有关于采金的记载：

《太平寰宇记》："（永康军导江县）走金山，李膺《益州记》云：'尧时洪水，民奔于是山而获金，故曰走金。'"

《待制集》："成器之金出于丽水。"

当时似乎还有禁止开矿的事，也可见采矿者之多。

《淮南子·泰族训》："舜深藏黄金于崭岩之山，所以塞贪鄙之心也。"

《盐铁论》："舜藏黄金。"

后来进一步由色质划分金属：

《史记·平准书》："虞夏之币，金为三品，或黄，或白，或赤。"

《书集传》："三品，金、银、铜也。"

说明金属产品渐多，分类渐详。

母权制氏族社会发展到禹（纪前2205年）的时代，已是瓜熟蒂落（但这不等于说原始公社发展到了高度）。据史家见解，禹治水攻苗，铸九鼎，以铜为兵，当时还有人凿井（饮水井）造车，证明禹是远古生产力大跃进时代的代表人物。

当时在社会生活中起决定作用的，已经是畜牧业和较发达的农业（第一次社会大分工的产物），同时禹部落的私有财产较多，势力最大（如攻苗获胜，拥有大量俘虏），因此不仅奠定了向父权制氏族社会过渡（氏族制内部之部分的变质）的基础，而且也孕育了奴隶制度（阶级的产生，是质的突变）的萌芽。

这些，都可以从禹对矿产的重视和各地方进来的贡物中得到证明：

禹即位后，将金列为六府之一，以为利用厚生之道。

《左传》："贡金九牧，铸鼎象物。"

《瑞应图》："禹治水收天下美铜以为九鼎，象九州。"

《尚书·禹贡》："海岱惟青州……厥贡盐绨海物惟错，岱畎丝枲铅松怪石。"

"淮海惟扬州……厥贡惟金三品。"

"荆及衡阳惟荆州……厥贡羽毛齿革惟金三品。"

"华阳黑水惟梁州……厥贡璆铁银镂砮磬。"

"海岱及淮惟徐州……厥贡惟土五色。"

虽然我国历史上的原始社会没有发展到最高阶段，但上述的多种矿产品，已能说明远古生产力跃进时代矿业相应的繁荣。

〔原始公社时代中国矿业结语〕

这一远古时期的矿业情况多源于传说，采矿也以露头拾掘为多，其中具有开采规模而比较可靠的，是神农氏（纪前3328年）和黄帝（纪前2698年）的采铜。到禹（纪前2205年）时孕育了奴隶制的萌芽，生产力大大发展，有各种贵金属铜、铁及玉石类的开采。

（三）奴隶社会（夏启，纪前2198年？—商纣，纪前1122年）的中国矿业

夏代（纪前2198年？—纪前1766年？）的社会中已经产生了阶级，但还是原始公社向奴隶制度的过渡时期，到殷商才是成熟的奴隶社会。

夏代的农业已经相当发展（龙山文化遗物证明已有历书）。城市与酒都已经出现，虽然当时的兵器绝大多数用铜，但铁兵器的出现，在当时的生产力水平之下，并不是偶然的事；不过当时称"铁为贱金"，用的很少而已。

下面两项记载，说明当时铸铁术已相当进步，从而也可推想矿业的发展。

《古今刀剑录》："孔甲在位三十一年，以九年岁次甲辰采牛首山铁，铸一剑，铭曰夹，古文篆书，长四尺一寸。"

《山西通志》："温泉山在县东百里，上有矿洞。"

殷商（纪前1765年？—纪前1122年）的历史，已经由大量已出土的殷墟文物，给我们描绘了一个鲜明的轮廓。在这个奴隶制度的社会中，不仅畜牧业发展到了最高的阶段，农业也有了很大的发展。金属工具占了主要地位，并且出现了犁。在这个基础上，手工业获得了空前的发展（这是商代生产比夏代进步的主要标志），分工很细，有石工、玉工、骨工、铜工的工场，尤其是青铜业，已达全盛时期。

因此，矿业在这一时期的发展情况，与其去找书籍上的依据，还不如让那些文物来生动地说明。当然，我们也可以引用文献来说明问题。

《管子·山权数》："汤七年旱，禹五年水，民之无粮卖子者。汤以庄山之金铸币，而赎民之无粮卖子者。禹以历山之金铸币，而赎民之无粮卖子者。"

作为社会生活中交易媒介的货币，在当时已经比原始公社时代有了更广阔的用途。从上述记载中可以知道，每遇年荒饥馑便使用矿铸币以救济人民，这充分说明矿业的发达和它在国计民生中的巨大作用。

〔奴隶社会中国矿业结语〕

奴隶劳动十分沉重，随着手工工场的发展，铜的开采很盛，并已出现铁兵器。

（四）初期封建社会（西周，纪前 1122 年—秦统一，纪前 221 年）的中国矿业

从西周到秦统一这段时期，是在我国特定的历史环境之中，从没有得到全面的高度发展的殷商奴隶社会（其社会经济结构，按照历史学家所说是表现为"东方的"或"亚细亚的"特征）中所孕育出来的封建社会，与当时的文化学术思想相适应，在地质及矿冶方面也呈现出一个百花齐放的局面。

首先是政府设立了专门的采矿部门：

《周礼·地官》："矿人掌金玉锡石之地而为之，厉禁以守之；若以时取之，则物其地，图而授之，巡其禁令。"

这是目前知道的最早的矿业制度的明文规定，明确了矿人（官名）的职责是掌矿坑开闭和负指导责任；而且还重视矿床形状，并应用地质图以辨别矿产的分布，这是关于地质矿产图最早的记载。

同时，在《周礼》的"矿人"专章中又说到其组织情况："中士二人，下士四人，府二人，史二人，胥四人，徒四十人。"上述各种职别，大概相同于现在的工程师（中士）、技师（下士）、矿长（府）、秘书（史）、总务（胥）和解放以前的工头（徒），可见这已经是很完备的制度了。

在史籍五经之中，除了上述的《周礼》以外，其他各籍也有关于矿业的记载：

《诗经》："大赂南金"。

可见周代产金之多。

《尚书》："墨辟疑赦，其罚百锾。"（一锾＝六两）

"梁州……贡璆。"（璆是一种美玉）

这还是有用金属赎罪的法律。

在其他史籍上也有关于各种金属、玉石开采的记载：

《尔雅》："西方之美者，有霍山之多珠玉焉。"

"西南之美者，有华山之金石焉。"

《越绝书》："秦余杭山者，越王栖吴夫差山也。"

《吴地记》："有白土如玉，甚光润……号曰石脂，亦曰白垩、白墡。"

（乾隆）《江南通志》："铜岭，《越绝书》云赤松子采赤石脂于此。"

（嘉泰）《会稽志》："锡山在县东五十里，旧经云越王采锡于此。"

矿冶从来是密切联系的，我们来探讨这一时期的冶炼事业，也就可以看出当时的矿业概况：

《诗经·大雅·公刘》："取厉取锻。"

《尚书·费誓》："锻乃戈矛，砺乃锋刃。"

《周礼·考工记》："金有六齐：六分其金而锡居一，谓之钟鼎之齐；五分其金而锡居一，谓之斧斤之齐；四分其金而锡居一，谓之戈戟之齐；三分其金而锡居一，谓之大刃之齐；五分其金而锡居二，谓之削杀矢之齐；金锡半，谓之鉴燧之齐。"

前二者中都可见到一个"锻"字，这是西周（纪前 1122 年—纪前 771 年）冶铁方法的明示。若与春秋文献中的"铸"字对照，就可看出这正好说明了冶铁技术发展史上的两个阶段。从后者中则可见到周代就能炼制多种不同性能的铜锡合金了。

到了春秋时代（纪前 722 年—纪前 481 年），冶炼更盛：

《越绝书》："赤堇之山，破而出锡；若耶之溪，涸而出铜……欧冶乃因天之精神，悉其伎巧，造为大刑三、小刑二：一曰湛卢，二曰纯钧，三曰胜邪，四曰鱼肠，五曰巨阙。"

《吴越春秋》："莫耶，干将之妻也。干将作剑，采五山之铁精，六合之金英，候天伺地，阴阳同光，百神临观，天气下降，而金铁之精不销沦流……于是干将妻乃断发剪爪，投于炉中，使童女童男三百人，鼓橐装炭，金铁乃濡，遂以成剑，阳曰干将，阴曰莫耶。"

当时竟知道加入燐质以化生铁，不能不说是卓越的成就。

周秦之间，兵器用铁已经很盛行。除了上面一项可作说明以外，还有：

周代的《六韬·军用》中就说到了兵械多以"铜铁为之"。

《越绝书》："欧冶子、干将凿茨山，泄其溪，取铁英，作为铁剑三枚：一曰龙渊，二曰泰阿，三曰工布。毕成，风胡子奏之楚王。……风胡子对曰：'……当此之时，作铁兵，威服三军。天下闻之，莫敢不服，此亦铁兵之神。'"

《吕氏春秋·贵卒》："赵氏攻中山，中山之人多力者曰吾丘鸠，衣铁甲、操铁杖以战，而所击无不碎，所冲无不陷。"

《淮南子·兵略训》："铄铁而为刃。"

《淮南子·汜论训》："铸金锻铁以为兵刃。"

这一时期的农具用铁也有了很多的记载：

《管子·轻重乙》："一农之事，必有一耜、一铫、一镰、一耨、一椎、一铚，然后成为农。"

《管子·海王》："耕铁之重加七。"

《孟子》："许子以釜甑爨，以铁耕乎？"

我们不仅从冶炼兵器和农业中用铁等金属可以看出矿业的发展，同时也可以从一些国家的政策中来探讨。就以山东的齐国为例，管仲治理齐国时的主要经济措施就是征"盐铁之利"，实行收归官营、加价征利的矿业国有政策（这是很早的矿业国营政策），果然他收到了富国强兵的效果。他的具体主张，可以引下面一段来看：

《管子·海王》："桓公曰：'然则吾何以为国？'"管子对曰："唯官山海为可耳……今铁官之数曰：一女必有一针一刀，若其事立。耕者必有一耒一耜一铫，若其事立。……不尔成事者，天下无有。今针之重加一也，三十针一人之籍。刀之重加六，五六三十，五刀一人之籍也。耕铁之重加七，三耕铁一人之籍也。其余轻重，皆准此而行。然则举臂胜事，无不服籍者。"

从上面可知，从耕田的农具一直到女红的针、刀，都是用铁，这就说明当时的齐国已经进入成熟的铁器时代了。

同时，周秦之间已出现有关盐井的记载：

《太平寰宇记》："《十道记》云广汉之地有盐井、铜山之富。本南夷，周末，秦并为郡。"

《华阳国志》卷三："秦孝文王以李冰为蜀守，冰能知天文地理……又识齐水脉，穿广都盐井、诸陂池，蜀于是盛有养生之饶焉。"

这是早在一千七百多年前的事，世界上没有能与之比拟的国家了。

综合前面的冶炼兵器和农业中用铁等方面来看，可以得到一个这样的印象：中国东部地区用铁最早，也就是说生产力发展最快；而它的先决条件，却毋庸置辩地是由于矿业的发达。

关于这一点，可以提出下列两点旁证：

《水经注》与《吴越春秋》都这样记载："练塘，勾践炼冶铜锡之处，采炭于南山，故其间有炭渎。"

这是目前所知关于采煤的最早记载，而地点就在中国东部的浙江绍兴境内。

《管子·地数》："上有丹砂者，下有黄金。上有慈石者，下有铜金。上有陵石者，下有铅锡赤铜。上有赭者，下有铁。……上有铅者，其下有银（一作：上有铅者，其下有钰银）。上有丹砂者，其下有钰金。"这是很好的探矿学的总结，同时又这样地统计当时中国的矿山说："出铜之山四百六十七山，出铁之山三千六百九山。"（也见于《管子·地数》）而这些成就，也产生在中国的东部（山东一带）。

应该顺便指出，在周秦之间所总结出来的《山海经》，是古代矿产调查的科学巨作，是矿业百花齐放的鲜明反映。

到了战国后期（纪前361年—纪前221年），尤其是秦始皇时代（纪前246年以后），在关中的秦国，以前由于经过商鞅两次变法图强，破坏了领主的宗族制度，也限制了地主的家族制度，因此使生产力得到了很大的发展，用《汉书·食货志》的话来说，就是："改帝王之制，除井田，民得卖买，富者田连仟伯，贫者亡立锥之地。又颛川泽之利，管山林之饶……盐铁之利，二十倍于古。"政府十分重视矿产的开发，设立了一个专门管理"山海之利"的部门——少府，专盐铁之利，同时采用了包商制，鼓励开采自然资源。当时开矿暴富，而致"礼抗万乘"的有：

《史记·货殖列传》："邯郸郭纵以铁冶成业，与王者埒富。"

"巴（蜀）寡妇清，其先得丹穴，而擅其利数世，家亦不訾。清，寡妇也，能守其业，用财自卫，不见侵犯。秦皇帝以为贞妇而客之，为筑女怀清台。"

除了盐铁，也开发了其他的矿藏：

李斯《谏逐客书》："江南金锡不为用，西蜀丹青不为采。"

行文之意，就是说当时产锡以江南为大宗。

至于铁器的应用，到秦统一已经达到几乎是全盛的时代（把铜都收集起来了），贾谊的《过秦论》是一个很好的证明："（始皇）收天下之兵，聚之咸阳，销锋镝，铸以为金人十二。"

虽然嬴政收天下兵器（主要是铜兵器）的主要企图是加强统治，但只要想一下统一后大帝国的生产工具由何而来，"二十倍于古"的"盐铁之利"中铁到什么地方去了，就不难得出上述的推断。

总之，从西周到秦统一的这段历史时期中，矿业是得到了很大的发展的；从社会的经济基础来说，它为进入专制主义的封建社会，提供了十分有利的条件。

〔初期封建社会中国矿业结语〕

矿业多方面发展的蓬勃状态显示了初期封建社会新生产力的优越。西周（纪前1122年—纪前771年）建立了很完备的采矿制度，并且第一次应用了地质矿产图，金和铁的开探很盛；周末（纪前403年—纪前250年）出现了盐井；春秋时（纪前520年左右？）开始了采煤。

（五）专制主义封建社会（秦，纪前221年—唐，907年）的中国矿业

秦从嬴政统一（纪前221年）到了婴降汉（纪前207年），只有十五年，可说是一个昙花一现的短促的朝代，但在中国历史中却占着重要的一页。劳动人民不但在这个时期中兴水利，修驰道，建筑了万里长城，同时在矿业方面也建立了很大的功勋。著名的三百里阿房宫，就花费了采矿工人的无数血汗，可惜的是关于这一巨大工程的建筑石材的开采没有记载，而在当时石材产地的北山，今天也没有给我们留下什么遗迹，但不难想象，两千多年前的北山，是一个多么动人的壮阔的露天采掘场。

历史进入到汉朝（西汉，纪前206年—25年；东汉，25年—220年），在新的生产水平之下，矿业获得了巨大的发展。汉初，在盐铁方面的制度还是因袭秦朝的老办法："汉兴，循而未改"（《汉书·食货志》），直到刘彻元狩四年（纪前119年）才划一了盐铁官营的制度。

《史记·货殖列传》："蜀卓氏之先，赵人也，用铁冶富。秦破赵，迁卓氏。卓氏见房略，独夫妻推辇，行诣迁处。诸迁房少有余财，争与吏，求近处，处葭萌。唯卓氏曰：'此地狭薄，吾闻汶山之下，沃野，下有蹲鸱，至死不饥。民工于市，易贾。'乃求远迁。致之临邛，大喜，即铁山鼓铸，运筹策，倾滇蜀之民，富至僮千人。田池射猎之乐，拟于人君。"

根据《史记》所记，同时铁冶、煮盐致富的，还有程郑、宛孔氏、曹邴氏及猗顿等人，这都是刘彻划一盐铁官营制度以前的大包商。

在汉初，还有统治阶级私人经营铜铁矿和煮盐的：

《汉书·吴王濞传》："吴有豫章郡铜山，即招致天下亡命者盗铸钱，东煮海水为盐，以故无赋，国用饶足。"

《汉书·邓通传》："上使善相人者相通，曰：'当贫饿死。'上曰：'能富通者在我，何说贫？'于是赐通蜀严道铜山，得自铸钱。邓氏钱布天下。"

《华阳国志·蜀郡临邛县》："汉文帝时，以铁铜赐侍郎邓通，通假民卓王孙，岁取千匹。"

在西汉，金属矿的开采也是很盛的：

在汉初文景之世（文帝刘恒，纪前 179 年—纪前 157 年；景帝刘启，纪前 156 年—纪前 141 年），就已经用锌了［《史记·货殖列传》：“长沙出连、锡。”（连，就是锌）］

《史记·货殖列传》：“豫章出黄金。”

《汉书·地理志》载桂阳郡有金官，豫章郡鄱阳县武阳乡右十余里有黄金采。

《太平寰宇记》：“《郡国志》云：‘汉有金山县，县东二里有一水濑，有碎金珠随波东注，傍水居人，采以为业。’”

汉代黄金的采出量是惊人的，这在顾炎武《日知录》卷一及赵翼《廿二史札记》卷三中那些皇帝赏赐功臣时动辄数以千万斤计，可以证明，可惜没有关于开采的记载，根据一些材料考察主要是开采沙金。

在《汉书·地理志》中还记载有：犍为郡朱提县出银，益州郡律高县和贲古县西羊山出银铅，贲古县还出锡。

关于煤的开采，一般的记载都说是在东汉；自然，《燕闲录》所记：“女娲氏炼五色石以补天，今其遗灶在平定之东浮山，予谓此即后世烧煤之始。”这种说法固然是不足相信，但在周代的《大戴礼》（五经中《礼记》的一篇）中有“石墨相着则黑”的记载，可能当时还没有把煤作为燃料。

然而西汉采煤，有下列确凿的证据：

《史记》卷四十九《外戚世家》：“（窦少君）为其主入山作炭，寒卧岸下百余人，岸崩，尽压杀卧者，少君独得脱。”

《曲洧旧闻》卷四：“予观《前汉·地理志》：‘豫章郡出石，可燃为薪。’”（宋朱弁著）

《负暄杂录》：“《前汉·地理志》：‘豫章郡出石，可燃为薪。’”（宋顾文荐著）

从上文可知，虽然是用土法开采，但已经形成煤矿；同时根据“百余人”的开采规模来看，应该说还不是原始的矿场，所以我们认为《吴越春秋》中所记“采炭于南山”是比较可靠的史料。

同时，石油在西汉也已用作燃料，这是目前知道的关于石油的记载：

《汉书·地理志》：“高奴有洧水可难。”（難即燃）

总之，西汉的矿业规模是很大的（西汉有三种大工业：煮盐、冶铁、铸钱），由上面所述可见一斑。再根据历史家的记载：“刘奭（元帝）时公家雇用采铜工人，每年经常十万人，私铸的不算在内。采铁工人无从查考，单看冶铁家积累财产黄金几千斤，或一万斤，工人数目可想而知了。”（范文澜《中国通史简编》）

西汉在刘彻以前，工业让人民自由经营，私人资本发展的结果是“富者田连仟伯，贫者亡立锥之地”，这在社会上引起了不安，政府也因以穷困。《史记·平准书》记载：“县官大空，而富商大贾，或蹛财役贫，转毂百数。”因此，刘彻在纪前 119 年就划一了盐铁官营的制度，在纪前 118 年就废除了郡国铸钱的制度而专令上林三官铸钱，后来在纪前 110 年（元封元年）采纳桑弘羊的建议，在全国范围内设铁官四十郡，郡小而产铁的就设小铁官：使属所在县，这是相当完善的矿业国营政策。后来在刘弗陵（昭帝，纪前 86 年—纪前 74 年）和刘奭（元帝，纪前 48 年—纪前 33 年）等人执政的时候，都曾有许多儒家的代表人物反对开发矿产，反对"铁政"，这只能算是社会发展逆流中的一种腐迂见解，因此都失败了。《盐铁论》曾经这样反映了工商业在当时社会发展中的重要性："工不出则农用乖，商不出则宝货绝，农用乏则谷不殖，宝货绝则财用匮。"矿业在其中无疑占了主要的地位。

到了东汉，由于西汉王朝两百年"太平盛世"的发展，农民受到了严重的剥削和迫害，农民起义到处爆发〔刘秀（光武帝，东汉的第一个皇帝，纪元 25 年—57 年）刚取得政权时就遭遇到了规模很大的农民起义〕，因此，东汉的矿业就不如西汉发达了。虽然如此，但由于有着西汉繁荣的基础，班超、窦宪等的对外斗争都取得了胜利，而且东汉是处在中国封建社会向上发展的时期，故矿业还是相当发达的。关于金属矿的开采，大多是在川陕一带：

《后汉书·郡国志》载：永昌郡博南县出金，同书中记载的还有：益州郡律高县螴町山、贲古县羊山出银、铅，益州郡双柏县出银，犍为属国朱提县出银，汉中郡锡县有锡，益州郡律高县石室山、贲古县采山出锡，朱提产铜。

《华阳国志》卷二中也记载有梓潼郡涪县和晋寿县、阴平郡刚氏县均有金银矿。

总之，东汉的黄金记载已不如西汉的多；铜的产量最丰之区是犍为郡的堂琅县和犍为属国朱提县；铁矿产地则几乎全国各州都还有，很明显是继承了西汉的旧业。

关于煤及其他非金属矿产则有：

《后汉书·郡国志》建城注："《豫章记》曰：县有葛乡，有石炭二顷，可燃以爨。"

《后汉书·党锢列传》："（夏馥）入林虑山中……亲突烟炭。"

《后汉书·郡国志》："（牂柯郡）毋敛谈指出丹，夜郎出雄黄、雌黄。"

南阳郡安众侯国注："《博物记》曰：有土鲁山，出紫石英。"

"（京兆尹）蓝田出美玉。"

《后汉书·东夷传》："（夫余国）出名马赤玉"，"（挹娄）出赤玉"。（东夷一带，指今辽宁吉林）

《后汉书·西南夷传》："（哀牢夷）出铜、铁、铅、锡、金、银、光珠、虎魄、水精、琉璃。"

关于石油的记载则有：

《后汉书·郡国志》酒泉郡延寿注："《博物记》曰：县南有山，石出泉水，大如筥篖，注地为沟。其水有肥，如煮肉洎，羕羕永永，如不凝膏，然之极明，不可食，县人谓之石漆。"

同时，也有关于瓦斯的记载，这在当时已是井盐的副产了。

《后汉书·郡国志》载蜀郡临邛有铁，临邛注："《博物记》曰：有火井，深二三丈。"

总之，东汉的矿产还是相当多的。

三国时代（220 年—265 年），是农民大起义之后的一个军阀内战时期，人民遭受了浩劫，矿业十分凋零，可记的仅有《元和郡县图志》载：蜀汉诸葛亮治蜀时，令始建，陵州铸铁。这是诸葛亮在四川屯田练兵的结果。

根据陶弘景的记载："吴王孙权以黄武五年（226 年）采武昌铜铁作长口剑、万口刀……"

有人考据说此铁大概产于现在的大冶，当时吴国在孙权时还做了一点点开发的工作，故这是可靠的。

至于当时北方的曹魏，虽然也采取了屯田修渠的经济措施，但是铁的生产大遭破坏，曾把刑具由铁制改为木制，可见铁非常缺乏。又陆云《与兄平原书》："一日上三台，曹公藏石墨数十万斤"，曹操藏煤，说明煤很宝贵。

此后晋魏六朝（265 年—581 年）三百多年中，社会也是动乱不安。西晋统治阶级内部发生了八王之乱，人民流亡而外族侵入，发展成十六国长期混乱（前后一百三十六年）的局面，于是晋室南迁，以后南北形成了对立的两个王朝。

在这个时期中，统治者们不是争权夺利，互相倾轧，就是崇尚佛教，饱食清谈，一般说来，矿业是萧条的，当然其中还有消长的痕迹。

黄金从汉晋以来消耗十分惊人，主要是浪费在庙宇和服装等日用上面，所以晋代虽然也采洗一些，不过是聊胜于无和仅供日用必需而已，因此更不会有什么技术上的改进，可记的有：

《续博物志》："生金出长傍诸山，取法：以春或冬，先于山腹掘坑，方夏水潦荡沙泥土注之坑，秋始披而拣之。有得片块，大者重一斤或二斤，小者不下三四两。先纳官十分之八，余许归私。"

山金采掘原比沙金困难，官税又这样沉重，显然不会引起采矿者的兴趣。关于沙金有：

《华阳国志》："水通于巴西，又入汉川。有金银矿，民今岁岁洗取之。"

又记："（涪县）孱水出孱山，其源出金银矿，洗取，火融合之为金银。"

当时黄金已经由"斤"计而改为"两"计，可见其少。

铁及其他金属的产地更是吉光片羽，目前尽力找到的仅有下列两项记载：

《晋书·地理志》："（武昌郡鄂县）有新兴、马头铁官。"

《华阳国志》："（台登县山）有砮石，火烧成铁。"

只要与汉代全国通设铁官的盛况对照一下，由上面后项记载之中，不难想见晋代铁产之贫。

关于煤等非金属矿藏的开采，有如下的记载：

《续博物志》："南昌县出然石。《异物志》云：'色黄而理疏，以水灌之便热，以鼎炊物可熟，置之则冷，如此无穷。'元康（西晋惠帝的一个年号，由 291 年至 299 年）中，雷孔章入洛，赍以示张公，张公曰：'此谓然石。'"

《拾遗记》："（岱舆山）中有黄烟从地出，起数丈，烟色万变。山人掘之，入地数尺，得焦石如炭，灭有碎火，以蒸烛投之，则然而青色，深掘则火转盛。"

其中，"色黄而理疏"，说明是褐炭或草煤、泥煤之类。

上面两项记载中，似乎当时人们对此矿藏都有新奇的感觉。而煤是早在汉代就大量开采过的，同时又说"深掘则火转盛"，可见当时对采煤并不甚鼓励。

铁矿产这样缺乏，但另一方面又连年用兵，因此军事冶铁业在总的历史形势下受了这个因素的刺激，而获得了很大的发展（不分南北地区），这一点与历史家的观察不期而遇（史家认为，军事冶铁业在整个冶铁业中的突出地位是晋魏六朝时期冶铁业的一个重要特点）。下面有一个有趣的记载：

《北齐书》："烧生铁精以重柔铤，数宿则成刚。以柔铁为刀脊，浴以五牲之溺，淬以五牲之脂，斩甲过三十札。"

这是记述綦母怀文制造宿铁刀的方法，冶制方法是很合乎科学原理的。

南北朝形成后，南朝（420年—589年）所在地以前是没有遭到破坏的，因此工商业比北朝先进得多，矿业亦复如此：南朝历代都设冶官，管理冶铁工业，铁的产量是金属矿产中最多的。梁铸铁钱，堆积如丘山，市上交易时用车装钱，又用冶官铁器数千万斤塞浮山堰决口，足见铁产丰富，当时扬州是南方冶铁业的心脏。

《太平御览》卷四六引《丹阳记》："《永世记》云县南百余里铁岘山……出铁，扬州，今鼓铸之。"

《南史·萧圆正传》："在蜀十七年……内修耕桑盐铁之功。"

其他金属的产量也很大：

王隐《晋书》："鄱阳乐安出黄金，凿土十余丈，披沙所得，大如豆，小如粟米。"这说明当时已用地下采矿法开采砂金矿了。

《水经注》卷三二："具有溽水，出溽山，水源有金银矿，洗取火合之，以成金银。"

《太平寰宇记》："白雉山……西南出铜矿；自晋、宋、梁、陈以来，置炉烹炼。"可见产量之大。

《魏书》《晋书》中也常有"锡金百斤"的记载。

这些矿产都收归国有，而不封给诸王。

南方的冶炼也很发达。公家有一种横法钢，是百炼精铁；私家有名叫谢平（上虞人），称为"中国绝手"（根据《太平御览》卷六六五）。

北朝（386年—581年）的冶铁业也相当发展，而冶炼方法更是不在南朝之下（如前述《北齐书》之列），但几乎都是军事冶铁业。

至于其他金属矿产，产品也与南方相似，但不如南方发达。

关于煤和石油的记载，更说明了北方矿业的凋零。

《水经注》："（邺县冰井台）井深十五丈，藏冰及石墨焉。石墨可书，又然之难尽，亦谓之石炭。"

邺县是现在河北临漳一带，今天仍然产煤，上述的井也不是为采煤而凿，而是为了珍藏煤而用的。既然在产煤之区，还要把煤藏在十五丈的井中，足见煤产之贫。

《水经注》卷三："高奴县有洧水，肥可䕵。水上有肥，可接取用之。"（䕵即燃）

高奴在今延安以东，当时还是不发达的地方。根据上述，显然是私人日常取用而已。

另一方面，在当时的少数民族地区，由于没有这些内乱，在矿业上倒取得了较大的成就，下面引两项《水经注》中的记载：

释氏《西域记》："屈茨北二百里有山，夜则火光，昼日但烟。人取此山石炭，冶此山铁，恒充三十六国用。"

郭义恭《广志》："龟兹能铸冶。"

这里再一次证明了矿业与和平及繁荣的不可分割。

应该顺便指出，在南北朝时北魏郦道元所编著的《水经注》四十卷，不仅是辉煌的水文（地理）科学著作，而且对矿业（矿产调查）也有很大的贡献。

北朝的农业是比南朝繁荣很多的，而且矿冶铸造业在五世纪末以后即逐渐恢复，南朝末年的统治阶级专于诗酒享乐，随着北朝农业的发展，南北两朝经济力的对比，决定南朝不能再存在，因此在隋灭陈的形势下统一了中国。

南朝的存在本身使南方得到开发这一点，使统一后的隋唐有了比两汉更广大的资源，这是促成唐代在经济上超过汉代的重要因素之一。南朝的士族统治，使文化和艺术有颇大的发展，这是唐代文艺繁荣的基础。

到了隋代（589 年—617 年），在南北朝工业（主要是矿冶铸造业）的良好基础上，加上杨坚的一些改革和崇尚节俭，便使三国以来长期衰落的社会，到隋代又走上了繁荣的途径。

隋的矿冶铸造业达到了很高的水平，杨坚即位以后，首先就是统一钱币，有色金属矿产有：

《隋书·食货志》："江南人间钱少，晋王广又听于鄂州白纻山有铜矿处，锢铜铸钱。于是诏听置十炉铸钱。"

《隋书·地理志》与梁载言《十道志》都这样记载："县有铜官山，上有铜井，广袤数十丈，唐以前曾采铜于此。"（铜官山，在安徽）

《隋书·地理志》记载的还有：长沙郡长沙有铜山、锡山，弋阳郡乐安有锡山，河南郡新安有冶官。

铁矿有：北海郡下密有铁山，魏郡临水有慈石山。

金银玉石产地则有：东莱郡牟平有金山，南海郡曲江有玉山、银山，河东郡安邑有盐池、银冶，下邳郡下邳有磬石山。

煤则主要产在河南。河南郡兴泰、淅阳郡南乡有石墨山。（以上没有标明的都出自《隋书·地理志》）

隋是一个短促而统一的大王朝，在短短的二三十年中，除了修建运河等浩大工程外，还能开采如上的矿产，也就难得了。

唐代（618 年—907 年）是中国封建社会大地主经济发展的最高阶段。初唐（618 年—741 年）的社会经济一般是向上发展的，但由于崇尚儒教，讳言财利而轻视矿业，不过冶铸业相当盛行，到李隆基开元时代（713 年以后）才设专官管理盐铁，并收买铜、铅、锡矿产以禁止私铸。

中唐（742 年—820 年）全国的经济重心由黄河流域转移到了江淮流域，李纯时（806 年以后）又由于中央对地方政权长期战争取得胜利而获得了暂时的统一，因此矿业获得了很大的发展，这时期中冶铸业有更高的发展。每个铸钱炉用铜二万一千二百斤、镴（铅、锡混合物）三千七百斤、锡五百斤。李豫大历（766 年—779 年）时采用榷盐法而使四川的井盐矿业获得了极大的发展，李适（780 年—804 年）又下令收矿业国有，李纯时矿产最高达到每年采银一万二千两，铜二十六万六千斤，铁二百零七万斤，锡五万斤，铅无常数。

晚唐（821年—907年）国力虚弱，官宦藩党的祸乱丛生，而依附统治阶级的工商业却继续发展，终于激起农民大起义，而使帝国的经济基础崩溃。李昂开成时（836年—840年）把矿业改归地方营，这样中央损利，到李忱（847年—859年）时又收归国营。当时是晚唐的盛世，但每年采矿量只为银二万五千两，铜六十五万五千斤，铅十一万四千斤，锡一万七千斤，铁五十三万二千斤。值得注意的是：铁的减产是由于无力用兵，铜、银的增产是由于货币增加和佛教的盛行。

以上这些数字说明唐代金属矿产的丰盛的确已经超越了汉代，当时矿产地遍及全国，同时矿产地数目也很多。就以李适收矿业为国有时来说，单是在今陕、苏、皖、赣、浙五省，就有银冶五十八，铜冶九十六，铁山五，锡山二，铅山四。

同时，要特别提到的是已经开始应用浸析法开采铜矿：

《读史方舆纪要》："（池州府铜陵县铜官山）县南十里，有泉源，冬夏不竭，可以浸铁烹铜，唐于此置铜官场。"

"（饶州府德兴县大茅山）唐置铜场处，山麓有胆泉，亦曰铜泉，土人汲以浸铁，数日辄类朽木，刮取其屑煅炼成铜。"

可知远在距今一千一百年以前，就能由硫酸铜的溶液内，用铁将铜交替出来。这是化学上的一项新成就，也是特殊采矿法中的浸析法开采铜矿的先声。

唐代井盐很盛，四川出产最多，有"扬一益二"之称：

《新唐书·食货志》："唐有盐池十八，井六百四十……黔州有井四十一，成州、巂州井各一，果、阆、开、通井百二十三……邛、眉、嘉有井十三……梓、遂、绵、合、昌、渝、泸、资、荣、陵、简有井四百六十。"

《旧唐书·地理志》："（泸州富义县）有富世盐井，井深二百五十尺，以达盐泉，俗呼玉女泉，以其井出盐最多，人获厚利，故云富世。"

《元和郡县图志》："富义盐井，在县西南五十步。月出盐三千六百六十石，剑南盐井，唯此最大。"

《元和郡县图志》："（仁寿县）陵井，纵广三十丈，深八十余丈。益部盐井甚多，此井最大。以大牛皮囊盛水，引出之役作甚苦，以刑徒充役。中有祠，盖井神。"

这是距今一千二百年前的事，矿井之深和产量之大，排水方法的先进，都是世界上没有的。

自然，随着井盐的开采，瓦斯（火井）也有很大的出产。

在石油方面有如下的记载：

《酉阳杂俎》："高奴县石脂水，水腻，浮水上如漆，采以膏车及燃灯，极明。"

《元和郡县图志》："（延州肤施县）清水，俗名去斤水，北自金明县界流入。《地理志》谓之清水，其肥可然。"

这时石油的采用似乎比以前进了一步。

关于煤，初唐在山西一带民间已用作燃料，但有关的记载不多，目前还只有这一项：

《酉阳杂俎》："无劳县山出石墨，爨之，弥年不消。"

初唐李世民时，在陕西泾阳县就曾发生过一次一年之久的煤层地下火灾。

至于非金属矿产，在唐代也很丰富，这与当时繁荣的经济和文化有密切关联，可引下列记载以见一斑：

《太平寰宇记》："河东道忻州秀容（县）云母山……唐贞观十八年敕使薛遵度采云母玉芝于此山。"

《元和郡县图志》载：太原府，开元贡黄石矿、龙骨；泽州，开元贡白石英五十斤，元和贡白石英；房州，开元贡钟乳、苍礜石，元和贡石膏；思州，开元贡朱砂。

《新唐书·地理志》载：黔州，土贡光明丹砂；溱州，土贡丹砂；茂州，土贡麸金、丹砂。

当时丹砂出产十分多，除上例中已见的外，单是湖南一省就有很多记载。

《新唐书·地理志》载：辰州，土贡光明丹砂、黄牙，麻阳有丹穴；锦州，土贡光明丹砂；溪州，土贡丹砂。

因而，炼丹术在唐代取得了卓越的成就。在公元809年（李纯元和四年），炼丹家清虚子发明了燃烧的火药，虽然使火药爆炸和应用于采矿是以后的事，但这种发明无疑对采矿工业有重大的作用，因为合成以前的火药成分（硝、硫磺）远在淮南子（纪前150年）和西汉末年（公元左右）就有了，而"西洋人在三四百年以前（距今）对于硝、碳酸钠和食盐，还闹不清楚"（钱伟长：《我国历史上的科学发明》）。这是值得骄傲的。

总之，唐代是一个矿业发达、矿产丰富的时代，就矿业技术来说，在盐井方面取得了很大的成就，并且发明了燃烧的火药。

〔专制主义封建社会中国矿业结语〕

西汉（前206年—25年）矿业规模很大，金和盐铁的开采特别兴盛，当时开始应用石油。

东汉（25年—220年）社会比较混乱，矿业上维持在西汉的一定规模，当时也已经应用瓦斯点灯（应更早，如秦代）。

从三国到南北朝（220年—589年）连年战争，矿业凋零，新开发的南方新区比较景气，并且有一项大成就，即用地下采矿法开采砂金。

隋唐（589年—907年）矿业繁荣，超越了此时期中任何时代，尤其盐井有了很大发展，井深在二百五十公尺以上，并采用了有效的排水方法，而且具有很大意义是，在浸析法采矿方面有了很好的开端。

在专制主义封建社会时期，矿业获得了进一步的发展，反映出大地主经济向上发展的特征，金、铁等金属矿的开采量很大，并且在盐井、瓦斯、石油等非金属矿产开采方面取得了很大的成就。

（六）末期封建社会及资本主义萌芽时期（五代，907年—清鸦片战争，1840年）的中国矿业

五代（907年—960年）大分裂，是在唐末农民起义和地方割据的形势下形成的。当时北方连年混战，人民流徙；南方比较安定，江淮地区尤其是长江、珠江两流域发展

了许多独立的经济单位。一般说来，此时期矿业十分凋零，铜很缺乏，因此铁禁松弛而各国自铸铁钱。

前蜀国（891年—925年）环境比较安定，与南唐在五代时是文化水平最高的国家，井盐的产量颇多。

吴越国（893年—978年）是十国中最安定的一个地区，在亡国时都没有经历过战争，国王钱弘佐想铸铁钱，但因恐铜钱（旧钱）流入邻国而没有实行，因此估计铁是有一定的采出量的。

楚国（896年—951年）马殷曾铸铁钱。

后梁（907年—923年）萧衍时冶铸术有一定成绩，这是战争的结果。

《古今刀剑录》："梁武帝萧衍……岁在庚子，命弘景造神剑十三口，用金、银、铜、铁、锡五色合为之。"

后唐李嗣源（926年—933年）很重视池盐和海盐的生产，同时曾令官铁厂照市价低一成出售余铁，这大概是战役销毁兵器的结果；后又令自由买卖铁以制造农具。由此可推断当时有铁的开采。

后蜀国（925年—964年）与前蜀国一样有较安定的环境，重视盐井，同时统治者到末年奢侈到用珍宝装饰溺壶，可知当时有非金属矿产的民间挖掘。

后晋石敬瑭天福三年（938年），提倡开采铜矿以铸钱："诸道应有久废铜冶，许百姓取便开炼，永远为主，官中不取课利，除铸钱外，不得接便别铸铜器。"

南唐国（937年—975年）有比较安定的环境，李昇奖励农桑，拥有广大的盐田，恢复了唐末时残破的江淮流域的繁荣，对矿产也颇重视。

《大清一统志》："（银山）其西里许有白面坞，盖南唐时凿山采银之所，上有银坑碑记。"

北汉国（951年—979年）是相当贫困软弱的国家，曾经对矿业寄予很大的希望：

《十国春秋》："（北汉僧刘继颙）游华岩，见地有宝气，乃于团柏谷置银冶，募民凿山，取矿烹银，官收十之四，国用多于此取给，即其地建宝兴军。"

后周（951年—960年）在柴荣的统治下，国力超过五代的任何一个朝代，早在郭威统治时就销毁铜器、佛像以铸钱，但当时矿业不振，以致还到高丽去买铜、银以铸钱。柴荣时也在革新政治、统一中国的措施中有过销（毁）佛像铸铜钱的一项，后高丽遣使来朝时，曾贡黄铜五万斤，可见在澄清中原地区自晚唐以来一百年混乱的时候，对矿业还无力顾及。

北宋（960年—1127年）统一中国，封建制度进一步发展，继五代闽国王审知而开发了闽江流域。

赵匡胤在开国不久（开宝三年，即970年）就提倡人民采矿减轻矿税，对桂阳阮冶监说："……未能捐金于山，岂忍夺人之利。自今桂阳监岁输课银，宜减三分之一。"因而矿业兴起。

到赵光义至道（995年—997年）末年，国家每年收入就达到了银十四万五千余两，铜四百十二万多斤，铁五百七十四万八千余斤，铅七十九万三千多斤，锡二十六万九千余斤，当时是由人民与国家共同经营矿业。

赵恒天禧（1017 年—1021 年），每年收入金一万两，银八十八万二千余两，铜二百六十七万五千余斤，铁六百二十九万三千余斤，锡十九万一千余斤，水银二千余斤，朱砂五千余斤，可见矿业已很发达，这时已经实行官卖制度（宋朝最盛行），矿产也是由国家专利了。

赵祯（1023 年—1063 年）、赵曙（1064 年—1067 年）时就常常命官吏视察矿业，减免生产冷淡矿山的课税，因这时旧矿快采完新矿很少发现。

赵祯在位四十多年，号称是北宋的全盛时代，皇祐（1049 年—1053 年）中年收入矿产：金一万五千九十五两，银二十一万九千八百二十九两，铜五百十万八百三十四斤，铁七百二十四万一千斤，铅九万八千一百五十一斤，锡三十三万六百九十五斤，水银二千二百斤。

赵曙时因采完而停办的矿山有六十八处，增加了一批新矿，全国坑冶总数二百七十一处。金产登、莱、商、饶、汀、南恩六州，冶十一；银产登、虢、秦、凤、商、陇、越、衢、饶、信、虔、郴、衡、漳、汀、泉、建、福、南剑、英、韶、连、春二十三州，南安、建昌、邵武三军，桂阳监，冶八十四；铜产饶、信、虔、建、漳、汀、泉、南剑、韶、英、梓十一州，邵武军，冶四十六；铁产登、莱、徐、兖、凤翔、陕、仪、虢、邢、磁、虔、吉、袁、信、澧、汀、泉、建、南剑、英、韶、渠、合、资二十四州，兴国、邵武二军，冶七十七；铅产越、衢、信、汀、南剑、英、韶、连、春九州，邵武军，冶三十；（锡产）商、虢、虔、道、潮、贺、循七州，冶十六；又有丹砂产商、宜二州，冶二；水银产秦、凤、商、阶四州，冶五。都设官主持，这样致力于矿业，年产当然要大大增加。与赵祯皇祐时比，年收入：金减九千六百五十六两，银增九万五千三百八十四两，铜增一百八十七万斤，铁、锡各增百余万斤，铅增二百万斤，独水银无增减，又得丹砂二千八百余斤。就矿产的总量来讲，可说是空前的兴盛了。

赵顼（1068 年—1085 年）用王安石变法图强，也实行保护矿产的联保法："近坑冶坊郭乡村并淘采烹炼，人并相为保；保内及于坑冶有犯，知而不纠或停盗不觉者，论如保甲法。"这是熙宁八年（1075 年）的事，到元丰元年（1078 年）就收到了很好的效果，当时各路坑冶总收入：金一万七百一十两，银二十一万五千三百八十五两，铜一千四百六十万五千九百六十九斤，铁五百五十万一千九十七斤，铅九百一十九万七千三百三十五斤，锡二百三十二万一千八百九十八斤，水银三千三百五十六斤，朱砂三千六百四十六斤十四两。其中铜年产近一万吨，铅、锡也大大增产，正说明货币流通额的不断激增。

赵煦（1086 年—1100 年）时也很重视矿业，绍圣元年（1094 年）商、虢（今陕西）一带发现了很多矿床而当地人民不会采冶，于是在当时矿业最盛的两广招募了一批技工到陕西兴办，并派许天启领陕西坑冶事，但他办的成绩不好，六年总收新旧铜只有二百六万多斤，于是将其撤职查办；当时广东漕臣王觉说他办矿很有经验，单是去年（1093 年）岑水一个铜矿场就超额三万九千一百斤，比往年也增产六十六万一千斤，赵煦就把他升了官。

赵佶（1101 年—1125 年）在大观二年（1108 年）下令禁止私开金、银矿，否则以盗论罪，并命各县官每月检查一次，说明矿业已经发展到有人私办了。

到赵桓（1126年—1127年）时由于金国侵入而矿业衰退，年矿产量不到赵顼时的百分之十。

以上主要是就金属矿产而言。非金属矿产的开采在北宋也很多，除了上面已经顺便提到的丹砂和水银以外，单讲赵佶政和（1111年—1118年）初就有许多臣僚说："太和山产水精，枕门等处产金及生花金田，汝州青岭镇界产玛瑙。"可见其余。

北宋时煤的开采最盛，其中以山西出产最多。怀州（河南沁县）的煤多运到开封（当时首都）作燃料，徐州的则多用于冶铁。当时徐州东北利国监是北宋最大的冶铁地，凡三十六冶，各有工人一百多，冶主都是巨富，工人分采煤和冶铁两部。当时就有很多诗人歌颂采煤的：苏轼的《石炭行》就是赵顼元丰元年（1078年）为彭城发现了煤矿而作，据诗中所说，用煤炼成的兵器极精锐；朱弁《炕寝》诗说："西山石为薪，黝色惊射目"；于谦更有"但愿苍生俱饱暖，不辞辛苦出山林"之句。

赵煦元符三年（1100年），由于尚书省说："遣官市物，搔动于外，近官鬻石炭，市直遽增，皆不便民。"赵煦马上下令废除官卖石炭制。

另外，根据《宋史·陈尧佐传》："徙河东路，以地寒民贫，仰石炭以生，奏除其税。"

根据以上两点，可见采煤关系人民生活，足见煤产量之多。

《宋史·食货志》："自崇宁以来……官卖石炭增二十余场。"

崇宁（1102年—1106年）是赵佶的一个年号，上面说明当时不但把煤收归官卖，而且增设了二十多个矿场。

在赵佶政和（1111年—1117年）初年，还有人进言："河东铁、炭最盛，若官榷为器，以赡一路，旁及陕、雍，利入甚广。"就是说要利用山西的煤、铁建设炼铁厂，这是前面已经提到的采煤和冶铁同时设置的又一例证。八百年前的这种经济建设的高明见解，是可以自豪的。

北宋关于井盐的土产也很多。根据《宋史·地理志》的记载，在四川、陕西、湖北三省就有一百七十多个盐井，当时的采取技术已经提高了一步。根据宋范镇《花笑颍杂笔》所说，是用竹管从井中接出来而直接送入锅中煮盐，以避免盐井中瓦斯的爆炸。

至于石油的采用，当时的沈括《梦溪笔谈》记载："鄜延境内有石油，旧说高奴县出脂水即此也。生于水际，沙石与泉水相杂，惘惘而出，土人以雉尾裛之，乃采入缶中，颇似淳漆，燃之如麻，但烟甚浓，所沾幄幕皆黑。予疑其烟可用，试扫其煤以为墨，黑光如漆，松墨不及也，遂大为之，其识文曰'延川石液'者是也。"

这是最早见到的用"石油"的名字，当时已用作燃料或书写。

总之，北宋时矿业很盛，什么矿产几乎都有，金属矿冶共有二三百处，有完全官办或民办官买的，也有私人办的（非法），并且分工详细，有淘、采、烹、炼四个部门，但探矿工作做得不好，常常开采不久就没有矿了，或产量不大而年久就赔本。

同时探矿技术也是幼稚的，除上面有关井盐和石油的已经提及外，金矿还是用土法淘取：

《桂海虞衡志·志金石》："生金，出西南州峒，生山谷田野沙土中，不由矿出也。峒民以淘沙为主，坏土出之，自然融结成颗。大者如麦粒，小者如麸片，便锻作服用，但色差淡耳。欲令精好，则重炼取足色，耗去十二三。既炼，则是熟金。"

《岭外代答》卷七："凡金不自矿出，自然融结于沙土之中，小者如麦麸，大者如豆，更大如指面，皆谓之生金。"

《癸辛杂识·续集》："广西诸洞产生金，洞丁皆能淘取。其碎粒如蚯蚓泥大者，如甜瓜子，故世名瓜子金。其碎者如麦片，则名麸皮金。"

至于其他金属矿的采掘技术，可以举铜矿一例，以概其余。

《孔氏谈苑》："韶州岑水场往岁铜发，掘地二十余丈即见铜。今铜益少，掘地益深，至七八十丈。役夫云：'地中变怪至多。有冷烟气，中人即死。'役夫掘地而入，必以长竹筒端置火，先试之。如火焰青，即是冷烟气也。急避之勿前，乃免。有地火自地中出，一出数百丈，能燎人。役夫亟以面合地，令火自背而过，乃免。有臭气至腥恶，人间所无也。"

从上面可知：北宋时已经向深部开采，达二百公尺以上（根据现在年老矿山推断，应为倾斜坑道），这是很难得的。所谓冷烟气，可能是二氧化碳，腥恶气应为硫化氢及二氧化硫。

南宋（1127年—1279年）偏安江左，是一个屈辱的王朝。统治者荒淫无耻，官吏贪残，民间不敢开矿招祸，因此矿产量远不及北宋。

例如官吏韩球在赵构绍兴十三年（1143年），就借开矿之名，去挖掘民间的坟墓和拆毁民房，还有州县官吏勒令已停办的坑户纳税，因此相继停顿的坑冶很多。

但是在赵构绍兴（1131年—1162年）中应用特殊采矿法开采铜矿，却获得了很大的发展。信州（江西上饶一带）铅山县和处州（浙江丽水县一带）铜廊两个地方，用硫酸铜水置换生铁为铜取得成功：以生铁锻成薄片，排置胆水槽中，浸（渍）数日，铁片上生赤煤（一作黄煤），刮取入炉，三炼成铜，大概是二斤四两铁可以换铜一斤。

《读史方舆纪要》："《神农本草》云：胆水能化铁为铜，宋时为浸铜之所，有沟漕七十七处。兴于绍圣四年，更创于淳熙八年，至淳祐后渐废。其地之水有三：胆水、矾水、黄矾水。各积水为池，每池随地形高下深浅，用木板闸之。以茅席铺底，取生铁击碎入沟。排砌引水通流浸染，候其色变，锻之则为铜，余水不可再用。"

可知这种最经济的采铜方法——浸析法，在宋绍兴（1131年—1162年）中为最盛。其方法与现代最新的特殊采矿法（用浸析法开采铜矿）完全一样，这充分证明了我国古时采矿工业突出的先进。

在当时广大的北方地区统治一百多年的金（1115年—1234年）和蒙古（1206年—1259年）也是连年用兵，不过较之南宋，在矿业上还有点成绩：

金厉行铁政，往往强迫开采。完颜亮（1149年—1160年）就曾派人到各路调查金、银、铜、铁各矿；完颜雍（1161年—1189年）也派人分路找铜矿苗脉，报矿者有赏，而且金、银坑冶许民自由开采，在大定初年（1161年—1175年）抽税仅百分之一，到1176年连这百分之一的税都免掉了。

辽太祖神册年间，置铁冶，所采系安山一带的太古界铁矿。

元代（1260年—1368年）是外族侵占、全国社会衰敝的时代，用兵既广，用铁也多，故厉行国营铁冶，并强迫人民开矿。忽必烈于中统四年（1263年）一月招集铁工一万一千八百户，二月又招四千户，到各处冶铁；在至元二十八年（1291年）派三千户开采济南铁矿；过两年，并禁止金、铁的输出，当时岁课铁四百八十万七千斤，在海山（武宗）至大二年（1309年）重申上禁，同时准许民间扑冶，以一二成归其私有，但禁止外国人购买铜、铁各器。

关于其他矿产，则由所设洞冶总管府收税（叫洞冶课）。据图帖睦耳（文宗）天历元年（1328年）统计，江浙省课税最多，名目有金课、银课、铜课、铁课、铅锡课、矾课、硝磺课、竹木课等，共纳金一百八十锭十五两一钱，银一百二十五锭三十九两二钱，钞一万一千九百八十七锭。虽然是强迫开矿，但钱还是不够用，从建国初年起就发行了纸币，后终因通货膨胀而引起四方兵变以致亡国。

元代铁矿开采已如上述，其他矿产，可记的有：至元五年（1268年）招益都矿工四千户到登州栖霞县淘金，至元十五年（1278年）拨采木夫一千户到锦、瑞州鸡山、巴山等处采铜，十六年（1279年）拨户一千到临朐县七宝山等处采铜，二十年（1283年）拨常德、澧、辰、沅、靖民万户交给金场转运使淘金，二十七年（1290年）又拨民户到望云煽炼银矿。

总之，元代多半是强迫开矿，矿工受的压迫十分厉害，矿业没有什么进步，这时已经在开发珠江流域了。

明代（1368年—1644年）是中国封建制度更高发展的时代，朱元璋取得政权后综合历朝的统治经验，创立了极端的君主专制政体，闽江流域也完全开发了。明代工商业的进步，对外贸易的活跃，超越以前任何时代。宋元开始出现的作坊，到明末已很显著，完全是商品生产，这就是封建主义母胎内孕育的资本主义的幼芽。与工农业和军火业一样，矿业也开始采用新法，如果没有满清入关，是都有可能获得巨大发展而产生和欧洲一样的资本主义社会的。

明代矿业概归官办，其中以银矿和金矿更受到重视，煤矿和银矿的开采技术最好。

在明代也有过禁止开矿的命令，这显然只能算是矿业发展中的逆流。禁止的原因很多：明初朱元璋（1368年—1398年）、朱棣（1403—1424年）是因看到元代强迫开矿的后果而严禁；朱高炽（1425年）、朱瞻基（1426年—1435年）也不同意臣下的提倡而禁止；朱祁镇（1436—1449年，1457年—1464年）初年、朱厚熜（1522年—1566年）初年、朱载垕（1567年—1572年）初年都是由于获利太少或得不偿失而禁止。这些独夫的命令，自然不能阻挡经济发展的潮流。

首先谈银矿和金矿的开采。明代是用银最普遍的朝代，由下面提到的数字可知其产量之多：洪武末年（1392年—1398年左右）开福建尤溪县，浙江丽水、平阳等七县银矿，两省各课银二千余两；永乐（朱棣的年号）时开陕西商县、福建浦城县、云南大理县等地银矿，贵州太平溪、交趾宣光镇的金矿，矿课累增。至朱瞻基时，福建每年课银四万余两，浙江九万余两。朱祁镇停止开矿，仍令各地照定额课银。此后时停时开，天顺四年（1460年）朱祁镇派阉官往浙江、云南、福建、四川开矿，各省课银分别为四万余、十万余、二万余、一万三千余两，总共十八万三千余两。朱见深（1465年—1487年）开湖广武陵等十二县金矿（凡二十一个矿场），役民夫五十五万人去开采，劳苦疾病死亡无数，采得金仅三十五两，得不偿失而停办；这在技术上大概是采矿法和探矿不良的结果。朱厚熜令大臣督促属员，到处寻访矿苗，强迫民夫充工役，全国骚动。朱翊钧（1573年—1620年）因连年用兵（援朝抗日）财政窘迫，于是又有人奏请开矿征税，万历二十四年（1596年）派阉官在全国范围内（自京城以至河南、山西、南直、湖广、浙江、陕西、四川、辽东、广东、广西、江西、福建、云南）去监收矿税。这批阉官借机横行勒索，诬告良民盗（私开）矿，硬说良田美宅之下有矿脉，必须索贿满足才罢；同时各地无矿不开，不问产量多少，任意规定产额，勒令人民包赔亏短（在这种情况下势必刺激开采技术的改进）；自万历二十五年到三十三年（1597年—1605年），诸阉共进矿税三百万两，而民不聊生。

次谈铁矿的开采。明代冶炼技术已相当高明，遵化炼铁炉规模就很大，山西交城每年定额产云子铁十万斤，专制兵器，炼铜术也许比别地更好些。在洪武初年（1368年—1374年左右），开江西、湖广、山东、陕西、山西铁矿十三处，年得铁七百四十六万余斤；末年，广开各地铁矿，令民得自行采冶，每三十分取二分。永乐以后官办铁矿。朱厚照（1506年—1521年）时依私盐法禁私铁。

再谈铜矿。明代冶铜技术已很合乎科学原理，铸钱炉几乎遍及全国，但其中主要只有江西、陕西、山西产铜，而别地多是镕毁铜器，明初铜矿只江西、四川、山西、陕西、云南数处。朱见深时封闭云南铜矿，朱厚熜因铸钱又开云南等处铜矿，后因产量减少而停采。

然后谈谈煤矿。明代产煤也很多，种类也不少（《天工开物》上就说有明煤、碎煤、末煤等三类），除用作燃料外，炼铁、炼铜都用煤，可见其产量之多。

其他矿产也很盛。井盐在洪武时年产量就有四百六十六万斤，石油和煤气（火井）在朱厚照时则已经普遍用于日常的照明，比如砒石、朱砂等非金属矿产，更是不可胜记。

关于采矿技术，在这种兴盛的矿业之时，自然有一定的提高，最大的特点是用了支架，提升和通风设备也有相当的规模。根据宋代矿业的盛况来看，这些技术上的改造也应该有了，甚至还可以上溯到汉、唐。可惜目前还只能找到明代的资料，分述如下：

银矿是开采最多的，主要产在云南。这时的矿床地质知识也提高了很多，《天工开物》说："燕齐诸道，则地气寒而石骨薄，不产金银。"这是合乎矿床成因原理的，其具体开采法：

《天工开物》："凡石山洞中有矿砂，其上现磊然小石，微带褐色者，分丫成径路。采者穴土十丈或二十丈，工程不可日月计，寻见土内银苗，然后得礁砂所在。凡礁砂藏深土，如枝分派别。各人随苗分径横挖而寻之。上楮横板架顶，以防崩压。采工篝灯逐径施镬，得矿方止。凡土内银苗，或有黄色碎石，或土隙石缝有乱丝形状，此即去矿不远矣。凡成银者曰礁，至碎者曰砂，其面分丫若枝形者曰矿，其外包环石块曰矿。"

由上说明，首先就是能按不同形状的矿体［礁、砂、矿（辉银矿）、矿（不含银的脉石）］而采用不同的开拓方法和开采方法，一般是用平筛开拓方法。

在地下探矿方面，已有了工程很大的（"不可以日月计"）采矿坑道了，并且在地下还能沿脉探矿，对矿体特征与围岩关系，掌握得十分透彻。

在探矿方法方面，也采用了顶板支架，比如照明等，不再赘述。

总之，以今天的眼光来看，还有参考价值。

对于金矿的开采，有如下述：

《天工开物》："山石中所出，大者名马蹄金，中者名橄榄金、带胯金，小者名瓜子金。水沙中所出，大者名狗头金，小者名麸麦金、糠金。平地掘井得者名面沙金，大者名豆粒金。皆待先淘洗后冶炼而成颗块。金多出西南，取者穴山至十余丈，见伴金石，即可见金。"

"于江沙水中淘沃取金，千百中间有获狗头金一块者，名曰金母。"

"儋、崖有金田，金杂沙土之中，不必求深而得。"

由上看来，首先是按不同种类的金矿而选不同的方法开采，其次对于地下金矿也能掌握矿床和围岩的特征以探矿。

至于掘取后，"先淘洗，后冶炼"，程序与现在完全一样。只是规模较小，是用人力采掘而已。

淘取砂锡时情况也与金类似。

关于煤矿的开采技术，《天工开物》也有如下的记载（图一）："凡煤炭不生茂草盛木之乡，以见天心之妙。"

"凡取煤经历久者，从土面能辨有无之色，然后掘挖。深至五丈许，方始得煤。"

"初见煤端时，毒气灼人。有将巨竹凿去中节，尖锐其末，插入炭中，其毒烟从竹中透上。人从其下施镬拾取者，或一井而下，炭纵横广有，则随其左右阔取。其上支板，以防压崩耳。凡煤炭取空而后，以土填实其井。经二三十年后，其下煤复生长，取之不尽。其底及四周石卯，土人名曰铜炭者，取出烧皂矾与硫黄。凡石卯单取硫黄者，其气薰甚，名曰臭煤。"

图一　挖煤

可知，对于煤田地质是有很正确的见解，并且能从地表而对矿床作估计。

其开拓方法是用竖井和石门；采矿场采用支架；用竹筒通风，用小型木制手摇绞车提升；用充填法回采矿柱。

这是一套相当完备的采煤方法。

至于在采取井盐方面，更有着十分完善的设备：

《天工开物》："凡蜀中石山去河不远者，多可造井取盐。盐井周圆不过数寸，其上口一小盂覆之有余，深必十丈以外乃得卤信。故造井功费甚难。其器冶铁锥，如碓嘴形，其尖使极刚利，向石山舂凿成孔。其身破竹缠绳，夹悬此锥。每舂深入数尺，则又以竹接其身，使引而长。初入丈许，或以足踏碓梢，如舂米形。太深则用手捧持顿下。所舂石成碎粉，随以长竹接引，悬铁盏挖之而上。大抵深者半载，浅者月余，乃得一井成就。盖井中空阔，则卤气游散，不克结盐故也。井及泉后，择美竹长棰者，凿净其中节，留底不去。其喉下安消息，吸水入筒，用长绠系竹沉下，其中水满。井上悬桔槔、辘轳诸具，制盘驾牛。牛拽盘转，辘轳绞绠，汲水而上。入于釜中煎炼，顷刻结盐，色成至白。"

与其他矿产一样，当时对盐矿床也是懂得很清楚的。

首先详细叙述了钻凿盐井的方法（图二至图六）：

用竹竿及锋利的铁（钢）舂破土（图二）；

开井口时搭好木架和准备好木制手摇绞车（图三），并且有石砌的井圈（图四）；

深钻时用竹接引（丈多长的），并利用畜力和滑轮钻凿（图二）；

图二　蜀省井盐一　蜀省井盐二

图三　开井口　　图四　下石圈

凿井时竹筒的制造是破竹两片后，去节，然后用漆布缠合（图五）；

图五　制木竹一　制木竹二

扩大井圈时也提升大绞车和天轮的装置，在接引竹筒时，与现在钻探机的设备相似（图六）。

图六　下木竹一　下木竹二

凿井工程很大，需要半年左右的时间。

在汲取盐水时，也使用木制的绞车和天轮（图七）。

图七　汲卤一　汲卤二

由上面这些看来，我国在三百年前的采矿技术，是可以列入世界矿业之林的。

明代采矿技术，本来有着极大的发展前途，在朱由检崇祯十二年（1639年），由意大利招聘来华的毕方济（Francois Sambiasi）上书朱由检说："盖造化之利，发现于矿，第不知脉络所在，则妄凿一日，即需一日之费。西国格物穷理之书，凡天文、地理、农政、水法、火攻等器无不备载。其论五金矿脉，征兆多端。似宜往澳取精识矿路之儒，翻译中文，循脉细察，庶能左右逢原也。"　（《清朝全史》）后来在崇祯十六年（1643年），日尔曼人汤若望（Adam Schall）到蓟督军前，除教授火器、水利外，并讲采矿方法。这是外国人第一次教授采矿方法。崇祯十七年（1644年），晋王朱审烜也请他去教授采矿，可惜不久满清入关，明亡，而没有取得什么成绩。

鸦片战争以前的清代（1644年—1840年），社会经济是停滞不前的，若干年来发育起来的资本主义幼芽，为闭关政策和残酷的异族统治所扼杀。在明末农民大起义的基础（实行了更名田制度）上发展起来的"康熙之治"也不过是守住了明代以来社会经济的阵脚。在矿业这一条经济脉路上，正反映了这样的特色。

入关以前的努尔哈赤（1616年—1626年），就曾打算过开金、银矿和铁冶。福临

107

（1644 年—1661 年）入关以后，就令山东开办银矿，各处铁矿也准开采。玄烨（康熙）（1662 年—1722 年），十四年（1675 年）定开采铜、铅税例，凡人民愿采铜及黑白铅的，由督抚委官监管；十八年（1679 年）再定铜、铅税例，以十分之二纳官，其余由矿商发卖，并不准越境开采与矿税扰民；十九年（1680 年）定金、银矿为官得四分，商得六分，后来由于税重多有亏本歇业的，当时以湖广、云、贵、川、晋、奉天等省矿产最多，而云南红铜、黔楚之铅、粤东的点锡，更是供应京局的，弘历（乾隆）（1736 年—1795 年）时矿业很盛，乾隆八年（1743 年）准贵州天柱县相分□等处开金矿，每产一两金只课三钱；（乾隆）九年定广东开采铜、铅、银砂等矿，并招商民承采条例，仍定二八征收且每山只许一人承采；以后继续准开贵州威宁州大化里等处银、铅矿，湖南郴、桂二州银、铜矿，四川屏山、江油二县铁矿与会理府铅矿、云南通海县黑铅矿与弥勒州白铅矿，以及大小金川的金矿等。

弘历时云南东川、顺宁二府等处铜矿产量很大，当时年收铜十万斤以上的有汤丹、落雪等十六厂，共收铜一千五百九十二万斤，这些还只是中央要的数字，其他各省定货还很多；乾隆三年（1738 年）就由中央拨银一百万两专办云南的铜矿，可见关系国家经济命脉。

颙琰（嘉庆）（1796 年—1820 年）承弘历遗风，矿产任意开采，旻宁（道光）（1821 年—1850 年）以后由于外国资本主义侵入而国家贫困受辱，已无暇顾及矿业了。

当时广西矿产最多，五金都有，大概是金占千分之一，银百分之一，铜十分之一，其余是铅、铁、锡。广西共有数十厂，每厂有凿工、挖工、搥工、洗工、炼工、搬运工、管事人、帮闲人不下万人，数十厂便有数十万人，可见矿业还是很盛。

但是一般金属矿的开采技术还停留在明代的水平，举一例以概其余：

《浙江通志》：“《龙泉县志》：黄银即淡金，其采炼之法，与白银略不同，此矿脉浅，无穿岩破洞之险……按五金之矿，生于山川重峰峻岭之间，其发之初惟于顽石中隐见矿脉，微如毫发。有识矿者得之凿取烹试，矿色不同，精粗亦异……矿脉深浅不可测。有地面方发而遽绝者；有深入数丈而绝者；有甚微，久而方阔者；有矿脉中绝而凿取不已，复见兴盛者，此名为过壁。有方采于此，忽然不见，而复发于寻丈之间者，谓之虾蟆跳。大率坑匠采矿，如虫蠹木，或深数丈或数十丈或数百丈，随其浅深，断绝方止。止取矿则携尖铁及铁锤竭力击之，凡数十下，仅得一片，又有不用锤尖唯烧爆而得。”

上面例子中总结了许多探矿、采矿的经验，但并没有超越明代所掌握的矿床知识的范围，而且采掘工具也还只有手锤。

在煤和井盐等非金属矿产方面，当时也还有相当的生产。值得提出的是关于钻盐井的记载，《采矿工程》卷五四（英文杂志，1916 年版）说：

我国钻凿盐井的先进技术，远在公元 1700 年以前就已闻名全世界，当时来华的外国人都惊服其技巧。

四川五通桥在 1700 年时已有深达 560 公尺的盐井一万个，其中最深的是 1242 公尺。德国地质学家李希霍芬也说四川有数以千计的盐井，在深度 600 公尺处遇盐层，900 公尺处遇瓦斯。

关于四川盐井，半技术性的各种记录很多，钻井方法（如第八图），如压压板，工作时工人在弹性杆的一端上下活动，完成钻井工作，弹性杆的另一端有一重量，提升时则用顶部的滑轮与侧部的辘轳。

图八 四川昔日利用弹性杆钻凿盐井图

钻井技术在第九、十图中说得更清楚。第九图表示开始钻井的阶段，第十图表示正常工作的阶段。

当钻井开始时，井架用简单的竹竿做成（如第九图）。当钻凿到相当深度时，则用较长的竹竿做成井架，各方向用麻绳拉紧以固定之。井架上部用横木加固，在顶部横梁上安置天轮，钻绳经天轮绕过下部滑轮再与大卷筒相接，以为提升土用（如第十图）。

图九 四川钻凿盐井图（钻井初期的布置）

图十 四川钻凿盐井图（已钻至相当深度时的布置）

钻井工具悬于厚板的一端，厚板为当中有支点的杠杆，如压压板。当厚板成水平位置时，钻头恰好接触井底，工人跳上厚板的他端时，则可提升钻具二尺许；当工人跳至下部平台时，钻头由自重而落下，在井底起钻凿作用。四人轮流上下跳跃，每次跳上或跳下二人，如此每分钟可钻击十二次到十五次。

这种设备虽然简单，但具有应备的机械性能，在结构上也很合理，类似近代的顿钻。

这种设备与明代的基本上是相同的，时间上也很相近，当然是明代的成就。

总之，鸦片战争以前的清代矿业发展情况，没有超越明代。

〔末期封建社会及资本主义萌芽时期中国矿业结语〕

五代（907年—960年）大地主经济崩溃了，由于战争，社会经济破败不堪，在矿业上不但没有什么新成就，而且呈现凋敝的状态。

宋（960年—1279年）的小土地所有制经济确立后，农业经济再刺激向前发展，工商业随之发展而出现了手工工场，矿业得到了相应的发展，矿产量一度达到了封建社会的最高点，开拓坑道（倾斜的）达到二百公尺以上的深度，并且应特别指出的是，在1150年左右，在浸析法采矿方面取得了巨大的成就。

元明（1260年—1644年）的封建制度已到达最后阶段，社会经济的内部孕育了资本主义的幼芽，矿业上也取得了新的成就，其凿井技术很符合现代的精神，而煤矿和银矿的开采都具有一定规模，采掘次序十分明确，有了合理的提升和通风方法，并且应用充填法回采矿柱。

鸦片战争前的清代（1644年—1840年）矿业一般没有发展，但值得提出的是清初（1700年左右，可能就是明代），四川钻凿盐井的巨大成就，当时深达560公尺的盐井有一万个，最深的已达1242公尺。

末朝封建社会的矿业时盛时衰，反映了没落的封建主义经济的垂死挣扎。其中资本主义经济的萌芽代表着新的生产力，使采矿技术获得了巨大的成就。

[附] 参考文献

1. 文中已经注明出处的各书，从略。

2. 河南大学史地学系：《中国通史资料选辑》。

3. 范文澜：《中国通史简编》。

4. 刘大白：《五十世纪中国历年表》。

5. 章鸿钊：《古矿录》。

6. 章鸿钊：《石雅》。

7. 中国工程发明史编辑委员会：有关矿业资料卡片。

8.《采矿工程》（英文杂志）卷 54（1916 年）。

9.《历史研究》1955 年 5 期、6 期。

10.《科学通报》1955 年 9 期，1951 年 2 卷 6 期、11 期。

11. 钱伟长：《我国历史上的科学发明》。

12. 马韵珂：《中国矿业史略》。

13. 冯家升：《火药的由来及其传入欧洲的经过》。

14. 顾石臣：《中国十大矿厂调查记》。

15. 彭锡基：《铁》。

16. 谢家荣：《煤》。

17. 谢家荣：《石油》。

国内外采矿现状和发展方向[①]

分三部分来讲：1. 采矿的地位和现状；2. 采矿的工艺过程；3. 采矿的发展趋势。

第一部分　采矿的地位和现状

采矿是生产原料的，它生产燃料，金属和非金属原料，以供冶金、化工、医药等工业的原料。伟大领袖毛主席在建国初期就号召我们要"开发矿业"，1964 年又指出："没有原料，光搞加工工业，就叫做只搞'无米之炊'。"采矿工业是加工工业的原料来源，是国民经济中的基础工业，发展工业以建设社会主义，就得优先发展采掘工业。

采矿的历史最早，有人类就有采矿。猿人时代捡石头作武器就是采矿，以后经过漫长的石器时期、铜器时期、铁器时期。人类工业发展史以石、铜、铁来标志时期，石、铜、铁又都是采矿的产物，这就说明了采矿与人类的关系。这种关系将永远保持着，也就是人类与采矿是共始共终的。人类发展，采矿就发展，矿石永远采不完，矿石的数量

[①] 刘之祥 1977 年 9 月 10 日在首钢的报告稿。

和矿石的种类将是越来越多，采矿的任务和前途越来越大，这就是采矿的地位。

我们知道人类生活的两大需要——物和能。物就是原料，除来自农业外，主要来自采矿。能就是燃料，几乎全部来自采矿。看一看美国 1971 年的能源统计数据，美国能源的 30.5％来自石油，22.7％来自天然气，16.5％来自煤，而石油、天然气和煤都是矿产品。美国来自水力的能源只占 2.8％，来自核能的在 1971 年只占 0.4％，尚微不足道。我国的能源以煤为主，石油和天然气的产量正在快速增长。我国地大物博，矿产储量丰富，为建设社会主义，为保证国家的经济独立自主，在物与能的资源上是有基础的。

美国则不同，工业水平很高，矿产资源不足，不得不依赖进口补充。美国除煤和碱出口外，其他矿产资源都部分依靠进口，尤其是锡、铬、镍、锰、铝、铅、锌，进口的数量都在一半以上。美国年产纯铜 173 万吨，年产石油 6 亿多吨，都居世界第一位，尚每年进口大量铜和石油。专靠对外扩张，廉价由外国剥夺矿产，这种局面是不能永远保持的，所以美国不惜占用大量资金由国外购买矿石，在本国储存起来。这是帝国主义的侵略本性决定的。

世界上的矿产开采量每年都在增加，近年来的统计，每年均增加 3％，到本世纪末，矿产可增加一倍。现在世界上每年采出的矿石总量有 1 万多亿吨，其中铁矿石每年采出 9 亿吨，煤每年 33 亿吨，原油每年 29 亿吨。我国在解放前是一穷二白，解放后矿业发展得很快，现在我国煤产量居世界第三位，仅次于苏联和美国；铁矿石产量居世界第四位，仅次于苏联、澳大利亚和美国；石油产量居世界第十一位，仅次于美国、苏联、沙特阿拉伯、伊朗、委内瑞拉、科威特、利比亚、尼日利亚、伊拉克和印尼。我们要看到，我国由无油国家，没用几年就变成石油出口国家，我国领海的海底石油储量极大，现在海底石油已开始生产，开采石油的前景是广阔的。我国的钢产量由解放前的年产 10 万吨到现在的年产 2000 多万吨，二十多年增加了 200 多倍，还受到"四人帮"的干扰破坏。现在我国钢产量居世界第七位，仅次于苏联、美国、日本、西德、法国和意大利，已赶上了英国。解放后我国的工农业发展速度都是很快的。

随着科学技术的发展和人类对矿石需求的增加，矿山的规模越来越大。现在世界上最大的铁矿，年产量超过了 3000 万吨。美国就有一个年产量 3700 万吨的露天矿，还有年产量 3500 万吨、3200 万吨和 3100 万吨的露天矿，其全员劳动生产率都在每人每班百吨以上，高的达到了每人每班 180 吨，最高的达到了每人每班 500～1000 吨。世界上最大的地下矿是瑞典的基律纳铁矿，年产量为 2400 万吨，井下全部个人的劳动生产率为每人每班 80 吨。采矿的深度也越来越大，美国露天矿的开采深度已达到了 800 米，我国南芬露天铁矿的设计开采深度为 700 多米。世界上最深的地下矿是南非的金矿，深 3500 米，仍继续向下开采，认为可开采到 5000 米深（10 华里深），在经济上仍然合理。其次是印度的金矿，深 3300 米。加拿大最深的地下矿，深度也超过了 2400 米。我国最深的竖井，深度为 1000 米。

现在南非最大的矿井井筒，断面为 10.2 米×12 米（122.4 平方米），井内装配了五个箕斗和四个罐笼，井深为 2370 米。世界上最深的通风井深 2901 米，最长的斜井深 1840 米。美国最深的石油井深 11,740 米（23.48 华里），我国在四川钻凿的最深的石油钻井深 7058 米，合 14 华里多，在世界上也是前列的。世界上最高的井架高 78 米，相当于 20 多层楼的高度，最大的卷扬机 8000 马力，单钢丝绳的最大提升量为 42 吨，最大的水泵每小时能排水 6530 立方米，井下最大的涌水量为每小时 221,200 立方米，最大的扇风机为 3300 马力。用燃气涡轮机车，每小时最高速度达 318 公里。皮带运输机最大的运输量为每小时 2 万吨，运输机的皮带宽度最宽的为 3.05 米，皮带的最快运送速度为每分钟 366 米（每秒钟 6.1 米）。世界上运输机的皮带最长的是在非洲西班牙属的撒哈拉沙漠运磷矿的钢丝夹心皮带。在沙漠中不宜于修路跑汽车或列车，用皮带运输机最经济、最方便。该皮带运输机共长 100 公里，由 10 节组成，最长的一节长 20 公里（40 华里），皮带宽度为 1 米，每小时能运出磷矿石 2000 吨。用管道运煤，直径 24 英寸的运煤管，每年可运煤 1000 万吨。世界上最大的绳索拉铲，铲斗容积为 170 立方米；最大的电铲，铲斗容积为 138 立方米；最大的轮式挖掘机，每小时能挖掘 10,500 立方米；最大的矿用汽车，载重量为 350 吨；最大的牙轮钻，钻孔孔径为 430 毫米。世界上最大的地下采矿机是加拿大地下采钾矿的联合采矿机，机重 230 吨，每分钟能采钾矿 12 吨，并附带有 82 米长的皮带运输机，将钾矿由工作面运出。最大的天井钻进机，钻头重 40 吨。用超前孔并扩孔所钻的天井或风井，其最大的孔径达 5 米。巷道钻进机的最高速度为每天 74 米。采矿的炸药消耗，苏联最多，美国第二。美国煤矿每年用炸药 526,000 吨，金属矿每年用炸药 225,000 吨，其中氨油和浆状炸药占 80% 以上。此外，世界上采出的最大的狗头金，一块重 62.2 公斤；由非洲采出的最大的金刚石，大如拳头；由深海捞取的锰铬核矿，最大的一块重 770 公斤。

以上所述，表示了采矿的现状，也是当前采矿发展的顶峰记录，可以作为参考，以预见将来的采矿发展情况。

第二部分　采矿的工艺过程

什么是采矿？

采矿就是把矿石采下来再运出去，运到选矿厂为止。要想采下来，就要挖掘，挖掘就要进行凿岩爆破（露天矿叫穿孔爆破），进行井巷挖进（露天矿是剥离覆盖面的采装）。要想运出去就需要运搬、运输和提升（露天矿除运矿石外，还要运剥离的废石）。此外还要保证安全，这就又需要有井下通风、支护和排水等工艺，把矿石由地壳开采出来。这是一般采用的工艺，但也有特殊的情况，所用的工艺有所不同。例如：石油和天然气的开采，只钻凿油井并控制地下压力，就能使石油或天然气流出来；在海内开采石油，则先要在海内修建平台，在平台上安设钻塔进行钻井。开采盐矿或钾矿，可用溶液法，将盐矿或钾矿用水溶解出来。开采硫磺，可在钻井中送入高压超热水，把地下硫磺融化后通过管道用气泡泵排出来。开采贫铜矿或贫铀矿（放射性铀）可用浸析法（或叫浸滤法），用酸性水，水内可加入培养的细菌，能将铜或铀由贫矿中浸析出来，所以也叫细菌化学采矿。对贫煤矿也可用地下气化法进行开采，将煤层在地下点燃，经不完全燃烧，变成瓦斯，再通过管道送出来。此外，对于砂矿，可用水枪法开采，也可用采砂船法或吸砂船法开采；对于从深海开采锰结核矿，可用船只和绳索式链斗，也可利用气泡或轻液浮力的原理，将锰结核由两三千米以上的深海海底吸取上来。这些特殊的采矿方法在此不做介绍，下边只谈普通的采矿工艺过程。

采矿方法有两大类：露天法和地下法。矿床埋藏浅的用露天法，埋藏深的用地下法。先谈露天采矿的工艺。露天法又有山坡露天矿和下挖露天矿。山坡露天矿，沿山坡形成台阶式工作面进行开采。下挖露天矿是在地面挖大坑的开采方法，工作面也是台阶式。在台阶上面进行穿孔和爆破工作，在台阶前面进行铲装工作，然后将废石运至废石堆或排土场，矿石运到选矿厂。开废石的工作叫做剥离工作，剥离的废石量与采出的矿石量的比值叫做剥采比。当矿床埋藏深度大，覆盖的岩石层太厚，使露天法的剥采比增高的太大，这时用露天法就不经济了，就得用地下法。露天法的穿孔设备有四种：牙轮钻、潜孔钻、火钻和磕头钻。磕头钻生产率低，在很多国家早已被淘汰，我国现已停止生产，不久即可全部淘汰。火钻只用于铁燧石等极坚硬的矿岩开采中，由于穿孔成本高，近年来多为潜孔钻所代替。我国用潜孔钻的较多，但国外露天矿则以牙轮钻为主。牙轮钻速度快，台班效率达 183 米，直径大，孔径达 250～430 毫米，生产能力强，台年穿爆量达 1200 万吨。我国自制的 250 毫米直径的牙轮钻，台年穿爆量为 230 万吨。爆破主要用铵油炸药和浆状炸药，将化肥硝酸铵混入 6% 的柴油，即成了铵油炸药，因价廉，使用的最多。浆状炸药能防水，爆力大，宜于坚硬的矿岩和湿潮的炮孔，使用的逐渐增多，但浆状炸药比铵油贵 2～6 倍，研制廉价的浆状炸药很有必要。近年来国外在铵油炸药或浆状炸药中加入铝粉，显著增加了爆力，铝粉越多，爆力越大，直到加入铝粉达 20%，我们也应当试验加铝粉的炸药。露头爆破可用单排孔爆破，也可用多排孔微差爆破。多排孔微差爆破，一次爆破量大，矿岩受到挤压作用，爆破质量好，所以国内外使用多排孔微差爆破的越来越多。一次爆破 3～6 排，多的达 8～10 排，最多的一次达到 20～25 排。露天运输有汽车和铁路两种，当运输距离长时铁路比较经济，汽车机动灵活能爬坡，在露天矿使用的越来越多。我国露天矿用铁路运输的占 60%。美国的大型露天矿中只有两个矿因矿石的运输距离大，超过了 5 公里，使用铁路运输，但废石仍用汽车运输，其他 20 多个大型露天矿都是用汽车运输。露头运输的汽车，在美国、加拿大和澳大利亚大型矿山，汽车载重量一般是 100～120 吨，多数是柴油发动电动轮汽车，近年来又出现了载重 200～350 吨的汽车。我国南芬铁矿使用的有自制的 60 吨汽车和进口的 120 吨汽车。装车用的电铲国外常用的铲斗容积为 6～12 立方米，我国大孤山铁矿有 9.2 立方米的电铲。一般是 3～4 铲装满一车，配合 120 吨的汽车，最好是用 13～19 立方米的电铲。前面提到的 138 立方米的电铲，是专为剥离用的捣堆电铲，对水平煤层上边的风化覆盖岩石，不用爆破，用电铲直接挖掉并捣弃到废石堆。此电铲自重 13,200 吨，共有动力 50,000 马力，铲臂长 65.6 米，废石可捣弃到 1300 米以外，每年的生产能力为 46,000,000 立方米。露天矿的边坡角度关系很大，边坡角太小，增加了剥离量，不经济。据统计，边坡角每降低一度，可增加 4% 的剥离量。根据我国南芬铁矿的计算，边坡角每降低一度，就要多剥离 20,000 立方米的废石。但边坡角也不能太大，太大则影响了边角稳定性，容易产生滑坡事故。美国的宾哈姆·康诺露天矿在采深到 467 米时发生大面积滑坡，滑坡总量将近 1600 万吨，整个矿坑的一半被滑落体所掩埋。苏联的马格尼托·格尔斯克露天矿沿 200 米宽的工作线，八个台阶同时滑落，清理量达 200 万吨。因此研究露天矿边坡的稳定性以便正确地选取边坡角，是露天开采的一个重要问题。防止边坡滑落事故的方法如下：可在边坡上加锚杆支护以加固边坡；也可对最终边坡的爆破用缓冲爆破法或预裂爆破技术，或用排间和孔间的不同微差爆破，以免边坡在爆破时震伤；或在边坡上测量裂缝错动和地压的变化，以便加以预防。

现在谈地下采矿的工艺。

地下采矿的工艺比较复杂。地下采矿只采矿石，不采废石。首先由地面开井筒或平硐，在地下再开巷道通达矿体，叫作开拓工程；在矿体内再开一系列为采矿做准备的巷道和天井，叫作采准工程；采准完后，有了采矿工作面，然后进行采矿。把矿体分成不同的水平层，每个水平层又分成若干个矿块，按矿块有步骤地进行采矿。常用的采矿法有空场法、充填法、崩落法等，这是根据矿岩性质和矿石品位而定的。古老的采矿法充填法，用水砂自动充填，现在又活跃起来，生产率达到了每人每班 35 吨。新兴的采矿法，工作面装车的分段崩落法，各国都在推广使用。用地下采矿法，矿石一般不能采完，采不出来的叫作损失，矿石中混入废石的叫作贫化。对于品位富而贵重的矿床，要选取损失较小和贫化较少的采矿方法，如充填法。对于大型贫矿床，要选取生产能力强和成本低的采矿方法，如无底柱工作面装车的分段崩落法。

采矿程序是由工作面用凿岩爆破把矿石采下来，大块的要用二次破碎，再用电耙和漏斗把矿石放出，矿石在巷道内装车运至井底，经矿仓装入箕斗，再提升到地面，又经井口矿仓装入矿车运送至选矿场。由于多次转运，限制了生产能力，所以近年来有一种想法，由地下工作面用无轨运输经回转倾斜道一直运送到地面。国外新矿山有的是按这种方法设计的，也有旧矿山是按这种方法改造的，所谓回转倾斜道采矿。倾斜道的坡度一般为 10％ 至 12％，美国矿山将汽车轮胎上加上铠装铁链，使倾斜道坡度增大到17％。实践证明，这种方法能提高产量和降低成本，有发展前途。

地下法应保证安全，需要通风、照明和排水，尤其需要支护。地下支护的方法很多，在钻孔内加入锚杆来支护的方法的应用逐渐增多。用于支护的锚杆有压缩木锚杆，有楔缝式锚杆，有胀圈式锚杆，有钢钎加水泥砂浆的锚杆，有钢丝绳加水泥砂浆的锚杆，有先放水泥砂浆再打进钢钎的锚杆，有在底部加树脂以增强锚固力的锚杆，有让压锚杆，有全身注入聚酯树脂的锚杆，对松软岩石有铁管式的炸药锚杆。最近美国又出现了不用铁杆的锚杆支护，用泵将树脂和纤维玻璃注入孔内，即成锚杆，所谓泵注锚杆。经过试验，证明 1 英寸直径的这种锚杆与 5/8 英寸直径的钢杆锚杆，其抗拉能力相等。锚杆的外端加托板或金属网，乃至在外部又喷射一层水泥砂浆或混凝土，支护效果很好。用全身注入树脂的锚杆，因树脂较贵，为节省树脂，孔径较小，一般是杠杆直径1 英寸，孔径 1 英寸。近年来国外有用树脂或其他化学薄膜材料并加入速凝催化剂，注入顶板的裂缝内以加固顶板和防止涌水，但成本较高，只有在十分特殊的情况下才值得使用。

第三部分　采矿的发展趋势

在发展趋势方面，想只谈四个问题：一个是发展科学技术，一个是提高劳动生产率，一个是寻找富矿，一个是重视环境保护。

一、发展科学技术

工业发展史分石器时期、铜器时期和铁器时期，现在是什么时期？有人认为仍是铁器时期，也有人认为是电气时期、塑料时期或原子时期等，但近来有很多人说现在已进入了科学技术时期，可见科学技术对现代工农业的发展有很大的作用，占据着很重要的地位。我国大力开展科技研究工作，原因也在于此。科技研究应当走到生产前面，才能促进或带动生产前进。在国外，矿山的科研人员数目有的能占全矿人数的 20%，科研成果的收益，大大超过科研经费的支出。现在采矿工业已由工艺性质进入科学性质，先进技术和先进设备不断增加，机械化和自动化水平不断提高，电子计算机在矿山上的应用越来越多。如电子计算机已应用于地质勘探测量、矿山储量计算、露天矿山设计、矿山机械设备选择、损失贫化统计、矿山经营管理、通风网路自动控制、利用电视集中控制运输作业线等，以及岩石力学、运输系统、生产程序、选矿流程、财务分析和会计等。最早在矿山上使用电子计算机的是加拿大地下铅锌矿，1950 年即开始使用 IBM 360/44 型计算机来进行测量，以及矿石储量、岩石力学和会计上的计算。英国有用 γ 射线控制截煤机的无人采煤工作面，由一人在 50 米以外的巷道处进行遥控。瑞典矿山设置有中心控制室，用电子计算机由一人操控列车的自动装车、运行和卸矿，又有由一人操控的多机凿岩台车，由开孔到凿岩到退出钎子，整个过程不用人管理。加拿大国际镍矿公司有一条完全自动化的铁路。露天矿的大型穿孔机和电铲已能实行遥控，地下矿的通风温度有自动记录的仪表。随着岩石力学的发展，已有许多精密仪器能精确测出岩石的微细错动和地压改变，甚至可以预报可能发生的突然冒顶和塌方的时间。为了抢救井下遇难人员，利用了无线电通讯装置和红外线技术。矿山上由局部作业的自动化将来如何发展到整个采矿过程的自动化，是国内外采矿研究的主要和最大的课题。在凿岩方面，研究的有电弧、电热、电子束、核子等离子、激光高频电流、电感应、火钻及冷热交错钻。用 480℃ 的超热蒸汽与 −196℃ 的液氮交替地高压冲击中硬以下的岩石，可穿直径 450 毫米的孔，每小时能钻进 10 米。看来工业的发展，包括采矿工业的发展，有赖于科技的发展。日本和德国大战后工业恢复的那样快，就在于此。

二、提高劳动生产率

劳动生产率是提高生产效率、降低成本的一个综合指标，各国都在提高劳动生产率上千方百计地努力。我国矿山的劳动生产率还相当低，就地下金属矿与瑞典比较，如下表：

	坑内工人［吨/（人·班）］	全员［吨/（人·班）］
中国地下铁矿平均劳动生产率	1.7～3.7	0.91
中国地下有色金属矿平均劳动生产率	1.39	0.72
瑞典地下铁矿平均劳动生产率	30（11 倍）	12（13 倍）
瑞典地下有色金属矿平均劳动生产率	14.3（10 倍）	5（7 倍）

可以看到，瑞典地下铁矿坑内工人平均劳动生产率是我国的 11 倍，全员劳动生产率是我国的 13 倍；瑞典地下有色金属矿坑内工人平均劳动生产率是我国的 10 倍，全员

劳动生产率是我国的 7 倍。所以提高劳动生产率，是我国的重要发展方向，是当务之急。国内外提高劳动生产率的措施很多，兹列举几种如下：

1. 调动人的积极性。加强领导，加强管理，建立合理的规章制度、岗位责任制，关心职工生活，发挥人的积极性和能动性。我国南芬露天铁矿用 4 立方米的电铲达到每台年 270 万吨的效率，超过了美国用 4 立方米电铲的最高效率[248 万吨/(台·年)]，可见人的积极性作用很大。

2. 加强科研，改进技术，培训技工，提高技术工人的操作水平和设备的维修水平，这就提高了设备的利用率，提高了设备的生产能力并延长了设备的使用寿命，同时也就提高了劳动生产率。

3. 利用大型设备和高效设备，这是提高劳动生产率的重要措施。如大型露天矿的大牙轮钻机、大电铲和大汽车，中小型露天矿的 7.5 立方米的前端式铲运机。在地下矿的无轨设备，如柴油驱动的装运卸设备、自行凿岩台车等。地下矿山用无轨设备能增加产量，降低成本，提高劳动生产率。国外矿山使用无轨设备的越来越多。据调查，世界上有 75% 的大中型地下矿山都使用了无轨设备。我国大庙铁矿使用无轨设备，提高了产量，使地下工作面工人的劳动生产率提高到了 24.1 吨/(人·班)。地下无轨设备肯定有发展前途，但无轨设备要用柴油驱动，它的缺点是，空气被污染，轮胎磨损严重。补救的方法是加强通风，装设有效的净化装置和用混凝土铺平道路。液压设备效率高，法国制造的液压凿岩机，能量消耗比风动凿岩机少 75%，凿岩速度提高 50%，看来有替代风动凿岩机的趋势。我国也正在研制一些液压设备。

4. 用连续性作业设备代替周期循环性作业设备，连续性很重要，对提高生产效率作用很大。

在掘进方面。一般的井巷掘进方法，需要凿岩、爆破、通风、运搬、支护等循环性作业，而新的平巷联合钻进机、天井或风井的联合钻进机，都属于连续性掘进设备，掘进速度快，掘进质量好，需要人员少，极大地提高了劳动生产率。自 1962 年美国制成第一台天井钻进机以来，到 1970 年初，各国共有 50 多台，已钻进天井 27,000~36,000 米，平均速度为每月 150~200 米。美国德赛公司最近的隧道联合钻进机，能钻 6 米直径的巷道，在中硬岩中达到了每日钻进隧道 74 米，掘进速度远远超过了普通凿岩爆破的掘进方法，所以有人估计到 1980 年美国将有 80% 的隧道要使用这种隧道钻进机。

在运输方面。管道运输是一种连续运输技术，皮带运输机是一种连续运输设备，二者生产率高，成本低，具有发展前途。美国在半世纪前，运送石油和天然气的管道铺设遍布全国，极大地降低了运输成本，发挥了利用管道作流体运输的优越性。嗣后扩大了管道运输的范围，如美国有 115 公里长的运硬沥青的管道，有 173 公里长的运煤的管道，有运铁矿精矿粉的管道，用 12 英寸的管，每年可运送铁矿精矿粉 400 万吨。皮带运输机由于是连续性的运输设备，生产能力高，运输成本低，又能在 30% 的坡度上向上运输，除撒哈拉有最长的皮带运输机外，单节皮带长度超过 10 华里的，国外还有好几处。最近国外的深露天矿已开始使用皮带运输机运输矿石，但在采场必须用移动式或半固定式破碎机，将矿石进行破碎后，才能通过矿仓送入皮带进行运输。

关于采矿。连续性设备有前边已提到的钾矿联合采矿机，不用凿岩爆破，连续不断地采矿石并用皮带连续地运出去。此外尚有采煤的联合截煤机、采软矿的悬臂式采矿机、采砂矿的水枪和水力吸砂船等，都是连续性的生产设备，生产效率都很高。

三、寻找富矿

要想发展采矿工业，首先要有丰富的矿源。丰富的矿源来自矿产勘探，所以应当重视找矿工作。世界各国都在重视矿床的勘探工作，改进了勘探手段，如人造卫星雷达照相探矿、航空探矿、地球物理探矿、地球化学探矿和钻探。又制造了多种新的地球物理探矿仪，在这方面加拿大走在世界的前头。我国目前缺乏富矿，近处和浅处的富矿不太多了。要解决这个问题，就得扩大探矿范围，利用地球物理探矿方法和钻探方法在边远地带和地壳的深部进行勘探，以便寻求富矿和奇缺的矿床；也可在浅海海底勘探石油、天然气和砂矿，在深海海底勘探锰结核矿。锰结核内含有铜、镍、钴、锰等金属。锰结核的储量之大是惊人的，据估计，有 2～3 万亿吨的储量，以太平洋的为最富。我国是濒临太平洋的国家，对此当不能忽视。

四、重视环境保护

近年来世界上的空气污染（包括烟尘污染、毒气污染和声音的污染）、水污染（包括河渠污染、地下水污染和湖海的污染）越来越严重，由采矿所占据的和破坏的地皮也越来越多，不得不引起极大的重视，所以环境保护工作已提到当前的日程上来。爆破对空气会造成很严重的污染，尤其是露天大爆破，对空气污染更严重。居民点和工人村应当位于露天矿的上风头，不应在下风头。国外最近设计的露天矿，工人住宅区有的在离矿山很远的地方或在市区，每天上下班利用汽车或火车。露天采矿场，尤其是废石场和尾矿坝占用了很大的地皮，甚至占用了农田，破坏了自然环境，对此应当重视，应当采取措施，有计划地恢复自然环境和恢复农田。国外有撒草籽改成牧场的，有撒树籽改为森林的，有加以平整作为建筑基地的，也有改为运动场和风景区的。我国覆土造田的工作进行得很好，如阜新新邱东露天矿、湖北铜录山矿、阳泉 501 矿、湖南 601 砂矿、广东横山矿和山东祥山铁矿等，对覆土造田、筑坝围田，乃至覆盖一层含磷尾矿以便日后作为麦田，都有显著成绩。覆土造田，消除污染，在资本主义国家有法律规定。我们应当批判"建矿占地有理，覆土吃亏，污染不管"的错误思想，把覆土造田和消除污染的工作列入开采计划中，作为必须完成的任务来对待。

总之，我们当前的任务是，在本世纪内达到四个现代化，在生产上赶上和超过美国。就拿钢铁来说，我国多是贫铁矿，每炼 1 吨钢就要用 3.5 吨铁矿石，本世纪末生产 1.5 亿吨钢，就要用 5 亿多吨矿石，确实是一个大而艰巨的任务。但要看到废钢回炉在炼钢上占的比重越来越大，日本 1974 年产钢 1.178 亿吨，主要靠废钢回炉，用的铁矿石并不多。美国 1974 年产钢 1.32 亿吨，产高炉铁矿石只 0.84 亿吨，钢比铁矿石还多。1974 年世界产钢量共 7.1 亿吨，产高炉铁矿石共 8.1 亿吨，铁矿石比钢略多些。我国到本世纪末废钢回炉必然增加，我们就按 1974 年的世界钢总量和铁矿石总消耗量的比例来计算，到那时我国年产 1.5 亿吨钢，1.7 亿吨高炉铁矿石就够用了，折合成贫铁矿石，也不过 3 亿多吨。我今年 75 岁，我希望还能看到祖国 50 周年的大庆。到那时，我国业已变成高度繁荣昌盛的社会主义现代化强国，这是多么美好的前景呀！让我们为争取这一美好未来的早日到来而共同努力奋斗吧！

二、中国海洋矿产资源开发研究的开创者

按　语

刘之祥从上世纪六十年代中期就开始关注世界海洋矿产资源的勘探和开发，至七十年代中期，这个课题一直是他关注的重点。他先后发表了《开发海洋矿产资源》《海底采矿》等著作和论文。

刘之祥的专著《开发海洋矿产资源》，是我国开展海洋矿产资源开发研究的开山之作，他本人也因此而成为我国这一领域的开创者。这项研究成果在我国具有前沿性、开拓性。

《开发海洋矿产资源》一书全景式地展现了那个年代世界海洋矿产资源的研究成果，对海水、海底包括浅海和深海矿产资源状况，海底矿产资源的勘探和开采方法，都进行了详细考察和分析，提出了自己的认识和评价，数据翔实，配有图表。刘之祥关注和研究这个课题时，世界发达国家对此也仅有几十年的研究历史，研究、勘探和开采各个领域都处在初期阶段，资料有限，在当时可谓前沿领域。在国内，当时有海盐、海砂开采，偶有提及石油资源。那个年代人们普遍认为陆地矿产资源是取之不尽的，海洋矿产资源开发尚未提上日程。"文化大革命"期间，刘之祥在不断接受批判、写检查的同时，在没有单位可以立项、没有经费来源的情况下，进入了如大海一样茫茫无边的研究领域。

《冶金报》1986年2月18日发表了该报记者郭永涛采访刘之祥的新闻稿——《辛勤劳作六十年——记住北京钢铁学院刘之祥教授》。文中说："七十年代刘教授出版的海洋矿产资源开发的研究著作是我国海洋采矿方面最早的也是唯一的著作。"

刘之祥进行这个领域的研究，不仅有一个学者对科学前沿领域的浓厚兴趣，更让我们感受到一个爱国者对维护国家海洋权益，维护和开发国家海洋矿产资源的使命感和责任感。他在1971年的手稿中说："现在美国想把我国的神圣领土钓鱼岛等岛屿随冲绳岛交还日本，并阴谋计划与日本共同勘探我国钓鱼岛附近的海洋石油等矿产资源，直接侵略我国的领土和领海主权，这是绝对不能容忍的。"前辈几十年前说的话已成历史，但在现实中历史一直延续至今，我们晚辈应该从中受到教育。

刘之祥从事这个领域研究的时候，国内无理论成果可供借鉴，也无工业实践可供总结，是难能可贵的探索。这不是鸿篇巨制，但它在我国这个领域实现从无到有的突破发挥了先导作用，对国人的警醒意义不可低估。

该著作于1972年8月由科学出版社出版。

开发海洋矿产资源

目 录

引 言

矿产是现代工业的重要资源。近年来工业的突飞猛进，对原料的要求与日俱增，所要求矿产资源的数量和种类越来越多。为此，不仅要合理地开采、利用陆地上的矿产资源，海洋矿产资源的开发也具有很重要的意义。

陆地矿产资源的开发已有着悠久的历史。迄今为止，人类大约经历了一百多万年的历史，主要是经历了漫长的石器时期，以后又有铜器时期、铁器时期等。人类发展史上的几个标志——石器、铜器、铁器等都是直接与矿产资源的开发有联系的。

海洋矿产资源的开发仅是近几十年的事。但是，由于海洋在地球上所占的面积比陆地大得多，同时由于海洋的特殊条件，其蕴藏的矿产资源相当可观。随着科学技术的发展，人们对海洋的认识不断增加，目前大规模开发海洋资源已引起不少国家的注意。

"美帝"和"苏修"两个超级大国为了霸占和瓜分全球的海洋资源，近年来派遣了不少的海洋资源勘探船只和航空物理勘探飞机到全球的各大海洋中进行活动。正如伟大领袖毛主席指出的："美国确实有科学，有技术，可惜抓在资本家手里，不抓在人民手里，其用处就是对内剥削和压迫，对外侵略和杀人。""美帝"和"苏修"的"勘探"和"考察"，在军事上主要是为其横行在世界各海洋上的海军舰只推行其侵略政策服务；在经济上是为了霸占和掠夺丰富的海洋资源，剥削和奴役中小国家。

海洋矿产资源是如何生成的呢？我们知道，地球已有大约 60 亿年的历史，在这悠久的历史过程中，它永远在变动而一天也没有停止过。目前我们所指的地壳业已经过大大小小的无数次变动，包括了"沧桑"的互变。通过地壳中岩浆和热液的活动以及地壳表面剥蚀搬运和沉积作用，形成了现在的各种矿床（其中有陆地的矿床和海底的矿床）。海水蒸发变成雨，雨水冲蚀并由陆地上溶解一部分矿物流入海内，海水逐渐变咸，以致现在的海水中含有3.5％的矿物质——这就是海水内的矿物资源。由此看来，不论是陆地矿床、海底矿床或是海水内的矿产资源，都是与地球的发展史直接相关的，是在地球发展过程中按其自然规律生成的。

海洋中究竟有哪些有经济价值的矿产和有多少矿产资源？如何勘探？怎样开发？这就是本小册子所要介绍的内容。下面我们分别对此做简要的介绍。

第一章　海水中的矿产资源及其开发情况

地球上的水绝大多数是海水（即海洋水）。地球表面面积为510,100,000平方公里，其中大陆只占地球表面面积的29％，海洋占71％。海洋平均深度为4117米，最深处达11,034米。假若地球表面没有高低起伏，也就没有陆地了，它将全部为2700米深的海水所包围。在地球的总水量中，海水约占97％，淡水只占3％。在淡水中大多数是冻结的淡水，占总水量的2.25％，主要在南极洲，南极洲冰层的厚度达2300米，所以液体淡水只占总水量的0.75％。在液体淡水中，又以地下液体淡水为主，占总水量的0.525％，地面液体淡水只占总水量的0.225％。由此可见海水比地面液体淡水（包括江河湖泽等）要多400多倍。若用数量来表示，以前估计海水总量为15.5亿立方公里，以后估计为14,869亿立方公里。根据最近的估计，海水总量为13.7亿立方公里。

海水数量既如此之多，我们现在再看它的成分吧。纯水是氧与氢的化合物，氧与氢在水中的重量比例为8∶1。海水并不是纯水，它里边溶解有大量的杂质，其中以食盐为主。按重量比例，杂质平均占海水的3.5％（但地中海含杂质3.8％，红海含杂质4％），杂质的总数量约为4.8亿亿吨。杂质中所含的元素有60多种，其实是无所不有。在含量的比值上，虽然大多数是微量的，但在数量上若以吨来计，却达到了惊人的数字。

现将海水的成分，包括纯水中的氧和氢以及杂质中的61种元素，列表如下：

表1　海水中所含各种元素的数量表

元素名称	海水中各元素的浓度（每吨海水含各元素的克数，克/吨）	海水中所含各元素的总数量（吨）	
		原表的数据	修改后的数据
氧（O）	857,000	$1328 (10)^{15}$	$1174 (10)^{15}$
氢（H）	108,000	$167 (10)^{15}$	$148 (10)^{15}$
氯（Cl）	19,000	$29.3 (10)^{15}$	$26 (10)^{15}$
钠（Na）	10,500	$16.3 (10)^{15}$	$14 (10)^{15}$
镁（Mg）	1350	$2.1 (10)^{15}$	$1.8 (10)^{15}$
硫（S）	885	$1.4 (10)^{15}$	$1.19 (10)^{15}$
钙（Ca）	400	$0.6 (10)^{15}$	$0.55 (10)^{15}$

元素名称	海水中各元素的浓度 （每吨海水含各元素的克数，克/吨）	海水中所含各元素的总数量（吨）	
		原表的数据	修改后的数据
钾（K）	380	$0.6\ (10)^{15}$	$0.5\ (10)^{15}$
溴（Br）	65	$0.1\ (10)^{15}$	$0.089\ (10)^{15}$
碳（C）	28	$0.04\ (10)^{15}$	$0.035\ (10)^{15}$
锶（Sr）	8	$12,000\ (10)^9$	$11,000\ (10)^9$
硼（B）	4.6	$7100\ (10)^9$	$6400\ (10)^9$
硅（Si）	3	$4700\ (10)^9$	$4100\ (10)^9$
氟（F）	1.3	$2000\ (10)^9$	$1780\ (10)^9$
锕（Ac）	0.6	$930\ (10)^9$	$820\ (10)^9$
氮（N）	0.5	$780\ (10)^9$	$680\ (10)^9$
锂（Li）	0.17	$260\ (10)^9$	$230\ (10)^9$
铷（Rb）	0.12	$190\ (10)^9$	$164\ (10)^9$
磷（P）	0.07	$110\ (10)^9$	$96\ (10)^9$
碘（I）	0.06	$93\ (10)^9$	$82\ (10)^9$
钡（Ba）	0.03	$47\ (10)^9$	$41\ (10)^9$
铟（In）	0.02	$31\ (10)^9$	$27.4\ (10)^9$
锌（Zn）	0.01	$16\ (10)^9$	$13.7\ (10)^9$
铁（Fe）	0.01	$16\ (10)^9$	$13.7\ (10)^9$
铝（Al）	0.01	$16\ (10)^9$	$13.7\ (10)^9$
钼（Mo）	0.01	$16\ (10)^9$	$13.7\ (10)^9$
硒（Se）	0.004	$6\ (10)^9$	$5.5\ (10)^9$
锡（Sn）	0.003	$5\ (10)^9$	$4.1\ (10)^9$
铜（Cu）	0.003	$5\ (10)^9$	$4.1\ (10)^9$
砷（As）	0.003	$5\ (10)^9$	$4.1\ (10)^9$
铀（U）	0.003	$5\ (10)^9$	$4.1\ (10)^9$
镍（Ni）	0.002	$3\ (10)^9$	$2.74\ (10)^9$
钒（V）	0.002	$3\ (10)^9$	$2.74\ (10)^9$
锰（Mn）	0.002	$3\ (10)^9$	$2.74\ (10)^9$
钛（Ti）	0.001	$1.5\ (10)^9$	$1.37\ (10)^9$
锑（Sb）	0.0005	$0.8\ (10)^9$	$0.68\ (10)^9$
钴（Co）	0.0005	$0.8\ (10)^9$	$0.68\ (10)^9$

续表

元素名称	海水中各元素的浓度（每吨海水含各元素的克数，克/吨）	海水中所含各元素的总数量（吨）	
		原表的数据	修改后的数据
铯（Cs）	0.0005	$0.8(10)^9$	$0.68(10)^9$
铈（Ce）	0.0004	$0.6(10)^9$	$0.55(10)^9$
钇（Y）	0.0003	$5(10)^8$	$4.1(10)^8$
银（Ag）	0.0003	$5(10)^8$	$4.1(10)^8$
镧（La）	0.0003	$5(10)^8$	$4.1(10)^8$
氪（Kr）	0.0003	$5(10)^8$	$4.1(10)^8$
氖（Ne）	0.0001	$150(10)^6$	$137(10)^6$
镉（Cd）	0.0001	$150(10)^6$	$137(10)^6$
钨（W）	0.0001	$150(10)^6$	$137(10)^6$
氙（Xe）	0.0001	$150(10)^6$	$137(10)^6$
锗（Ge）	0.00007	$110(10)^6$	$96(10)^6$
铬（Cr）	0.00005	$78(10)^6$	$68(10)^6$
钍（Th）	0.00005	$78(10)^6$	$68(10)^6$
钪（Sc）	0.00004	$62(10)^6$	$55(10)^6$
铅（Pb）	0.00003	$46(10)^6$	$41(10)^6$
汞（Hg）	0.00003	$46(10)^6$	$41(10)^6$
镓（Ga）	0.00003	$46(10)^6$	$41(10)^6$
铋（Bi）	0.00002	$31(10)^6$	$27.4(10)^6$
铌（Nb）	0.00001	$15(10)^6$	$13.7(10)^6$
铊（Tl）	0.00001	$15(10)^6$	$13.7(10)^6$
氦（He）	0.000005	$8(10)^6$	$6.8(10)^6$
金（Au）	0.000004	$6(10)^6$	$5.5(10)^6$
铍（Be）	0.0000006	$9.3(10)^5$	$8.2(10)^5$
镤（Pa）	$2(10)^{-9}$	3000	2740
镭（Ra）	$1(10)^{-10}$	150	137
氡（Rn）	$0.6(10)^{-15}$	$1(10)^{-3}$	$8.2(10)^{-4}$

此表的前三栏是根据戈得博（E. D. Goldberg）1963年发表的数据，但第三栏的数据偏高了些，这是由于将海水总量估计得过高的缘故。因此作者又增添了第四栏，这一栏是根据海水总量的新数据13.7亿立方公里计算出来的，也就是用第四栏代替了第三栏。

世界各洋海水中所含杂质和各种元素的浓度是不一致的，对某一地区来说可能有所出入。

由表1可以看到，海水中的资源种类极多，数量极大。在常见的金属中，就有铁137亿吨、铝137亿吨、钼137亿吨、锡41亿吨、铜41亿吨、铀41亿吨、镍27.4亿吨、锰27.4亿吨、钴6.8亿吨、银4.1亿吨、铬6800万吨、铅4100万吨和黄金550万吨等。

海水中的矿产资源虽多，但在含量的比值上还是微小的，因此除几种资源外，在现阶段大多数尚没有进行工业生产。现在进行工业生产的只有食盐、镁、溴、钾、钙、人造淡水等，其余如由海水内提铀等正在试验研究，并将应用于生产。食盐自有史以来沿海各地都在进行生产，现世界上每年由海水中生产食盐约1亿吨。廉价生产食盐也要求有适当的地理条件，如我国汉沽一带，海滩地形很平缓，于涨潮时可引进大面积的海水，由于日晒和风吹，水蒸发后，盐即凝固出来。由海水中提镁已有三十年的历史，很多国家都在进行海水提镁工作。现在由海水中提镁已成为金属镁产量的主要部分。水也是矿物的一种。海水脱盐生产淡水是一种新工业。根据不完全统计，1964年生产的淡水有60,000,000吨。近年来由于技术不断改进，新设备不断出现（如多级闪急蒸馏化装置、离子交换膜淡化装置和反渗透淡化装置等），海水淡化发展很快，不仅生产淡水，同时还生产很多副产品，海水中提溴、提钾、提钙的工业生产也都在进行。

海水中含铀总量41亿吨（表1），在陆地上探明的铀储量只有100多万吨，约为海水中铀储量的三万分之一，所以很多国家都在进行海水提铀的试验研究，尤其英国、日本、西德这些缺铀的国家，在这方面已经获得初步成功。1吨海水内只含铀3毫克，这种微量的铀必须利用吸着剂吸着出来。钛酸是最好的吸着剂，硫化铅、金属皂、方铅矿、氢氧化铬、氢氧化铅都可作吸着剂。英国试验的结果，1克钛酸对铀的吸着量为500微克。日本试验的结果，1克钛酸能吸着200微克的铀。但用均一沉淀法制备钛酸，使其保持弱酸性，在把它加入海水中时进行搅拌，使钛酸的吸着能力提高，这样，1克钛酸能吸着1500微克的铀。日本又用氢氧化铅等与活性炭混合从海水中提铀，效果也比较好，1克金属能吸着300微克铀。西德则利用合成群青进行离子交换从海水中提铀。合成群青是一种蓝色的无机颜料，价廉而有效，但仍处于试验阶段。看来，由海水中提铀在技术上已获得初步成功，日本和英国都计划要进行工业生产。此外，由海水中提金，30年前法国曾进行过生产，因成本高而停止，但亏损率并不太大，将来经技术改进，由海水中提金尚能实现。由海水中能提取的元素，随科学的发展将会越来越多。

第二章　海底矿产资源

海底面积为361,160,000平方公里，比陆地面积大两倍多。大陆和海底在地质上虽然都属于地壳，但区别还是很大的。总的来讲，地壳在大陆较厚些，在海底较薄些；其岩石的组成也有所不同，地壳的岩石在大陆其容重较小些，在海底其容重较大些。

大陆的地壳大致分为三层：表层厚度为0至10公里，内含浮土、沉积岩、火成岩和变质岩，由于经受的地质变动较多，而产生各种矿体；中间为花岗岩类型的岩石，容重为 2.8 克/立方厘米，花岗岩内也有矿床；下层为玄武岩层，容重为 3.3 克/立方厘米，玄武岩内基本上没有矿床或者矿床较少。这三层的总厚度平均为 33 公里，最薄的地区为 10 公里，最厚的达 50 公里。地壳以下是地幔（亚地壳），其容重更大，据推测是均质的超基性岩石，其厚度为 2900 公里，是地球的主要部分（图 1）。地幔的情况至今了解的还不多。

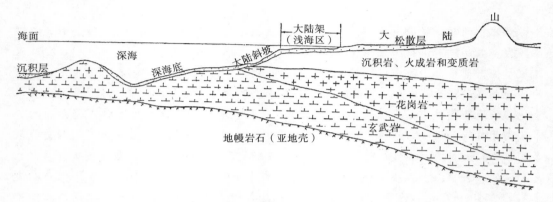

图 1　地壳剖面示意图

深海的地壳也分三层：表层是海水，平均厚度为 4 公里；中层是松软层，以软泥为主，平均厚度为 0.6 公里，其表面有时有锰矿瘤（锰铁结核）的薄层矿床，是将来开发深海矿产资源的主要对象，个别的软泥层也有经济价值；下层是玄武岩，厚约 7 公里，其中矿床很少。再下就是地幔。如图 1 所示，海洋处地壳较薄，大陆的地壳较厚，为了保持平衡，地幔承受大陆地壳的重量，就被压低了些。

深海与大陆之间是浅海，这个区域叫作大陆架（也叫大陆棚），它是海水深度为 0 到 200 米的靠近大陆的浅海区，此处地壳与大陆地壳相似，但沉积层比较厚些，因此富有各种沉积矿床。世界上大陆架面积为 2800 万平方公里，占海洋总面积的 7.6%，是开发资源的主要地区。大陆架以外是大陆斜坡，大陆斜坡以外是深海。

大陆上原有的矿床，经过风化、剥融和搬运，流入海内，在大陆架上形成浅海沉积矿床。在冰川时期，其海面比现在海面要低 45 米到 150 米。今日的浅海，当年可能是大陆，如在大洋洲和阿拉斯加的浅海中发现了古代河床沉积物和海滩沉积层，这就说明了现在的浅海中也有当年的陆地沉积矿床。

浅海海底既有很厚的沉积层，又富有石油、天然气、煤、铁、硫磺、石膏、盐和各种重金属矿，而深海海底只在软泥层中有矿床。为此，浅海矿床比深海富，种类也多，又易于开采。目前海底矿产资源的勘探和开采工作主要在浅海中进行，这是符合由近及远、由浅入深和由易而难的开发顺序的规律的。

一、浅海海底矿产资源

浅海海底矿产资源种类繁多，分布很广，可分为以下三种：（1）流体矿床，如石油、天然瓦斯和浓盐液等；（2）坚硬整体矿床，如煤、铁、硫磺、石膏等；（3）松软矿床，如各种砂矿床，包括金刚石、锡石、磁铁矿砂、金、重晶石、海绿石、锆石、金红石、钛铁矿、独居石、磷矿瘤、生物磷、银、铂、锰、石榴石、铬矿、贝壳、钙质砂及砂砾等。现将已经进行开采的和其开采地点列于表2。

表2　浅海海底矿床的种类、位置和产地

名　称	类　型	位　置	开采地点
石油、天然瓦斯	砂岩中流体矿床	浅海	墨西哥湾、波斯湾、加利福尼亚岸外、非洲、欧洲北海等
铁矿床	坚硬矿体	近岸浅海	芬兰、加拿大、纽芬兰等
煤矿	坚硬煤层	近岸浅海	日本、土耳其、英国、加拿大
硫磺矿	坚硬矿床	浅海	墨西哥湾
盐	砂岩中浓盐液	浅海	红海
金刚石	砂矿	浅海	南非岸外
锡石	砂矿	浅海	泰国、印尼、马来西亚、英国
铁砂矿	磁铁矿砂	浅海	日本、苏联、智利
金	砂金矿	浅海	智利、美国北部西岸外和阿拉斯加
重晶石	砂矿	浅海	斯里兰卡、美国西岸外
海绿石	砂矿	浅海和半深海	美国
锆石	砂矿	浅海	大洋洲
钛矿	钛铁矿砂	浅海	大洋洲、南非、西印度群岛、波罗的海
金红石	砂矿	浅海	大洋洲
生物磷	鲨鱼齿、鲸骨	浅海	太平洋、大西洋、印度洋
银	砂矿	浅海	美国西岸外、阿拉斯加
铂	砂矿	浅海	美国西岸外、阿拉斯加
石灰质	贝壳、钙质砂	浅海	冰岛、美国西岸、阿拉斯加、英国等
石榴石	砂矿	浅海	美国北部西岸外等
砂砾	砂砾层	海滨和浅海	英国、美国西岸外等
磷矿	磷矿瘤	浅海和半深海	美国西岸外、南非
锰矿	锰铁结核	浅海、深海（主要）	印度洋、墨西哥湾

1. 海底流体矿床　在浅海海底资源中以石油和天然瓦斯的价值最大、分布得相当广、开采得相当早，已有七十多年的历史。目前世界上石油总产量，每年23亿多吨，1970年产2,334,000,000吨，其中由海底开采的约占17%，主要采自墨西哥湾、波斯湾、加利福尼亚岸外和非洲岸外。除石油外，天然瓦斯所占的比重也很大，如欧洲的北海、厄瓜多尔西南的海湾和大洋洲的东南海域内，目前以生产天然瓦斯为主，而在其他石油产地也都生产瓦斯。

根据推测，大陆架面积的37%可能都蕴藏石油，大陆架以外的大陆斜坡也蕴藏有石油。海底石油储量估计有1000亿吨，为陆地储油量的三分之一以上（目前查明的只占估计量的9%）。1969年世界上共有75个国家进行海底石油和瓦斯的勘探工作，有28个国家已由海底采出石油和瓦斯，在海底钻的石油井共达9000至10,000口，其中距海岸最远的为110公里，勘探井的海水深度最大的为550米，采油井的海水深度最大的为105米，在海底钻井深度最深达5400米。产油量最高的是委内瑞拉的马拉开波湖，平均日产量43万吨；其次是波斯湾，每日产油28万吨。产量增长最快的是中东，其次是非洲。在中东于1960年由海底采出的原油为1030万吨，占当年中东地区原油总产量2.75亿吨的3.7%，至1967年骤增至6370万吨，占当年该区总产量的12.2%。

近年来，我国的钓鱼岛附近、斯里兰卡的西北海域、东南亚的海域、大洋洲、非洲和美洲的周围、北美的北极大陆架以及地中海和红海中，都发现了石油。我国渤海、黄海、东海、台湾海峡和南海的大陆架，基本上都有储油的可能，是世界上海底油田重要地区之一，具有很大的发展愿景。

除石油和瓦斯外，海底资源中利用钻孔和管道按流体矿床开采的尚有硫磺矿和盐矿。墨西哥湾内的硫磺矿虽是固体矿床，但开采时是用超热水先将硫磺在地下融化，然后通过管道排出来，此法已使用若干年。最近在红海海底岩石中用1800米深的钻孔发现有两层浓盐水溶液，上层温度为44℃，浓度为海水浓度的5倍，下层温度为56℃，浓度为海水浓度的10倍，现在正在进行开采。

2. 海底坚硬整体矿床　海底坚硬整体矿床，如海底煤层和铁矿床等，在大陆架内肯定为数不少。由于在海水内不能直接开凿井筒，必须有一定的措施才能使海水不至于涌入矿井，所以目前开采的只限于靠近海岸的矿床，如日本、土耳其、英国、加拿大都有海底煤矿，芬兰、加拿大纽芬兰都有海底铁矿。日本是个缺煤的国家，日本的煤矿有30%是由海底开采出来的。英国有不到10%的煤是由海底开采出来的。

3. 海底砂矿床　海底砂矿种类繁多，分布很广。目前有30多个国家进行海底砂矿的勘探和开采，开采的对象也有20多种矿石，如金刚石、砂金、铬铂、铑砂、磁铁矿砂、锡石、钛铁矿、锆石、金红石、综合重矿砂、重晶石、海绿石、独居石、磷灰石、文石、贝壳、石榴石混合砂砾等。现在进行大规模开采的，有南非洲的金刚石矿，东南亚的砂锡矿，阿拉斯加的砂金矿和砂铂矿，大洋洲的钛矿和锆石，日本的磁铁矿砂，北岛的贝壳，美国西岸外的各种重砂矿和英国的砂砾矿等。现一一分述如下：

（1）浅海金刚石矿　主要产地是西南非沿海浅海。1908年在海滩上发现了金刚石，1927年在奥兰治河西的亚历山大湾内勘探有较丰富的金刚石砂矿，1960年查明在奥兰治河河口（南纬28.5°、东经16.2°）以南及以北约1600公里的沿岸海域，都有金刚石砂矿。这是一个规模巨大的金刚石砂矿，品位也很高，在1961年的一次取样中，采集了4.5吨的矿样，内含金刚石45粒，共重9克拉（1克拉等于0.2克），因此引起了英、美、苏在此竞相开采，掠夺资源，在1965年就采走了金刚石19.5万克拉。现在进行开采的地点，一般是离岸0至8公里，水深9至30米之间的浅海海底。这是矿砂较富的地区，每日产金刚石700克拉左右。莫三鼻给海峡[①]内也发现金刚石砂矿，正在水深不满60米的浅海中进行开采。

（2）浅海锡石砂矿　锡石砂矿主要产地在东南亚。泰国在布坦（Bhuket）岛的海域开采砂锡矿，开采地点水深不满50米，距岸不满8公里，每小时采砂350立方米。印尼在苏门答腊岛东北的海域中，水深不满21米，距岸不满10公里处进行开采，每小时采砂1530立方米。印尼是世界上锡的主要产地，其储量大部分来自海底砂矿。马来

---

① 即莫桑比克海峡。

半岛的西岸海域内也在进行砂锡矿开采，并扩大了勘探范围。马来西亚也有海内砂锡矿。英国西南部的康沃尔（Cornwall）是英国陆地上产锡的地区，陆地锡矿选矿后排弃的尾矿砂流入红河，造成海滨锡矿砂层。由于经过了人工磨碎，砂的粒度一般在 36 至 150 网目之间，其中锡石的颗粒尺寸为 0.002 至 0.025 毫米。经过海浪的自然富集作用，含锡砂层的品位为 0.2%，含锡砂层的厚度只有 0.6 米。因为是最近几十年的沉积物，含锡砂层位于海底砂层的上面，所以容易开采。开采地点在红河口附近的海滨和海滩，海滩砂矿在退潮后可使用推土机进行开采，也可沿海筑堤坝并排出海水后，按陆地砂矿的方法进行开采。

（3）浅海砂金矿　海滨砂金产地极多，规模大小不等。阿拉斯加的砂金矿不限于海滨，在海域内分布很广，品位较高，其中也有陆地沉积生成的。在阿拉斯加浅海中发现了河床沉积层、海滩沉积层和台地砂矿层等，证明了现在浅海海底的一部分在冰川时期是大陆，因此砂金矿分布很广，尚有长数百公里世界著名的阿拉斯加海底砂铂矿，以及钒铁矿、磁铁矿、锆石、钛铁矿、锡石、独居石、白钨矿、黑钨矿等。1962 年美国曾发放 46 处海域开采证，现正在白令海峡西南的北纬 64°、西经 161°，北纬 58°、西经 154°，以及北纬 64.5°、西经 166°等海域内进行开采。开采地点水深由几米到百余米，离岸距离在 8 公里以内。由于砂层较厚，含矿富砂层一般在砂层的底部，因而开采时先要剥离上部的覆盖砂层。此外，智利和美国西岸的海域中也在进行砂金矿的开采。

（4）浅海钛铁矿和锆石等　在大洋洲储量最大。大洋洲的海岸线长约 19,000 公里，其中 6400 公里的海岸线外有砂矿，如金红石（TiO_2）、锆石、钛铁矿、独居石、锡石、砂金、磷矿瘤和锰矿瘤等，已经勘探过的海域就有 420,000 平方公里。在 6000 多年以前，由于该处陆地下沉，使 2,600,000 平方公里的沿海大陆变成了浅海，因此砂矿特别丰富。大洋洲矿产的 $\frac{1}{10}$ 是由浅海中开采出来的。据统计，世界上 95% 的金红石、70% 的锆石、25% 的钛铁矿产于大洋洲，其中大部分是由海底采出的。此外，苏联在波罗的海发现了浅海钛铁矿，非洲的莫三鼻给海峡、美国西岸海域、西印度群岛等海域中也都有钛铁矿。

（5）浅海磁铁矿砂　磁铁矿砂在世界各地近岸浅海中分布很广，在日本比较富。日本九州南岸的有明湾（北纬 31.3°、东经 131.1°）有磁铁矿砂储量 4000 万吨，其成分为含铁 56%，含氧化钛 12%，含磷 0.3%，此地海水深度达 100 米，开采已有 20 多年。日本九州岛的西南端（北纬 31°、东经 130°）的海域中也在大规模地开采磁铁矿砂。此外，美国西岸和智利西岸外都有较富的磁铁矿砂。

（6）浅海石灰质矿　作为制造水泥的原料，由海底已经大规模地开采钙质砂、贝壳堆积层、石灰质页岩等。冰岛和美国西岸海域都富有这种矿床。在冰岛的法克萨（Faxa）湾（北纬 64.4°、西经 22°）内有 6 米厚的贝壳层，在冰岛的阿克腊内斯（Akraines）（北纬 64.2°、西经 12°）西南 16 公里处，水深 42 米，有宽 730 至 1100 米，长 16 至 19 公里的贝壳层，内含碳酸钙 80%，都在进行大规模开采，1966 年采出的贝壳计有 160 万吨。美国西岸旧金山湾内在水深 10 米，离岸 0.8 公里以内开采钙质砂，每小时生产 570 立方米。美国南部墨西哥湾沿岸在水深 15 米以内，离岸 1.6 公里以内，每小时开采 300 立方米。太平洋的斐济群岛（南纬 17°、东经 178°）的海域内也富有钙质砂。1966 年世界由海底开采石灰质矿的有 38 处之多。

（7）浅海综合重矿砂 美国西岸的北部海域内有较多的含金矿、银矿、铂矿、磁铁矿、石榴石等的综合重矿砂。美国南部墨西哥湾也有综合重矿砂。丹麦、斯里兰卡、菲律宾、新西兰、哥斯达黎加和我国沿岸的海域内都有综合重矿砂。巴西、阿根廷、我国台湾省、印度、斯里兰卡、澳大利亚北岸、塔斯马尼亚岛、北伊里安岛的海域内有独居石和综合重矿砂。

（8）浅海磷矿 海底磷矿是磷矿瘤，也叫磷结核，属于自生矿物，年年增加，赋存在海底表面，呈一薄层。磷矿瘤的大小，一般在 5 厘米以内，多数产于海水深度 36 至 370 米之间，但在 1200 米以上的深海中也发现磷矿瘤，因此磷矿瘤不限于浅海，深海中也有。磷矿瘤矿层虽很薄，但分布面积很广，因而总储量还是相当大的。只美国加利福尼亚海域就有磷矿 10 亿吨，其中含氧化磷（P_2O_5）20% 至 30%；假若其中的 $\frac{1}{10}$ 具有开采价值，每年生产 50 万吨，还能开采 200 年。非洲的浅海中也有磷矿瘤。此外，在太平洋和大西洋内尚有生物磷，是鲨鱼齿和鲸鱼骨的堆积层，内含氧化磷达 36%。海底磷矿现在开采的尚不多。

（9）浅海的砂砾层 浅海砂砾作为建筑材料，世界各地大量从海滩开采。英国用采砂船在水深 7 至 45 米处开采砂砾，开采的砂砾层厚度约 8 米，1966 年生产砂砾 4,510,000 立方米，1967 年生产 8,000,000 立方米，并且年年增加。

二、深海海底矿产资源

深海海底岩石是玄武岩层（见图 1）。玄武岩层中矿床较少，目前不作为勘探的对象。玄武岩层上有平均厚度为 0.6 公里的软泥层，其表面有时有一薄层锰矿瘤。

在深海海底矿产资源中，主要是锰矿瘤（锰铁结核），成分以锰和铁为主，并含钴、镍、铜等 20 多种有价值的金属，现已在很多地方进行勘探并进行试采，将来发展前途极大。其次是深海海底的软泥层，量虽极大，但现时尚无开采价值，只有个别地区，如红海，由于含有多金属，也成了开发的对象。

软泥层在深海海底分布最广，厚度很大，达 0.6 公里以上，因而储量极大。其中有红色铝质软泥层、钙质软泥层和硅质软泥层。红色铝质软泥层占海底 1 亿平方公里的面积，根据取样分析，有以下的成分：氧化铝 20%，氧化铁 13%，碳酸钙 7%，碳酸镁 3%，锰 1% 至 3%，铜 0.2%，钴 0.02%，镍 0.08%，铅 0.02%，钼 0.03%，钒 0.04%。钙质软泥层占海底约 1.3 亿平方公里的面积，其中含碳酸钙最高的可达 95%。硅质软泥层也有 3600 万平方公里的面积，一般储存在海深 3800 至 5200 米之间的海底上。引人注意的是，1963 年至 1966 年在红海海底发现有含多金属相当富的软泥层，该地海水不太深，所以具有很大的经济价值，现在在加紧勘探中，并准备开采。

锰矿瘤是锰与铁的球状结核块，小者像豌豆，大者像土豆，形状和颜色又像炸肉丸子，其尺寸一般小于 20 厘米，个别有达 1 米以上的，在勘探中获得的最大的一块重 770 公斤。锰矿瘤赋存在深海海底表面上，呈一薄层，个别的在 200 米深的浅海中也有锰矿瘤，如在美国南部佐治亚海和中美的哥斯达黎加的海域内。

海底每平方公里约有锰矿瘤 4400 吨，海底总储量约为 15,000 亿吨。锰矿瘤中含有 20 多种金属，其中以锰、铜、钴、镍这四种金属价值最大。个别最富的锰矿瘤含锰达 57%，含铜达 3%，含钴达 2%，含镍达 2%。在南非和美洲距岸 480 至 800 公里一带有 520 万平方公里，锰矿瘤储量约为 260 亿吨，其中含锰较富，含铜、镍、钴较少。在西太平洋的中部有 3650 万平方公里，锰矿瘤储量为 2000 万吨，其中含铜、镍比较富。在中太平洋的夏威夷一带有 1040 万平方公里，锰矿瘤储量为 570 亿吨，其中含钴较富，海水也较浅，深度只有 1.5 公里左右，比较容易开采。一般来说，太平洋的锰矿瘤比大西洋的质量好些。

海底锰矿瘤储量如此之多，其中含锰、铜、钴、镍又相当的多，有人认为若采出物含有 1% 的锰矿瘤时，就具有经济价值，看来锰矿瘤开采的发展前途是极其巨大的。对于某些金属，它的储量比陆地上的储量要大若干倍，由表 3 可以看出。

表 3　海底锰矿瘤中金属储量与陆地上金属储量比较

元素	海底锰矿瘤中金属的储量（亿吨）	陆地上这些金属的储量（亿吨）	海底锰矿瘤中金属储量是陆地上金属储量的倍数
锰	4000	20	200
铜	88	2.2	40
钴	58	0.04~0.05	1290
镍	164	0.5	328

锰矿瘤中所含的元素种类很多，现列于表 4。这是由太平洋取了 51 处矿样和在大西洋取了 4 处矿样，除去其中水分后，分析的平均结果。

表 4　太平洋和大西洋锰矿瘤的成分表

元素名称	太平洋内锰矿瘤所含各元素的重量百分比（%）	大西洋内锰矿瘤所含各元素的重量百分比（%）
硼（B）	0.029	0.03
钠（Na）	2.6	2.3
镁（Mg）	1.7	1.7
铝（Al）	2.9	3.1
硅（Si）	9.4	11.0
钾（K）	0.8	0.7
钙（Ca）	1.9	2.7
钪（Sc）	0.001	0.002
钛（Ti）	0.67	0.8
钒（V）	0.054	0.07
铬（Cr）	0.001	0.002
锰（Mn）	24.2	16.2
铁（Fe）	14.0	17.5
钴（Co）	0.35	0.31
镍（Ni）	0.99	0.42

元素名称	太平洋内锰矿瘤所含各元素的重量百分比（％）	大西洋内锰矿瘤所含各元素的重量百分比（％）
铜（Cu）	0.53	0.20
锌（Zn）	0.047	—
镓（Ga）	0.001	—
锶（Sr）	0.081	0.09
钇（Y）	0.016	0.018
锆（Zr）	0.063	0.054
钼（Mo）	0.052	0.035
银（Ag）	0.0003	—
钡（Ba）	0.018	0.17
镧（La）	0.016	—
镱（Yb）	0.0031	0.004
铅（Pb）	0.09	0.10
燃烧的损失	25.8	23.8

此外，锰矿瘤属于自生矿物，每年都在增加。锰矿瘤每年增加的锰可供世界 3 年之用，每年增加的钴可供世界 4 年之用，每年增加的镍可供世界 1 年之用，再生量比消耗量还大，这就意味着对某些矿产来说不愁越采越少。

第三章　海底矿产资源的勘探方法

海底矿产资源的勘探分为浅海勘探和深海勘探。深海勘探的对象主要是锰矿瘤，浅海勘探的对象很多，有石油（包括瓦斯）、煤、铁和各种金属砂矿，其中以石油为主。浅海勘探的地点是大陆架。大陆架的地质和大陆的地质有一定的联系，凡是沿海大陆上有的矿产，在靠近的大陆架上也可能有，因此岸上的地质资料可供浅海勘探参考。浅海勘探的一般步骤如下：

（1）研究附近岸上的地质，着重于矿床及地质构造和向海洋的地貌倾向；

（2）研究岸上的水文地质以推测海底沉积层的厚度；

（3）在海底沉积砂层中采取矿样，一般利用抓斗或浅孔岩芯钻在船上进行；

（4）物理勘探，如用磁力法勘探磁铁矿和砂金矿，用地震法勘探砂层和岩层的深度以及石油地层的构造；

（5）钻探，对于埋藏在海底深部的矿床，如石油、煤、铁、硫磺等，利用深井钻机打深孔进行勘探，作为最后的勘探手段，其费用比较高。

海内探矿，由于有水层相隔，增加了不少困难，勘探费用也比在大陆上高些，尤其是深海勘探，费用是很高的。但事物总是有两个方面，困难是一个方面，另一方面是它的有利条件：

（1）海上交通运输条件一般比陆地好；

（2）海底砂层松散，取样一般比陆地取样容易和经济；

（3）航空物理探矿，飞机可以低飞，尤其是水上飞机，这就使探矿仪器比在陆地山区更能接近矿床；

（4）陆地物理探矿除航空勘探外，一般在静态中进行，不能连续记录，海内物理探矿在船只移动中进行，在动态中能获得连续记录，如连续地震法等，大大地加快了勘探速度；

（5）在海底松散层打钻速度比在陆地上快；

（6）在海底深部岩石中打钻速度也快，这是由于大陆架下部岩石以沉积岩为主，沉积岩的硬度小。

海洋探测分为普查和勘探。普查是在大面积上进行工作，多限于海底的表面。海洋学工作者时常进行这项工作，普查的结果可供勘探作为重要的参考资料。勘探一般是在小面积上进行深入而细致的探测工作。海内勘探，汪洋大海，没有标志，有时会出现定位问题。海水越深，离岸越远，确定位置就越困难，所以需要用浮标、岸上标志或其他测量方法来定位。

勘探方法有直接方法和间接方法。取样和钻探属于直接方法，地球物理方法和地球化学方法以及海底照相等属于间接方法。现将常用的勘探方法列于表5。

表5　海底勘探使用的各种方法

1. 直接方法	1）绳索抓斗取样 2）绳索砂芯管取样 3）绳索拉斗或拉袋取样 4）绳索多斗取样 5）潜水员取样 6）潜水船取样 7）吸砂船取样 8）气泡提升吸砂船取样 9）浅孔岩芯取样 10）深孔钻探（在坚硬岩石中）
2. 间接方法 （物理勘探方法）	11）地震法（船载的、船拖的） 12）重力法（船载的、水下的） 13）磁力法（船载的、航空的、水下的） 14）电阻法 15）电磁法

1. 绳索抓斗取样　利用绳索抓斗在海底捞取矿样，此法使用得最广泛，这是由于它灵活机动，不受海水深度限制，海底不平整和粒度大小不均匀都没关系，因而成本最低。它只能捞取海底表层的矿样，利用船上的绞车和钢丝绳进行工作（图2b，省略），向上提升时抓斗必须封闭，以免矿样流失而影响品位的真实性。荷兰使用一种钢制的盒子取样，盒子的下口用弧形门关闭，弧形门由绳索操纵，保证了矿样的质量不受流失的影响。抓斗的大小根据取样量来决定，若只捞取表面的少量矿样，则使用小型抓斗。小型抓斗取样器很多，如图3所示，抓斗下降时都是开口的，当接触海底后即自动抓砂封闭。这是由于支撑的横杆（图3c、f）或杠杆（图3b）失去作用，然后利用弹簧（图3e）或弹簧胶带或抓斗重量而使之自动封闭。图3a可用于海水深度达10,000米时；图3b

是当杠杆的下锤接触海底时，抓斗即开始封闭，苏联取样常使用此种；图 3d 是带截齿的抓斗，只用于浅海取样。

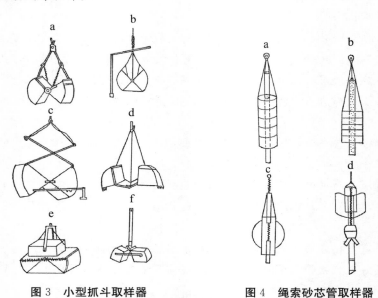

图 3　小型抓斗取样器　　　　　　图 4　绳索砂芯管取样器

2. 绳索砂芯管取样　图 4 表示了几种小型绳索砂芯管取样器，取样管下端有蝶形阀，由于有重锤，能使取样管插入海底，向上提升时，管内的砂芯矿样被蝶形阀封闭。图 4c 的取样管内有弹簧运动的活塞，使砂层受震动而松散，易于取样，但矿样经受搅混而质量失去了代表性，只能定性，不能作为定量分析的矿样。

3. 绳索拉斗或拉袋取样　图 2a（略）是绳索拉斗船，在浅海中使用的并不广泛，在深海中可用于捞取锰矿瘤或磷矿瘤的矿样，需要很长的绳索。图 5 表示小型取样拉斗和取样拉袋，在船向前行走时用绳索在海底拉动着取样，斗和袋具有细孔，可以漏水，矿样只能定性，不能定量。

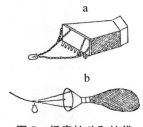

图 5　绳索拉斗和拉袋

4. 绳索多斗取样　图 6 是绳索多斗深海捞砂取样船，仅能捞取海底表层的矿砂，可在深海中对锰矿瘤进行取样或采集。该船长 79 米，净重 1865 吨，是 1969 年由冷藏船改制的。船上有船员 22 名，研究员 8 名，专供在太平洋深海采集锰矿瘤矿样。环形绳索长 8000 米，绳索上每隔 25 米有 1 个拉斗，共有 250 个拉斗，拉斗容积为 40 厘米×8 厘米×23 厘米，绳索由船上的摩擦滚筒卷扬机拉动，绳索直径为 40 毫米，由丙二醇酯绳编织，能抗拉 20 吨。船是横行的，前进的方向垂直于环形绳索面，利用船外一侧的水内推进器作为行走的动力。船的前进速度为每秒 0.8 米、0.43 米或 0.21 米，在船行走时连续采集矿样，在船上进行化验分析。船上尚有一个深海绳索拉斗，一个能测 10,000 米深的回波测探器，一个能达 3000 米深的深海照相电视系统。此船属于新式的绳索多斗锰矿瘤取样船。

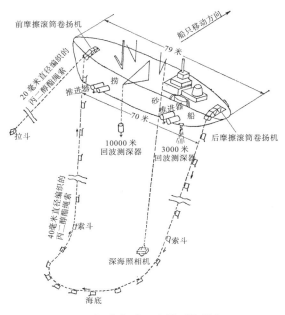

图 6　绳索多斗深海捞砂取样船

5. 潜水员取样　在浅海中由潜水员在海底取样，取样时具有选择性，但所取的矿样数量不大，南非洲的海底金刚石砂矿使用了这种取样方法。

6. 潜水船取样　潜水船上具有细砂取样的设备，也有载人的深海潜水船艇。现正设计在海底利用履带行走或利用齿轮行走的潜艇，由于成本太高，实践中尚未应用。

7. 吸砂船取样　吸砂船取样是利用砂浆泵和吸砂管由海底表面吸取矿砂（图 2c，略），使用于浅海，海水深度不超过 40 米。吸砂船可用以采矿，也可用以取样。吸砂船吸取的矿样是砂浆，即水和砂的混合物，在船上沉淀后，水再排回海中。但对胶结砂层，则必须先使之松散后才能吸取。松散的方法，可用高压水通过喷嘴喷射砂层，也可用旋转挖头挖掘，使之松散后吸取。图 7 表示了用高压水喷射砂层的吸砂管的下部结构。图 8 是带旋转挖头的吸砂船，挖杆下部具有带旋转刀具的挖头，将胶结砂层或软岩切碎后，再用砂浆泵通过吸砂软管将砂浆吸至船上。

8. 气泡提升吸砂船取样　气泡提升吸砂船与一般的吸砂船相似，不同之处在于用气泡泵代替了砂浆泵。气泡泵的原理是在吸砂管内用细管送入压缩空气，空气气泡与吸砂管内砂浆相混合，使管内砂浆的容重变小，也就是变轻，这就可以利用海水的压力把管内的混有气泡的砂浆自动地压上去。在图 2d（略）的放大图中，可以看到吸砂管内左边的细管是进压气的，由细管下部放出的空气又由吸砂管返回去，在吸砂管中形成很多气泡，使吸砂管内砂浆重量减轻，就自动地向上流至船内。但对胶结的砂层是吸不动的，必须先用高压水喷射砂层，使之松散。图9表示另一种用高压水喷射砂层的气泡泵吸砂管的下部结构。图上左边的细管是高压水进水管，其下部有环形管，环形管上有喷嘴数个，用高压水喷射砂层；图上右边细管（在吸砂管外，图2的压气细管是在吸砂管中）是来压气的，压气通过环形管进入吸砂管内，产生气压泵的作用。

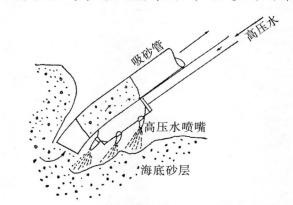

图7　用高压水喷射砂层的吸砂管

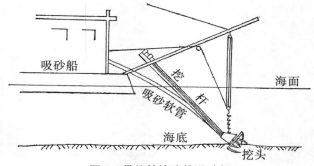

图8　带旋转挖头的吸砂船

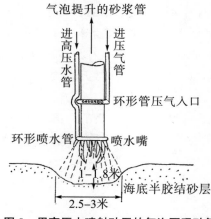

图9　用高压水喷射砂层的气泡泵吸砂管

9. 浅孔岩芯取样　以上的取样方法都是在海底表层上取样，若在砂层下部取样，就得用浅钻孔来提取岩芯。金刚石、锡石和砂金由于容重大，都富集在砂层的下部。越接近下部底岩，矿砂就越富，这就需要用钻孔提取砂层下部的矿样。钻孔深度不等，视砂层厚度而定，由 1 米到 30 米以上，钻孔直径由 10 厘米到 90 厘米。在砂层中钻孔速度很快，因而成本也不高。使用的都是空心钻，以便提出岩芯。这样取的岩芯矿样在质量上有保证，可作定量分析之用。常用的有旋转钻、落锤钻、打桩钻和震动钻（震动钻能于几分钟内钻进 6 米深的钻孔）。加利福尼亚岸外取样利用潜水艇打钻孔，岩芯长度为 2.4 米，潜水艇上备有 8 台取样钻机，钻孔和提出岩芯都是自动的，潜水艇运行速度每小时为 7.4 公里。

10. 深孔钻探　上述都是在松散砂层中勘探，对海底坚硬岩层勘探，就要用深孔钻探。深孔钻探是最后的勘探手段，费用很高，如对海底石油、瓦斯、煤、铁等矿床，可先用地球物理方法进行初步勘探，然后才能决定是否需要打钻孔、钻孔的位置和钻孔的深度。在岩石内钻深孔是为了取矿样，对石油和瓦斯来说，也为了将来的生产。使用的钻机有牙轮钻机和金刚石钻机。牙轮钻机由孔中钻磨出来的岩粉作为矿样；金刚石钻机的钻头是环形的，在钻孔中保留着一个细岩石柱（即岩芯），将岩芯取出来作为矿样，用岩芯矿样来研究海底岩石和矿床的情况。深孔钻探发展很快，现在陆地上最大的钻孔深度已超过了 10,000 米，在海底也超过了 5000 米。海内钻孔与陆地钻孔使用的钻机和钻塔是一样的，但在海内安装钻塔是困难的，钻塔只能安装在人工岛、固定台架或浮动台架上。在海水很浅的地方，可用人工岛（图 14B），也就是用混凝土做一小岛，然后在岛上安装钻台进行钻孔。若海水略深，人工岛就不经济了，则用固定的台架、可拆卸的台架或浮动的台架，最近还有用装有钻塔的船只来进行钻孔的。图 10 是英国在北海探采石油和瓦斯使用的固定台架，在台架上有钻塔。台架长 52 米，宽 40 米，高出海面 18 米以上。因为北海风浪很大，冬季尤甚，海浪有时达 15 米高。一个台架一般只钻一个孔。由于最近掌握了定向斜孔技术，一个台架除钻一个垂直深孔外，还可以钻 6 至 8 个向四周放射的定向斜孔，这就扩大了一个台架的钻孔范围，增加了利用率和台架的使用寿命，但定向斜孔的钻进费用比垂直孔要高 30％ 左右。图 11 是英国在北海（北纬 50° 到 54°）钻的钻孔（瓦斯井）中的一个典型剖面图。钻孔直径开始为 760 毫米，越往下越减小，最深处直径为 245 毫米，钻孔深约 3000 米，这是储油和瓦斯的最好地质构造，这个钻孔（瓦斯井）位置是经过地震法勘探后来确定的。

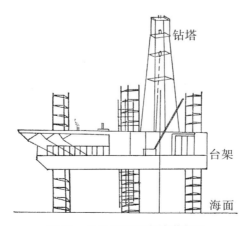

图 10　北极星型海内钻塔台架

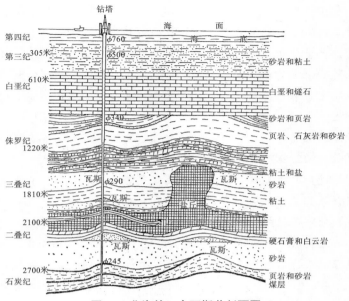

图 11　北海的一个瓦斯井剖面图

可拆卸的台架，用完后可以拆掉，在新位置再重新安装，安装时间比固定台架可节省两个月，安装费用也低。固定台架和可拆卸台架一般用于海水深度 60 米以内，近年来有所发展，1965 年用于海水最大深度为 65 米，1970 年用于海水最大深度达 100 米。超过 60 米或 100 米的海水深度时，就必须使用浮动台架。浮动台架用锚来固定位置，用水来调节高度。它是船式的台架，向船内灌入海水则下沉些，由船中排出海水则上升些，高度就得到了调整。其优点是灵活性大，容易移动和不受海水深度的限制；缺点是稳定性较差，降低了钻进的效率。近年来制造的装有钻塔的钻探船很多，如在阿根廷和莫三鼻给海域内使用的勘探石油的钻探船，长 83 米，宽 39 米，深 6.6 米，8000 马力的行驶动力，9000 马力的钻机动力；日本制造的钻探船长 135 米，排水量 13,400 吨，能在水深 100 米处钻 7500 米深的孔。现在海内石油钻探工作，在印度尼西亚、波斯湾、欧洲北海、墨西哥湾都大量地进行着，只墨西哥湾于 1956 年就钻了 550 口井，1963 年钻了 750 口钻井；此外，在巴西、阿根廷、意大利和新西兰等海域内钻孔数目的发展也很快。并不是每一个钻井都能生产石油或瓦斯，其中也有废钻井，即所谓干井。由于石油开采的利润较大，各国都热衷于此项工作，而肯付出巨大的投资。

上述都是直接勘探的方法，下边介绍的是间接勘探的方法，主要是地球物理勘探方法，也叫物理勘探方法，简称物探。物理勘探并不与岩石矿石直接接触，而是用精度很高的仪器探测岩石矿石的性质和埋藏深度。岩石矿石具有各种不同的物理性质，物理勘探就是测探它们的物理性质，以区别岩石矿石的种类和埋藏情况。不同岩石矿石对声波（震动波）传播的速度不同，岩石矿石越致密，传播声波的速度就越快，利用它来进行勘探就是地震法。不同岩石矿石有不同的容重，容重大的岩体就产生大的吸引力，重力法就是利用它来进行勘探。岩石矿石或多或少都带有磁性，不同岩石矿石有不同的磁性，探测岩石矿石的磁性以区分其种类，这就是磁力法。不同岩石矿石的导电性能不同，个别的矿体尚能产生自然电流，这就要用电法来勘探。在电法中又有电阻法和电磁法等。

11. 地震法 地震法是物理勘探中最常使用的方法，分为屈折法和反射法。在陆地上勘探较多地用屈折法，在海洋上勘探较多地用反射法。图12的左图是屈折法，右图是反射法。方法是在船下用炸药或其他方法产生震波，震波经过在岩层中的屈折或反射又回到收波器，通过记录可以计算岩层的数目和岩层的深度。岩层之间的交接面都是震波的屈折面或反射面，不同的岩层有不同的传播速度。在图上，第一层松软沉积层中，其传播速度为每秒2130米；第二层致密沉积层中，其传播速度为每秒4860米；第三层玄武岩层中，其传播速度为每秒6700米；最下层的地幔岩层中，其传播速度最快，为每秒7900米，借此以区分岩层。

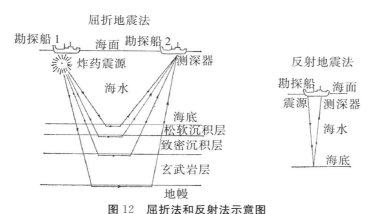

图12 屈折法和反射法示意图

地震法又分为船载的地震法和船拖的地震法。船载的地震法，其震源和收波器都在船下（图12）；船拖的地震法，其震源和收波器都在船的后面水中，船拉着它们向前移动。图13表示用反射法测出的海下四层岩层，震源S和收波器G都拖在船的后面。震源产生震波后，由各岩层的交接面将震波反射回来，到达收波器，由收波的时间可以算出各岩层的深度。在放大的示意图中，SBG是由海底面反射的震波行程，S1G、S2G、S3G、S4G是由岩层1、2、3、4的接触面反射的震波行程。很清楚，S4G的行程最长，传波时间就最长。传波的速度是已知的，如波速为 v，时间是记录的，如时间为 t，则岩层深度 $H = \dfrac{vt}{2}$。

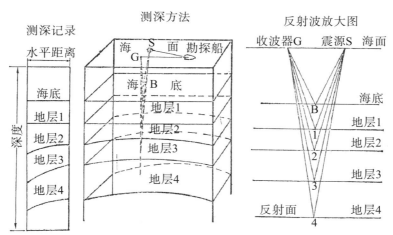

图13 连续记录反射法示意图

震源在陆地上是用炸药产生的，一般不能连续地进行测探和记录。在海内勘探，震源可用自动同步的火花、瓦斯爆炸或气枪等来产生，这就能在船向前行驶中进行连续的测探和获得连续的记录。这是水上地震法的一个优点。常用的电火花震源产生低频震波，频率为每秒150至500次；气枪震源是较新的方法，向海水中放射高压空气，能产生较高频率的震波。

地震法不仅能探测岩层的深度，也能探测岩层的起伏和构造，砂矿层的厚度、边界和淹没的古河床等，对于寻找储存石油和瓦斯的地层构造，如向上弯曲的背斜层构造，最为有效，并借以确定钻探的位置。因此，美国的石油、砂矿，墨西哥湾和波斯湾的石油，英国的石油、煤、铁、砂砾层，印尼的锡石，日本的磁铁矿砂，南非的金刚石，大洋洲的综合重矿砂和磷矿，阿拉斯加的砂金、砂铂和其他的重矿砂等，在海内都使用此法勘探，成效很好。

12. 重力法　重力勘测仪可置放在船（船载的）、浮标台或冰雪层（在北冰洋）上，也可以置放在水下。用它可以测出地心吸引力的变化。地心吸引力一般为980伽左右，若下面有重岩体，则吸力大一点，若下部有轻岩体，则吸力小一点，用精密重力仪可测出吸力的微小变化，借以识别岩石的性质和构造。在平静和顺利的条件下，精确度可达0.02毫伽，也就是能区别地心吸引力的五千万分之一的变化。在山区则受附近高山的干扰，在海中这种干扰较小，使重力法得到有效的使用。1965年美国在加利福尼亚岸外用重力法探测石油，其精密度为2.7毫伽，船行速度为每小时18.5公里。船载的重力法必须作海水深度的校正，重力法时常配合地震法联合进行勘探。

13. 磁力法　磁力法是用磁力仪进行勘探。磁力仪有垂直磁力仪和水平磁力仪，垂直磁力仪使用得较广泛。磁力仪置于船上、飞机上或水下。岩石或多或少都带有磁性，基性岩石的磁性就比酸性岩石的磁性大；磁铁矿的磁性最大，宜于用磁力法勘探；砂金矿也宜于用磁力法勘探，这是由于砂金与磁铁矿砂经常共生，探出哪里磁铁矿砂多，哪里砂金就多。磁力法是用来测探磁力异常值的，其精确度可达1伽马（伽马是磁场强度单位，等于10^{-5}奥斯特）。对于大面积的边远地区，可先用航空磁力法进行初步勘探，再用其他方法进行详细勘探。

14. 电阻法　不同岩石有不同的导电性能和电阻性能，测探岩石电阻的大小可以确定岩石的类型。此法比较简单，只需要电源和精密电压表等就够了。但由于海水与沉积层之间的电阻变化常常掩盖了沉积层与底岩之间的电阻变化，因此限制了此法在海内勘探中的应用范围。

15. 电磁法　一般航空勘探电磁仪也可以在船上使用，并能自动记录。当水深不超过150米时，用两只小船就能够在湖内进行电磁法探矿。由于海底沉积层的导电性能太强，此法在海内勘探中尚未得到推广，仅芬兰于最近用电磁法在海底勘探磁铁矿时获得了初步的成功。

总之，勘探方法很多。根据气候条件、海水深度、矿床类型、砂层厚度、岩石种类和具体的要求，选定一种和数种合适的勘探方法。对于未经勘查的地带，应先进行普查和初探，勘探密度要稀，勘探面积要广。初探的航空勘探，飞行高度一般为450米，勘探密度为30公里×30公里。初探后在有矿的地点，再经过详探才能进行开采；详探时，使用较密的勘探密度，才能准确地圈定开采界限。

海内矿产勘探已有几十年的历史，在这几十年中，石油和天然瓦斯的勘探，始终在活跃地进行着；自从近几年认识到锰矿瘤的巨大经济价值后，注意力又开始转向了深海勘探。为了争夺和霸占海内矿产资源，帝国主义在这方面的竞争是激烈的。

西德把4亿马克的经费分配到1969年至1973年的海洋计划方面。英国在民用海洋研究和发展海洋技术方面一年就花了1000万英镑，是在整个国家计划中占重要部分的工业，最近在水下通航系统和海底测量系统方面取得了一定的成果。法国正设计能潜水11,000米深的潜水船，并计划能使10名潜水员在600米深水中待很长时间。日本由于缺少重要原料，在海洋研究方面投资也很大，在1970年财政年度其投资为2000万美元，是1969年度投资的两倍；预计在1980年日本在这方面的支出，要逐渐上升到5亿至7亿美元。苏联的调查船有200多艘，并有"海洋人"计划，使3名潜水员在25米深的海水下待15天。苏联还计划用带有原子能装置的船只来开采北极的锡矿，并为了开发其大陆架的矿产资源，已开始训练海洋采矿技术人员。美国有300多艘勘查船只，其中万吨以上的有5艘。美国有1000家私人公司正在从事海洋研究。弗吉尼亚州格罗斯特海事公司的一批人在佛罗里达的佐治亚海岸处工作了26天，从海床吸上成百吨的锰矿瘤。这是利用水下泵和真空管道将锰矿瘤由180米深的海底吸取上来的，每小时可吸取锰矿瘤10至60吨。现在计划将此法改进后，在太平洋较浅的海中开采锰矿瘤，以弥补美国锰、铜、钴、镍的不足。由此可以看出它们在争夺海洋矿产资源方面的活动情况。

第四章　海底矿产资源的开采方法

海底矿床矿产方面必须由具体情况出发，根据矿床的不同类型和不同地质条件来选定开采方法。为了叙述方便，将海底矿床划分为三类：第一类是坚固整体矿床；第二类是松散砂矿床；第三类是海底流体矿床。第一类的坚固整体矿床，现在进行开采的以煤矿和铁矿为主，其开采方法与在陆地上相似，主要区别在于防止海水涌入这一严重问题。第二类松散砂矿床中，有砂锡、砂金、砂金刚石、磁铁矿砂、钛铁矿砂、钙质砂、贝壳、砂砾、磷矿瘤和含多种金属的软泥层。一般是用采砂船开采，由于砂矿层的海水深度不同，所用的设备也有所不同。第三类海底流体矿床主要指的是石油和天然瓦斯，也包括浓盐液层和用融化法开采的硫磺。硫磺矿虽是固体矿床，但开采时可以用超热水（160℃的水）把它融化成液体，用管道开采出来。现将此三类矿床的开采方法介绍于下。

一、坚固整体的海底矿床开采方法

在海底开采坚固整体矿床，若用陆地上的开采方法，必须先开凿井筒，但在海内开凿井筒，就必然会被海水灌满，无法进行工作。为了解决这个矛盾，有以下五种方法（图14）。

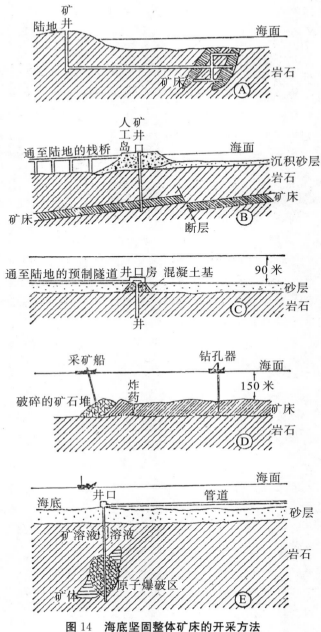

图14 海底坚固整体矿床的开采方法

图14A表示离岸较近的矿床，可以在岸上或小岛上开凿井筒，然后再开凿水平巷道进行开采。芬兰、加拿大开采铁矿，日本、英国、加拿大、土耳其开采煤矿，当矿床距岸在4公里以内时，使用了这种方法。芬兰西南80公里处有一岛，在岛1公里外的海域内有铁矿床，图15表示了其开采方法。上边平面图表示矿床和岛的位置，下边剖面图表示井巷位置。先在岸上开凿主井，在井深300米处开1200米长的平巷达到矿体，同时在一个露出海面的很小的岛上开凿通风井，然后进行矿体上部几个阶段的采矿。此矿已开采数年之久。

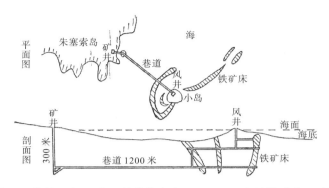

图 15　芬兰西南 80 公里处的朱塞索 (Jussaso) 岛外铁矿床开采图

日本海底煤矿产量占全国煤产量的 30% 左右，对缓倾斜煤层，一般用保留规则矿柱的房柱式采矿法，矿柱不回收，并嗣后充填矿房，以保持顶板岩石不下沉和不移动；或者先用混凝土做人工矿柱，然后回采矿房，并嗣后充填，也可保持顶板不移动，对于巷道支护多使用钢拱支架。对急倾斜煤层或缓倾斜厚煤层，日本前几年试验成功了一种新采矿法，叫作混凝土假顶下向分层充填法，也可在海底采矿中应用。先把矿床划分成长、宽各 20 到 30 米的矿块，再把矿块由上而下的进行分层回采，分层厚度为 2.5 米。采矿时先采上分层，再顺序地采下一分层，所以叫作下向分层。当每一分层采完后，先灌注 0.5 米厚的混凝土，再用水砂充填其余 2 米厚的部分。充填满后，再采下一分层。当采下一层时，就看到顶板是 0.5 米厚的混凝土假顶。如此循环地向下开采每个分层，可以保证安全，防止岩石移动，并提高了回采率。

在海底开采煤、铁等坚固矿床时，必须注意以下几项，以防止过大的涌水：

（1）弄清水文地质情况；

（2）防止岩石移动，及时充填；

（3）使用刚性的（没压缩性的）充填材料，如石英砂等；

（4）禁止使用大爆破；

（5）矿柱要规则，最好布置成格子状，若分上、下阶段，上、下阶段的矿柱要上、下对正；

（6）矿床上部岩层中必须有一定厚度的不透水岩层，并不能受到破坏，遇裂缝时应封闭之；

（7）安设岩石移动测量和观察装置；

（8）备有充分的排水设备；

（9）巷道内设有防水设备，如防水墙、防水门等。

应当指出，用地下气化法开采煤矿，对海底采煤可能效果较好。煤层在海底下通过燃烧，产生有用瓦斯，由管道流送出来，采煤工人可不在井下工作，这是一大优点。但此法由于其他问题，在海底采煤中尚未实现。

假若矿床离岸较远，超过 4 公里以上，这时平巷就太长了，图 14A 的方案就不经济了，可以考虑使用图 14B 或 14C 的方案。图 14B 是人工岛的方案。当海水不深时，可用混凝土在海中筑成人工小岛（混凝土的水泥量占 $\frac{1}{30}$ 至 $\frac{1}{7}$），然后在人工小岛上开凿井筒，海水就不会灌入井内了。人工岛与岸上的交通，可架设栈桥，距离太远时，也可利用船只。

若海水略深，做人工岛不经济时，则使用图 14C 表示的封闭式井筒。由岸上在海底修筑隧道走廊通至井口，井口上有封闭房与海水隔离，在封闭房内进行钻井工作。此方案尚无实例。

图 14D 表示，若海水相当深（达 150 米），距岸相当远，坚固矿床又在海底的上部时，则用炸药爆破的方法，将矿石炸碎后，再用采矿船只采出碎矿石。

图 14E 表示用原子爆破和溶液开采的设想方案。对于海底的大型块状铜矿体，可以考虑此方案。先用原子大爆破将铜矿矿体破碎，当在深处爆破时，放射性有毒射线大部分被吸收，不致扩散出来，爆破后再用稀硫酸的酸性水把铜溶解成硫酸铜溶液，最后用铁屑由硫酸铜溶液中将铜沉淀出来。估计此方案在最近尚不能实现。

二、松散的海底砂矿床开采方法

海底砂矿种类很多，如前所述，多使用采砂船进行开采。由于砂层厚度不同和海水深度不同，使用的开采方法也不相同。图 16 表示了各种采砂船：多链斗采砂船、拉斗船、抓斗船、带挖头的吸砂船、不带挖头的吸砂船、设计方案的深海水力采砂船和气泡泵吸砂船。

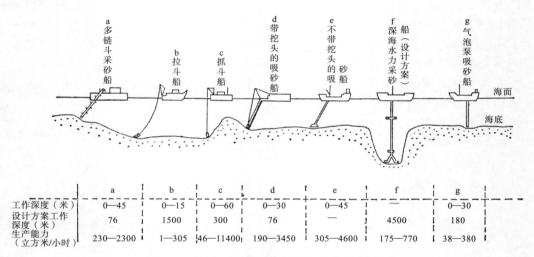

	a	b	c	d	e	f	g
工作深度（米）	0—45	0—15	0—60	0—30	0—45	—	0—30
设计方案工作深度（米）	76	1500	300	76	—	4500	180
生产能力（立方米/小时）	230—2300	1—305	46—11400	190—3450	305—4600	175—770	38—380

图 16　在海底开采砂矿或软岩的各种采砂船只

图 16 的表上注明了它们的工作深度和改进设计后能达到的工作深度，以及每小时生产矿砂的立方米数。由表上看到它们的生产能力都相当高，这说明海底开采并不像一般想象的那样困难，这是由于以下的有利条件：

（1）由于是松散矿砂，开采时一般不用炸药、爆破和破碎工序；

（2）矿床储存在海底的上部，开采时一般不用隔离，当矿砂上部有覆盖的废砂层时，剥离工作就比较容易；

（3）不用开凿矿井，不用挖井巷道，也不需要地面上的工业建筑，一切工作都在船上进行；

（4）容易自动化、连续生产；

（5）设备容易移动；

（6）可以利用水上运输的有利条件；

（7）矿石在水中的重量轻、磨损小，可以利用水力或气泡提升；

（8）选洗工作在船上进行，废砂、尾矿和废水容易排走，节省了运搬费用；

（9）海底砂矿床一般面积大，分布较均匀。

虽然具有以上的有利条件，但海内开采的不利因素还是很多的，尤以冬季为甚，海浪高度在个别海域可达 15 米，东南亚的季风期间，采砂船就要停止工作，因此海内开采砂矿，其成本一般都比陆地上高些，生产能力也低些。现将海内开采砂矿的各种方法分述于下。

1．多链斗采砂船　多链斗采砂船是大型采砂设备（图 16a），生产能力很强，生产成本也低，并能在船上进行采、选和排弃尾矿工作，因而使用得很广泛。东南亚的砂锡矿、南非的砂金刚石矿、美国阿拉斯加的砂金矿、英国的砂砾矿，在浅海中都使用它。它的缺点是当海底有大块砾石时，会造成困难，开采深度有一定的限制，工作深度一般不超过 45 米，虽然也能达到 76 米的工作深度，但成本却大大增加了。

多链斗采砂船是一个平底船（图 17 和 18），船的前部当中有缺口，以容纳链斗架及链斗。当主动力轮驱动上部链轮时，链斗按时针方向①旋转，进行连续挖掘。挖上来的矿砂卸入矿仓，再通过圆筒筛，经洗选后，将尾砂排弃在船后。链斗架下端的提升是用前桅支撑的钢绳来进行的。船后的桩子，是固定船的位置以防后退的，也是借此来前进的。两个桩子，只用一个，其他一个用钢绳提上来。采矿时，船绕右边一个装置转动（图 18a），船即由位置 1 转到位置 2；然后放下左边桩子，提起右边桩子，船再向左转动进行采砂，船即由位置 2 转到位置 3，这样就向前移动了一些，如此左右转动着向前采矿。它也可以不用桩子，完全利用钢丝绳向前移动，如图 18b 所示。

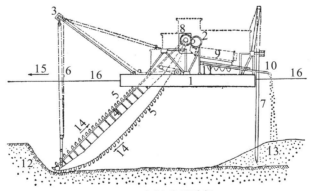

图 17　多链斗采砂船

1—平底船；2—主动力轮；3—前桅；4—链斗架；5—链斗；6—拉绳；7—桩子；8—砂仓；9—圆筒筛；10—尾矿排出槽；11—洗选设备；12—要采的砂矿；13—排弃的尾砂；14—链斗转动方向；15—船行进方向；16—海水面

① 这里应理解为顺时针方向。

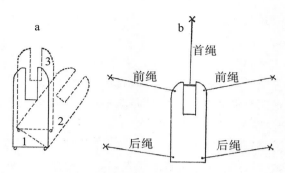

图18　多链斗采砂船的移动方式

　　印度尼西亚在海中开采砂锡矿共有9只多链斗采砂船，其中8只是用0.4立方米的挖斗，1只是用0.25立方米的挖斗，在水深18到30米的浅海中工作，效率很高。泰国在水深27米下开采砂锡矿，先用单爪斗船进行开采，每月能产矿砂61,000立方米，但砂矿损失太多，开采不净，回收率仅40%，所以用了九年后就停止使用了。后改用多链斗采砂船，砂矿损失较少，采得比较干净，生产能力也大，回收率达90%，每月每船能开采矿砂120,000立方米。

　　海内采砂船一般比在陆地上生产能力要低些，成本也高些。用一只多链斗采砂船的设备在陆地上每月可生产76,000至380,000立方米，每立方米开采成本仅0.23至0.74元（人民币，由美元折合）。若在海内开采，则同样的一只多链斗采砂船，每月只生产19,000至270,000立方米，每立方米开采成本为0.46至0.8元。

　　2. 拉斗船　它是用钢丝绳拉动的单拉斗（图16b），不能连续采掘，绳索较长，提升拉斗速度较快，生产能力较低，因而在海底采矿中使用并不很广泛。它不受海水深度的限制，任何深度都能使用；但在15米以内的深度，使用得较好；对60米以上的深度，其成本增高，每立方米的开采成本为1.5至3元。在深海的实践中，曾使用过2000马力的拉斗船，在1200到1500米深度的海底捞取矿样。这个拉斗重3吨，长6米，高0.9米，一斗可容锰矿瘤10吨。

　　图6表示的绳索多斗船使用的也是拉斗，但不是单拉斗，而是连续工作的多拉斗。它可作为取样之用，也可作为开采设备。因为它可以连续地在大面积的深海中只开采上边的一薄层，所以特别适合对锰矿瘤的开采。其结构和工作情况前文已提过，在此不重复。

　　3. 抓斗船　图16c表示抓斗船，它虽然也是单斗，不能连续采掘，但抓斗是垂直下放和提升。抓砂和提升的速度比较快，轻便灵活，不受海水深度限制，也不要求海底平整，大块砾石也没大妨碍，因此它在开采和取样中都得到了广泛的应用。

　　图19表示日本开采海底磁铁矿砂使用的1000马力的抓斗船，在水深不满30米的有明湾（北纬35.4°、东经139.8°）内工作，抓斗容积为8立方米，每月采出磁铁矿砂30,000吨；在船上进行选矿，选出的精矿含铁56%，含氧化钛12%，含磷0.26%；并将尾砂排弃到岸边作筑岸之用，收到了综合利用的效果；每年可生产生铁47,000吨。日本在此处曾使用过多链斗船、水力吸砂船和抓斗船，他们认为此种抓斗船使用的效果最好。泰国开采海内砂锡矿，用3.1立方米的抓斗，每小时可采出150立方米，每月工作600小时，每月采出矿砂76,000至91,000立方米。要注意提升时抓斗必须封闭，不

漏砂，抓采时必须按一定的顺序，不遗砂。

图 19　日本开采磁铁矿砂使用的抓斗船

　　图 20 表示了经过改进后的东南亚开采砂锡矿的抓斗船。船上有两个 4.6 立方米的抓斗，能够在水深 240 米以内使用。船上有选矿设备，船后有排弃尾砂设备，船和设备的总重量为 2000 吨，这比多链斗船的重量要轻。船上有两个抓斗，同时进行开采，每抓一斗后转动 12°的角度，再抓下一斗，这样可以保证海底矿砂不会被遗漏，几乎全部被采出，提高了采出率；采完砂矿的两个弧形条段后，船就向前移动一次。在水深 41 米的海域中工作，每只船的两个 4.6 立方米抓斗，每月能生产 235,000 立方米矿砂，开采的动力消耗每立方米矿砂为 0.60 元，选矿的动力消耗每立方米矿砂为 0.12 元。用抓斗船在深海中开采锰矿瘤，当海水深度为 300 至 3000 米时，每立方米的开采成本在现阶段为 45 至 150 元。

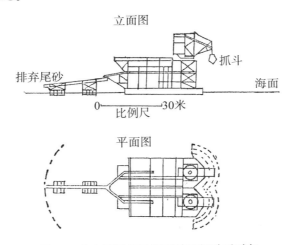

图 20　东南亚开采砂锡矿的双抓斗采矿船

　　4. 带挖头的吸砂船　图 16d 是带挖头的吸砂船，其详细结构见图 8。它是一般的水力吸砂船增添了破碎用的挖头，使用于胶结砂层或软岩的开采。图 8 表示了挖杆下部的带旋转刀具的挖头，挖头当中就是吸砂管的下口，胶结砂层或软岩被挖头弄碎之后，与水混合成砂浆，利用砂浆泵通过吸浆管吸至船上，砂浆里多余的水再排回海中。用直径 254 毫米的吸浆管，400 马力的泵和 75 马力的挖头，每小时能开采胶结砂 190 立方米，或开采软岩 38 立方米。用直径 762 毫米的吸浆管，8000 马力的泵和 2500 马力的挖头，每小时能开采胶结砂 3450 立方米，或开采软岩和中硬岩 1530 立方米。

　　砂金矿和砂铂矿等，由于金或铂粒度细和容重大，在砂层中越靠下就越富，靠近底岩的砂层含金或铂最富。若底岩具有裂缝，则金或铂时常钻入裂缝当中，因此除开采砂层之外，尚需将底岩的上部采出 0.3 至 0.6 米厚，以回收底岩裂缝中的金或铂。开采这部分的底岩时，就需要用带挖头的吸砂船。

5. 不带挖头的吸砂船　图 16e 是不带挖头的吸砂船，应用于开采未曾胶结的砂矿。为了增加吸砂面积，吸砂管的下口扩大成漏斗形状。吸浆管可以用钢丝缠绕的软管，也可以用钢管。若用钢管，钢管的接头必须用软胶皮管的接头，使之有活动的余地，以适应于砂层的起伏，使吸浆管下口经常与砂层接触。水力吸砂船的开采深度不超过 45 米，每小时生产能力一般为 300 立方米以上。图 21 是在冰岛海域内开采灰质砂的具有漏斗口的吸砂管吸砂船，船重 1100 吨，船上能载砂 765 立方米。用胶管连接的钢管，其直径为 610 毫米，管长 48 米，工作深度不超过 42 米，在宽 730 至 915 米，长 16 至 20 公里的砂层范围内进行开采，每小时能吸砂浆 8000 吨，其中固体砂含量为 3％ 至 5％，也就是每小时能采 240 至 400 吨矿砂。

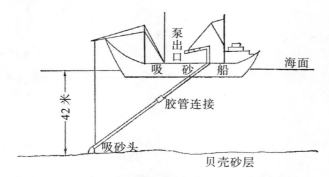

图 21　冰岛开采灰质砂的吸砂船

美国西岸外使用的一种吸砂船，吸浆管下口不是漏斗口，而是刮砂器。图 22 表示加利福尼亚型刮砂器。刮砂器的底面长 1 米，宽 0.33 米，由纵横钢条制成的格子以限制砾石进入。刮砂器以轴为枢纽与吸浆管连接，保证了刮砂器底面全部与砂层相接触。吸浆管直径为 305 毫米，随刮随吸，船行速度为每小时 0.72 至 2.2 公里，速度快则刮的深度小。英国在康沃尔的红河口附近海滨开采砂锡矿也使用这种吸砂船，船的行进方向平行于海岸，该地含锡砂层很薄（0.6 米），位于砂砾层的上部，锡砂粒度很细，特别易于使用刮砂器。

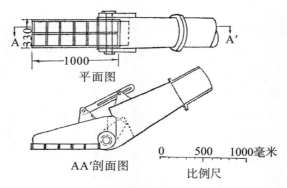

图 22　加利福尼亚型刮砂器

对于开采粗粒的砂金和锡石等，由于其容重大，易下沉，不易吸入，一般不使用吸砂船。对于开采制造水泥的灰质砂、贝壳砂和制造混凝土的建筑砂，则常用吸砂船，其成本每立方米为 0.75 元左右。英国在浅海中大量地开采建筑用的砂砾，每年达1000 万吨，其中大部分是用离心泵吸砂的采砂船开采的。在水深 15 米左右，用吸砂船开采成本为每立方米 0.39 至 0.57 元。由于成本较低，所以海下剥离砂层常使用此法。

对于半胶结的砂层，开采时需要用高压水喷射砂层，使之松散后再吸采，图 7 表示它的结构。

此外，汾丘里吸砂管淘金器，可供潜水员在海底或湖底开采砂金。它是单人使用的小型采选设备，如图 23 所示，用高压射流水管产生负压，将砂浆吸入，由另一口排出废砂，黄金和重砂被捕集在溜槽的挡板条之间。

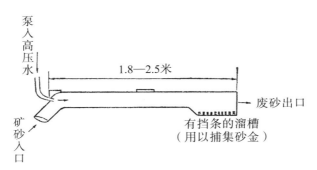

图 23　汾丘里吸砂管淘金器

6. 深海水力采砂船　深海水力采砂船（图 16f）至今尚未有实践的经验，只有各种设计方案。图 24 是其中一种方案。船在海面上，下为稳浮漂，再下为主要管道，长达 3000 米以上，视海水深度而定；主要管道通至下边的主浮仓，主浮仓内有电动机和砂浆泵等遥控自动设备，主浮仓距海底不能超过 75 米，其距离是固定的，由海底吸砂上来再排至海面船上。图上表示的主浮仓，其下部是剖面图，主浮仓内下部是平衡水，可以排除和灌入，借以平衡主浮仓的重量。不算船只，全部水下设备共重 2000 多吨，开采成本相当高，每吨锰矿瘤在 250 元以上。另一种改进的设计方案，如图 25，下部两个吸砂管都是用铰链连接的，以适应海底深度的变化，下口的吸砂面积也扩大了；用电动螺旋桨使之连续向前移动；下部又备有电视照相机，由于设备昂贵，成本高，在实践中尚未应用，并有待于今后的改进。

7. 气泡泵吸砂船　图 2d（略）和图 16g 都是气泡泵吸砂船，其工作原理在图 2d上表示得更清楚。压缩空气进入吸砂管的下端，向吸砂管内输送气泡，借以提升砂浆。此法只需要空气压缩机，设备简单，逐渐受到重视，现在加拿大、东南亚和南非等地都在使用它开采砂矿，开采深度一般在 30 米以内。

西南非用它开采海内金刚石砂矿，其吸砂管直径为 500 毫米，压缩空气管直径为50 毫米，空气压力为每平方厘米 5.3 公斤。若砂层具有胶结性，就需要用高压水喷射使之松散。这种带喷嘴的气泡吸砂管的结构见图 9。气泡泵吸砂船的工作深度也能增加，若增加气泡的浓度，则工作深度能达 180 米，乃至 300 米，这时砂浆中含砂的浓度就降低了，成本就增加了，每立方米需要9元左右。

开采海内砂矿，除使用上述各种采砂船外，尚有潜水艇和深海潜水艇等，目前都在试验阶段。

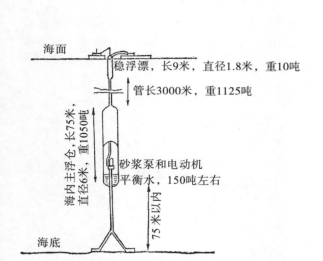

图24 深海水力采砂船设计方案草图

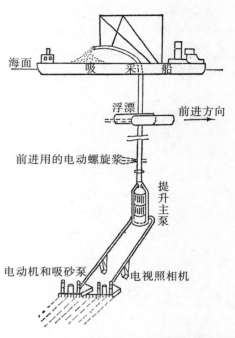

图25 深海开采锰矿瘤吸采船的设计方案图

三、海底流体矿床开采方法

海底流体矿床主要指的是石油矿和天然瓦斯。在红海内用1800米深的钻孔开采浓盐液，也是流体矿床。此外，固体矿床用流体方法开采的，也可划归此类，如美国在墨西哥湾用融化法（弗拉氏法）开采硫磺。其他矿床，如钾矿可用溶解法开采，铜矿等可用溶液法（也叫浸析法）开采；但钾矿和铜矿这样开采的只有在陆地上有实例，在海域内至今尚无实例。现将石油、天然瓦斯和硫磺开采方法分述于下。

1. 海内石油和天然瓦斯的开采方法 石油、天然瓦斯的开采方法是一样的，它们的勘探方法和开采方法是统一的，都是利用钻井（即深钻孔）。用深钻孔勘探石油或瓦斯，当钻孔遇到了石油或瓦斯时，勘探钻孔以后就变成生产井；遇不到的就是废井或干井。生产井有自动喷出的，有加压抽出的，也有生产能力逐步降低，但经过碎裂技术等疏通后产量又增加的。当海底储油量大而压力又大时，可多钻些井或钻口径较大的井，以增加生产能力；当油层压力小时，过多的井数或过大的井口反而不利，会使石油不能全部采出，而浪费在地下。瓦斯井绝大多数都是穿过背斜层顶部的，石油井则除穿过背斜层外，尚有穿过向斜层、单斜层、盐丘层和断层等地质构造的。图11就是英国在北海的一个瓦斯生产井剖面图。这是先用地震法勘探找出背斜层构造后，再在背斜层处打钻井，遇到了三层瓦斯。由于钻井时的钻头磨损，井口愈向下愈小，此瓦斯井最上部的30米，其直径为760毫米；至300米处改为井径660毫米，套管直径500毫米；再下则套管直径改为 340 毫米，达深度 2700 米；再下为 336 毫米的井径，245 毫米的套管；再下为 215 毫米的井径，178 毫米的套管；最下为 152 毫米的井径。钻井速度为每小时 1.5 至 30 米不等，穿过页岩或盐层时速度较快，穿过硬石膏、石灰岩或白云岩时速度较慢（图 11）。该井日产瓦斯 1,400,000 立方米。

大洋洲南，在南纬 38°—38.7°、东经 147.5°—148.5° 之间，自 1964 年 12 月 27 日至 1968 年 10 月 30 日共钻了 18 口井，最浅的为 1205 米，最深的为 3600 米，其中 4 口井发现了瓦斯，7 口井发现了石油，4 口井发现了石油和瓦斯，1 口井是干井，1 口井中途作废了，1 口井那时尚未完工。有这样的效果，算是较好的。

在海内开采石油或瓦斯，还要在海底铺设输送管道通至岸上。如英国在北海的某瓦斯矿，在海底铺设了长 71 公里，直径为 480 毫米的瓦斯输送管，管壁厚 13.5 毫米，能承受的最高压力为每平方厘米 124 公斤，管道共重 13,000 吨，每天能输送瓦斯 8,500,000 立方米。大洋洲也铺设了长 176 公里，直径为 456 至 610 毫米的海底输油管。海底管道要用一层混凝土等来保护，并在接近海岸处在海底以下 1.2 至 3 米深，以防船只抛锚时对其造成损坏。

在海底开采石油和瓦斯与在大陆上开采大致相同，不同的是在固定台架或在人工岛上进行工作。此外，在海内，石油的事故性喷出或少量泄漏都是不允许的，因为它会造成海水的严重污染，危害甚大，这就又增加了海内开采石油的困难。

2. 海底硫磺矿的融化开采法　美国在墨西哥湾内有两个硫磺矿是用融化法，也叫弗拉氏（Flasch）法开采的，其中一个是 1968 年建成的。钻井离海岸 10 公里，水深 15 米。硫磺井的钻井工作与石油井基本相同，钻塔装在钢材制成的固定台架上。该台架共有 90 个支撑腿，每个腿长 90 米，打入海底以下 60 米深，相当牢固，台架共用钢材 7000 吨。在这个台架上有两座钻塔和足够容纳 70 人的住房等。钻井打完后，装配有三层管的套管，将超热水通过套管压入海底下的硫磺层。硫磺被超热水融化为液体后，再通过此套管的另一层用气泡泵的原理自动地排出来。套管的结构和工作情况如图 26 所示。套管本身分为里外三层，中心细管直径为 32 毫米，是进压缩空气的，以便在下部供应气泡，借以排出液体硫磺。在细管外边套的一层管，直径为 100 毫米，是借用气泡作用以排出液体硫磺的。最外的一层套管，直径为 200 毫米，是由上部压入超热水的，超热水用来融化地下的硫磺。图 26 表示了三层套管的结构，超热水由外层套管进入后，通过其下部的周身孔眼压入硫磺层内，将硫磺融化为液体，液体硫磺由于容重大于水而沉至下部，再经过最下部的孔眼进入 100 毫米的套管，并借助气泡排出来。为了保护套管，在海水和松软岩层部分，外面再加一层直径为 254 毫米的套管，起封闭保护的作用。该硫磺井每日消耗超热水 19 万立方米，超热水的温度为 160℃ 至 169℃。这种开采方法既安全又经济，是开采硫磺矿的主要方法之一。

海内开采矿产有个特殊问题——定位问题。确定海底矿床的开采地点和圈定矿床边界，一般是用浮标在海面上确定位置。距岸近的海域内用与岸上标志的相对位置来定位，定位比较准确也容易；距岸远些的，一般利用岸上的两处标志（夜间需要有灯光的标志），使用大三角测量法来定位，其允许误差为 2 米。在距岸很远的汪洋大海中，定位比较困难，可用船只航行的时间和方向来定位，也可通过测量太阳和星体来定位，但误差比较大，上下误差各达 1 公里左右；近来则利用人造卫星进行远海定位，比较精确，其误差不大于 60 米。

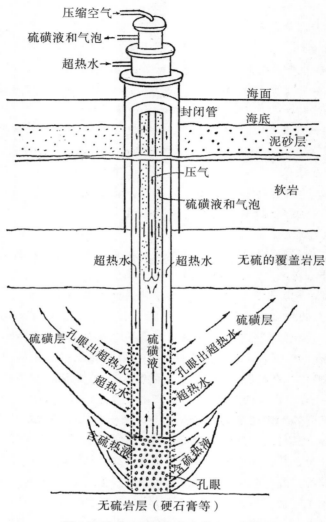

图 26　融化法开采海底硫磺矿示意图

　　海底采矿毕竟经历不长，这一新型工业发展很快，不论是采矿的地点数目，开采的矿产种类，还是开采的矿产数量，都在年年增加。现将世界上一些不完全的数据列于表 6，以供参考。

表 6　海内矿产资源的年产量部分资料

矿产名称	产状	开采地点	开采年份	年产量
石油	液体矿	墨西哥湾、波斯湾等	1970	390,000,000 吨
食盐	溶解物	世界各地海滨	1969	100,000,000 吨
镁	溶解物	美国、英国、德国、苏联、加拿大等	1963	300,000 吨

矿产名称	产状	开采地点	开采年份	年产量
溴	溶解物	各地海水中	1964	75,000 吨
人造淡水	海水内	美国、中东、大西洋等	1964	60,000,000 吨
金刚石矿砂	松散砂矿	西南非洲	1965	184,000 立方米
重砂矿	松散砂矿	美国、大洋洲、东南非洲、欧洲	1965	1,307,000 吨
磁铁矿砂	松散砂矿	日本	1962	360,000 吨
砂锡	松散砂矿	东南亚、英国	1965	10,000 吨精矿
石灰质砂矿	松散砂矿	美国、冰岛	1965	16,600,000 立方米
砂砾	松散砂矿	美国、英国等许多国家	1966	83,600,000 立方米
铁矿	整体矿床	芬兰、纽芬兰	1965	1,700,000 吨
煤矿	整体矿床	日本、土耳其、英国、加拿大	1965	33,500,000 吨
硫磺矿	固体矿床	墨西哥湾	1965	600,000 吨

海底采矿[①]

　　海底和陆地属于同一地壳，在地貌上也相似。陆地上有山脉、深谷、高原和平原，海底也是如此，且高低差别还超过陆地。陆地上有矿藏，而海底矿藏也很丰富。陆地采矿已有几千年的历史，但海底采矿还是本世纪才出现的。这是由于海底有海水相隔，被人们认识得较晚。解放后，我国人民在毛主席革命路线指引下，破除迷信，解放思想，以"可上九天揽月，可下五洋捉鳖"的大无畏精神，战天斗海，在我国采矿史上增添了前所未有的海底采矿这一新篇章。

　　现在世界上进行开采的海底矿产种类繁多，其经济价值最大的是石油，其次是砂砾和锰瘤（锰结核），因此本文只介绍这三种矿产的海底开采。

海底石油开采

　　海底石油（包括天然气）多蕴藏在大陆架地区，估计有 2000 亿吨以上，约占陆地石油蕴藏量的三分之一。世界蕴藏石油最丰富的海域，一般认为，有东中国海、南中国海、波斯湾、墨西哥湾和北海等。现在世界石油总产量每年已达 29 亿吨，其中由海底开采的约占 17%。由于海底石油在海底矿产中占有不可比拟的独特地位，而我国近海又是石油蕴藏最丰富的地区，所以我国海底石油开采的前景将极为远大。

　　海底采油与陆地采油一样，都是向石油层钻油井，然后由油井中生产石油。不同之处主要在于海底采油需要建造海上平台。在陆地钻井，钻塔可直接安置在陆地上；而海

底钻井则不同，钻塔要安置在与海底固定并高出海面的平台上。当然，也可利用备有钻塔的船只来进行钻探，但在进行生产时仍需建造平台。也有在很浅的海水中填海造成人工岛来代替平台的，但这很少见。所以，平台的建造是海底采油的一项必要的和重要的工程。

我国正在生产石油的渤海，是一个平均深度只有 26 米的内海，海面风浪较小，建造平台比较容易。其方法是在海底打入桩柱，再在桩柱上建造平台。为了缩短建造平台的海上作业时间并提高建造效率，一般可采用大型预制件的装配办法。最大的预制件是平台的基座，它预先在陆地上制成，然后用船只运至钻井地点。平台建造程序如图 1 所示。先将预制的基座运至钻井位置（图 1a），再将基座置放在海底上，基座上端要露出海面（图 1b），然后穿过基座的管状腿，将桩柱打入海底一定的深度，使基座与海底固定起来（图 1c），最后在基座上安置平台（图 1d）。这样可以减少海上作业量，加快建造速度，节省钻井时间，以便及早进行石油生产。

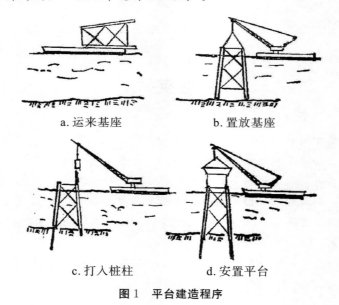

a.运来基座　　　　　　　　b.置放基座

c.打入桩柱　　　　　　　　d.安置平台

图 1　平台建造程序

海底砂砾开采

沿岸海底砂砾的蕴藏量是很大的，并且分布很广。世界上由海底开采的砂砾每年达 8000 万吨，其数量和价值，除海底石油外，远远超过其他海底矿产，在产值上占全部海底固体矿产的 60% 以上。在陆地上开采砂砾，由于越采越深，使成本增高，这就促使了海底砂砾开采的日益发展。在浅海中用采砂船开采砂砾成本低，可在船上选洗加工，运输也方便，这都是海底采砂砾的有利条件。砂砾除作建筑材料外，钙质砂砾可用以制造水泥，硅质砂砾可用以制造玻璃，还可用海底砂砾填海造地。

开采海底砂砾，都是使用采砂船。其中抓斗和拉斗采砂船由于用单斗挖掘，不能连续生产，生产能力低而生产成本高，所以使用得很少。广泛使用的有多链斗采砂船和水力吸砂船。多链斗采砂船是一种平底船，船上装有连续运转的很多链斗，在海底不间断地挖取砂砾。它的生产能力强，生产成本低，砂砾的粒度大小又不受限制，所以使用最为广泛。在我国广东开采砂砾使用的就是这种船。水力吸砂船是用泵和吸砂管从海底吸取细砂砾的，对粒度较大的砂砾则效率降低，使生产成本增高，对于胶结的砂砾，尚需有带旋转刀具的挖头，先松动砂砾层，然后吸取，所以它宜于开采海底松散细砂。

这两种船的机械化程度都很高，需要人力很少，生产能力相当强。0.78 立方米斗容的多链斗采砂船与 0.76 米直径吸砂管的水力吸砂船，其生产能力大致相同，每小时约采砂 770 立方米。

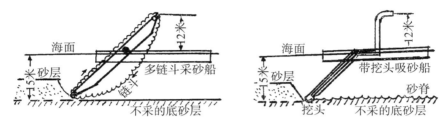

图 2　相同条件下的多链斗采砂船和带挖头吸砂船工作情况

海底锰瘤开采

锰瘤内含锰、铁、镍、铜、钴等多种金属和其他 20 多种微量元素。它的生成是以微细的火山灰等为核心，利用海水中所含的锰和铁等，以形成大小不同的球形体。球形锰瘤大小不等，一般直径为 1 至 10 厘米，平均直径为 8 厘米，赋存于海底表面，成一薄层。它每年在生长，使锰瘤层每千年约增加 1 至 3 毫米的厚度。但海中的其他沉积物，当其沉积速度大于锰瘤的生长速度时，锰瘤会被冲淡而失去经济价值。锰瘤在浅海海底上很罕见，而在深海海底上则分布得很广泛，但分布并不均匀，所含各种金属品位也不一致。通过近年来的勘探，发现太平洋的锰瘤比大西洋和印度洋的储量多，品位富，其中北太平洋的北纬 6°30′—20°、西经 110°—180° 之间的这一地区，锰瘤最多也最富。深海海底上，一般每平方米有锰瘤 0.5 到 35 公斤，平均 4.4 公斤，也就是每平方公里上有 4400 吨。全部海底的锰瘤储量约达 15,000 亿吨。锰瘤中所含的金属品位如下表所示：

锰瘤所含主要金属名称	太平洋锰瘤			大西洋锰瘤			印度洋锰瘤
	最高品位（％）	最低品位（％）	平均品位（％）	最高品位（％）	最低品位（％）	平均品位（％）	平均品位（％）
锰	50.9	8.2	24.2	21.5	12.0	16.3	14.7
镍	2.0	0.16	0.99	0.54	0.31	0.41	0.427
铜	1.6	0.028	0.53	0.41	0.05	0.20	0.216
钴	2.3	0.014	0.35	0.68	0.06	0.31	0.255

在这些锰瘤中，只要选择其品位较富的进行开采，即使采出总储量的1％，也可采出锰瘤150亿吨，从中能得锰35亿吨、镍1.5亿吨、铜1.5亿吨、钴1.5亿吨，这是极为庞大的资源。面对这样富饶的资源，苏美两霸垂涎三尺。他们在海洋上到处进行勘查，妄图垄断锰瘤资源的开采权，遭到世界人民特别是第三世界国家的坚决反对。当前，围绕着锰瘤等深海采矿权问题反对苏美争霸海洋的斗争正在波澜壮阔地开展。

锰瘤多分布在超过3000米深的深海海底上，这给开采带来了一定的困难。但是由于薄层锰瘤成松散状态赋存在海底表面，开采时不需要打钻、爆破等繁重工序，只要从海底直接捞取即可，又给开采提供了有利条件。捞取的方法，目前使用的是连续索斗船。虽然尚有其他各种设计方案，如利用气泡的浮力或轻介质的浮力将锰瘤通过管道吸至船上，或用小型堆积机一类的设备，在海底采满锰瘤后再提升上来，但这些方案，有的设备复杂，成本较高，有的因锰瘤比重太大，吸取率太低，也有的在技术上尚未过关，目前还不能实现。

连续索斗船长约80米，连续转动的无极绳索，其长度为海水深度的2.4倍，绳索直径约4厘米，是由尼龙丝编织成的，其抗拉强度达20吨。绳索上每隔25米左右装有一个容积约0.01立方米的挖斗，一个个地在海底拉捞锰瘤后，再提升到船上。船的行动是借助船侧部的推进器使船横向航行，航向近似垂直于环形绳索面，以扩大挖捞界限的宽度并保持挖斗对海底的适宜接触角。船行的速度每秒由0.2到1米，由锰瘤层的厚度来确定。船的行动与索斗的转动都是连续的，这样就可以将海底上一条带的锰瘤采捞上来。锰瘤在船上经过洗选后，锰瘤精矿再用运输船只运至岸上工厂加工。加工时先用浸滤法将镍、铜、钴溶解出来，使之与铁、锰分离，然后再分别加工，获得单纯金属。加工费用并不太高，但远洋运输费用使总成本有所提高。根据目前情况估计，其总成本并不高于陆地上生产这些金属的成本，所以由海底开采锰瘤在经济上是可行的。

三、新中国采矿学科建设的奠基人

按　语

1952 年教育部发文，进行高等学校院系调整。8 月 9 日，教育部发布《关于采矿系调整的指示》，明确采矿系按照三大类别的调整方案：一是金属（包括黑色和有色）采矿，把天津大学（原北洋大学）、清华大学等院校相关教师和设备调入北京钢铁工业学院（现北京科技大学），建立采矿教研组（后扩充为系）。二是采煤类归属新建立的北京矿业学院。三是采石油类归属清华大学。新建立的北京钢铁工业学院采矿教研组集聚教授多名，师资力量雄厚，设备相对齐全，学院又归属教育部和冶金部双重领导，天时、地利、人和，使北京钢铁工业学院采矿教研组从一开始就在全国高校同类专业中处于明显的优势地位。

在院系调整中，刘之祥作为天津大学的资深教授随调，成为北京钢铁工业学院（后更名为北京钢铁学院）采矿教研组的一员，直至 1987 年去世。35 年岁月，刘之祥在推动学科理论发展中取得了多项重要的、具有标志意义的成果，成为全国采矿学科特别是金属采矿学科理论的奠基人。

1. 刘之祥的基础条件：

（1）刘之祥 1928 年从北洋大学毕业。抗日战争期间，他随北洋工学院院长李书田到西昌，在新创办的国立西康技艺专科学校任采矿系教授、采矿系主任，并兼任总务长、教务长。1945—1947 年先后赴英国皇家采矿学院和美国科罗拉多矿业大学进行考察和研究。1947 年回北洋大学，担任采矿系主任、采矿研究所所长。1949 年，教学职务不变，同时兼任天津大学校务会委员、常委，兼秘书长。

（2）1940 年发现攀枝花钒钛磁铁矿，是他将采矿理论和实践相结合取得的重大成果。这一成果为国家和社会做出了重大贡献，也成为他本人在金属矿勘探和采矿领域的一座丰碑。

（3）因发现攀枝花钒钛磁铁矿，1943 年获颁教育部部聘教授。

2. 刘之祥积极主动地实现教育思想的转变，在教育和学术研究中根据党的教育方针，发挥示范和引领作用。新中国成立后，高等学校多次开展大规模的教育改革运动。这些改革运动的内容和形式各有不同，但在本质上都是要消除"封资修"对教育和教学的影响，逐步树立与社会主义要求相适应的新的教育思想。这是教育领域一场深刻的革命。1949年刘之祥在天津参加刘少奇召开的教育界代表座谈会，受到深刻教育。现在我们从他学生的回忆中，在他的学术成果中，在他编写的教材中，都可以看到刘之祥思想认识的变化。他尝试并坚持用马克思主义的基本观点指导自己的教学和研究工作；坚持党的教育方针，强调采矿事业的发展应该服从和服务于国家的经济发展要求；反对科学研究中盲目崇洋媚外，妄自菲薄；坚持理论联系实际，教学和实践相结合；十分重视采矿事业发展中的安全和环境保护问题。一位资深教授教育思想的转变将成为宝贵的资源，对青年教师和学生有潜移默化的积极影响，更使采矿学科理论建设较早就能贯彻正确的指导思想。

3. 采矿系几名教授主讲的课程有分工，"文化大革命"前"金属矿床开采"这门课程始终由刘之祥一人主讲。院系调整方案明确，北京钢铁工业学院采矿学科规定为金属采矿，因此"金属矿床开采"成为课程体系中的重中之重，学科理论发展中的核心课程。全课程152学时，排课一年。刘之祥1952年下半年开课，一面讲授，一面编写讲义，1954年全套讲义完成。1957年，刘之祥牵头组织东北工学院、中南矿冶学院、昆明工学院、西安矿业学院等院校采矿教研组相关教师讨论，决定共同编写通用的《金属矿床开采》教科书。该教科书于1959年5月由冶金工业出版社出版。一年多之后，各院校推举刘之祥根据试用情况，对原版教科书进行统一审核与修订，并于1961年10月由中国工业出版社出版，明确为"高等学校教学用书"，分上、下两册。

冶金工业出版社版本和中国工业出版社版本均以相关院校采矿教研组署名，而没有以承担任务和责任的教师个人署名，这是当时的社会环境所决定的，几乎是通例。今天我们有责任实事求是地把著作权还给相关教师。刘之祥为本书北京钢铁学院采矿教研组实际责任人，有他这门课程的讲义为证，有上世纪五十年代本专业毕业的五名教授的一致确认，冶金工业出版社版本的"前言"和"绪论"、中国工业出版社版本的"再版说明"的指导思想和史料，与刘之祥《中国古代矿业发展史》相关内容相吻合。

《金属矿床开采》既是一部教材，也是一部重要的学术著作，在学科理论发展中地位突出。作为教材，它的教学目的明确，结构体系完整，理论逻辑严谨，紧密结合实际，教学的途径、方法具体，可操作性强，受到使用学校师生的好评，并为之后相继出版的《金属矿床露天开采》和《金属矿床地下开采》两部教材提供了范本。作为学术著作，它融入了新中国成立前后我国采矿学科理论研究和技术发展成果，吸取了新中国成立后十多年间国内外采矿理论的精华。这本书是新中国成立前后国内和国外理论成果的集萃，富有近现代中国采矿理论特色，奠定了新中国金属矿床学科的理论基础。

为更好地指导"金属矿床开采"课程教学，五院校共同编写了《采矿方法教学大纲》。该大纲适用于本科五年制采矿专业，于1964年8月印制。

刘之祥是"金属矿床开采"课程的授课教师，在《金属矿床开采》教材编写过程中是发起人、组织者、编写者之一，是全书的修改者和审定者，历经十多年使这部著作臻于完善。刘之祥是事实上的主编。刘之祥不仅成为北京钢铁学院采矿学科理论发展的奠基人，同时也成为全国金属采矿学科理论发展的奠基人。刘之祥贡献突出，实至名归。

4. 刘之祥在传统和前沿两个方面开拓新领域，为采矿学科理论发展做出新贡献。

（1）中国古代矿业发展史是采矿学科的一个综合研究课题，新中国成立前有人研究过，新中国成立后刘之祥是研究这个课题的第一人。在这个研究领域，刘之祥发挥了承上启下的重要作用，为后人的研究搭建了一个起点很高的平台。

（2）海洋矿产资源开发，在上世纪六七十年代，世界发达国家对这一领域的研究起步时间不长，我国还无人问津。刘之祥的研究成果打破了我国在这个研究领域的沉寂，实现了零的突破，向世界发出了中国声音。刘之祥 1972 年由科学出版社出版的《开发海洋矿产资源》，开创了我国海洋矿产资源可开发研究的新纪元，极大地拓宽了采矿学科理论研究的领域，这是一项可以载入史册的贡献。

据几位刘之祥的学生，现已九十岁左右的老教授们回忆，刘之祥早在 1967 年就在冶金工业出版社出版了《海洋采矿》一书，黄色纸质封面，可惜现在已无法找到这部著作。

5. 我国部分高校 1956 年开始以苏联专家名义招收副博士研究生，每名研究生由本校派一名教授共同指导。当时北京钢铁工业学院采矿教研室招收了两名学生，刘之祥是本校实际指导的教授之一。

6. 1952 年高校院系调整后，最初几年内迫在眉睫的一项任务，是要按照党的教育方针和教学要求，每个专业开设一套本专业的基础理论课和专业理论课，把正常的教学秩序建立起来。为解燃眉之急，刘之祥一人承担了多门课程的教学任务，并在几年之内起早贪黑，编写出相应课程的讲义和教材。在这本文集类著作中，没有必要也没有可能把这些讲义和教材全部收录，我们只是选取这些讲义或教材的封面和目录，同时任选几本讲义中的几页书稿，以资佐证。

以下是刘之祥公开出版的采矿学科著作和教材，以及没有出版的部分课程讲义：

（1）《采矿知识》（合著），1955 年中华全国科学技术普及协会出版。

（2）《金属矿床开采》（合著），1954 年讲义，1959 年冶金工业出版社出版，1961 年中国工业出版社出版。

（3）《采矿大意》，1953 年讲义。

（4）《物理探矿》，1952 年讲义。

（5）《矿山力学及支柱》，1953 年讲义。

1984 年，刘之祥相继完成冶金工业出版社的《英汉金属矿业词典》审定工作，履行《中国大百科全书·矿冶》采矿编辑委员会第一副主任职责后，因年老，停止了金属采矿学科理论研究的各项活动。

采矿知识[①]

采矿工业的重要性

采矿工业是国民经济中非常重要的一个环节。它所采出的金属矿石、矿物燃料和非金属矿石，是工业原料的来源，更是重工业原料的来源。因此采矿工业的发展，对于国家大规模的计划经济建设，对于国防事业，以及对于国家在经济上的完全独立自主，都具有首要的意义。

什么叫做采矿？采矿就是用科学的、经济的方法，把天然存在于地壳中的有用矿物开采出来，以供人民的需要。采矿方法可以分成两大类：一类是露天采矿法，另一类是地下采矿法。露天采矿法是用露天的方法开采地面上或者接近地面的有用矿物。地下采矿法是用凿井的方法开采位于地下较深处的有用矿物。

采矿过程可以分为两段：前段是属于基本建设的，叫做"开拓"；后段是属于生产的，叫做"回采"。开拓是先开凿有系统的通路以达到矿体，如矿井、石门、巷道等，为直接采矿工作打好基础。回采也叫采矿，是安全而又经济地按一定步骤把地下有用矿物尽可能多的开采出来。在开拓以前，必先有探矿，以明了地下矿物的详细情况，确定矿质与矿量，以免盲目施工。矿采出来以后，如矿石品质较差，或含废石较多，则必须经过选矿步骤，以提高矿石成分，然后再送至冶炼厂加工。

岩石和有用矿物的一般知识

地球的外壳由岩石组成，表土也是岩石的一种。岩石经过风化腐蚀而破碎，再经过水的冲击和风的吹刮，把它带到或远或近的地方，沉积而形成表土。

岩石按其起源可分为火成岩、水成岩和变质岩三种：花岗岩属于火成岩；砂岩、页岩、石灰岩、黄土属于水成岩；片麻岩、片岩、大理石属于变质岩。岩石有由一种矿物组成的，如石英岩、石灰岩；有由数种矿物组成的，如花岗岩，它是由长石、石英和云母三种矿物所组成的。

岩石中的矿物，只要是由于人类的需要而加以利用，不论是否需要加工，全叫做有用矿物，也叫做矿石。

在自然界中，有用矿物有固体的，如铁矿石和煤等；有液体的，如石油和盐水等；也有气体的，如天然瓦斯等。

包围在有用矿石四周的岩石，叫做围岩。围岩不能被人类利用，所以也叫废石。

[①] 刘之祥和么殿焕于 1955 年共同编撰的科普著作，由中华全国科学技术普及协会出版。本书通俗易懂，用不大的篇幅概括了采矿学科核心内容的完整体系，兼顾了理论和操作两方面的基本要求。

有用矿物和废石的区分不是绝对的，在不同的条件下，有用矿物和废石是可以互相变化的。例如，开掘矿井时所穿过的石灰岩是废石，但也有专门采掘石灰岩，用以烧制石灰或作为冶炼用的溶剂，这时石灰岩就变成了有用矿物。

有用矿物在地壳内天然聚集的地方，占有地壳内一定的空间，这叫做有用矿物的矿体，也叫矿床。

矿体按形状不同，可分为层状矿体和非层状矿体。层状矿体有矿层和矿脉，非层状矿体有矿团、矿巢、矿囊、瘤状矿体、扁豆状矿体和网状矿体等。

岩层与矿层在地质史上受到了变动，可能发生褶曲或者发生移动。向上的褶曲叫做背斜层，向下的褶曲叫做向斜层（图一）。岩层或矿层的一部分对于另一部分发生了变位的移动，这叫做断层（图二）。

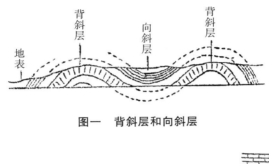

图一　背斜层和向斜层

A. 岩层未经破坏的部分　　B. 正断层　　C. 逆断层

图二　断层

岩层或矿层的长度延长方向叫做走向。岩层面或矿层面与水平面相交之线，叫做走向线。走向的方向，按走向线与子午线间所成的角度而定。

在岩层面或矿层面上与走向线成垂直的线，叫做倾斜线。岩层面或矿层面与水平面所形成的角度叫做倾角。按倾角的不同，矿体可以分为三类：缓倾斜、倾斜、急倾斜。缓倾斜矿体是矿体倾角为 $0°$ 至 $30°$，倾斜是矿体倾角为 $30°$ 至 $45°$，急倾斜是矿体倾角为 $45°$ 至 $90°$。

矿体的厚度是矿层顶板与底板间的垂直距离，也就是矿床上盘与下盘间的垂直距离。矿床按厚度可以分成五种：厚度小于 0.7 米，叫做极薄矿床；厚度由 0.7 米至 2 米，叫做薄矿床；厚度由 2 米至 5 米，叫做中厚矿床；厚度由 5 米至 20 米，叫做厚矿床；厚度大于 20 米，叫做极厚矿床。

按矿石品位的高低，可分为富矿与贫矿。矿体中矿石的品位也就是矿石的金属含量，含量在 50% 以上者称为富矿，50% 以下的是贫矿。矿石的品位又有以下几种情况：品位不变的矿床、品位有规律地逐渐变化的矿床和品位变化无规律且变化剧烈的矿床。

矿床与围岩的接触面有明显的也有不明显的,有规则的也有不规则的。

矿床与围岩的性质有坚硬而稳定的,有软弱而不稳定的,也有因裂缝节理(岩石断裂的一种,两壁虽平行离开但无较大的错动现象)发达而不稳定的。

以上所谈的一切,如褶曲、断层、走向、倾角、厚度、品位、接触面和稳定性等,与确定采矿方法都有直接的关系。因此在讲到采矿方法以前,应当先要明了这些情况。

黑色冶金工业的主要原料(矿石)

铁矿石

铁矿石是炼铁、炼钢的基本原料,目前能够广泛利用的有四五种,现将几种铁矿的化学组成、形状及性质略述于下。

(一)赤铁矿:

(1)化学组成:Fe_2O_3〔Fe(铁)=70%,O(氧)=30%〕。常含有钛、镁及矽等杂质。

(2)形状:为浅黑色或淡红色之金属状矿物,形状有块状、柱状、卵状。

(3)物理性质:硬度5—6.5。比重4—5.3。呈金属光泽、半金属光泽及暗淡状。颜色为暗钢灰色至铁黑色。条痕为淡红褐色或桃红色。不透明。块状者脆。片状者有弹性。断口呈参差状或贝壳状。有时因含有少许之磁铁矿而有微磁性。

(二)磁铁矿:

(1)化学组成:Fe_3O_4或FeO或Fe_2O_3〔Fe(铁)=73%,O(氧)=27%〕。常含有锰、镁、钛、矽等杂质。

(2)形状:为黑色具有磁性之金属光泽矿物,多为块状、薄片状、细粒状等。

(3)物理性质:硬度5—6.5。比重4—5.2。熔度5—5.5。呈金属光泽、半金属光泽或暗淡状。颜色为铁黑色。条痕为黑色。不透明。性脆。断口呈贝壳状或参差状。有强磁性。种类很多。

(三)褐铁矿:

(1)化学组成:$Fe_4O_3(OH)_6$或$2Fe_2O_3$或$3H_2O$〔Fe(铁)=57%,O(氧)=25%,H_2O(水)=18%〕。常含砂、黏土、锰、磷等杂质。

(2)形状:形状不一,有纤维状、葡萄状、乳房状、蜂窝状、土状等。为褐黑色之半金属状矿物。

(3)物理性质:硬度1—5.5。比重3.4—4.4。光泽呈半金属状或暗淡状及土状等。颜色有淡黄色、褐色、黑色等。条痕为淡黄色、褐色或黄色。不透明。性脆。断口呈贝壳状至土状。种类有致密褐铁矿、沼铁矿等。

(四)菱铁矿:

(1)化学组成:$FeCO_3$〔Fe(铁)=48%,FeO(一氧化铁)=62%,CO_2(二氧化碳)=38%〕。常含有锰、镁、钙等杂质。

(2)形状:为褐色玻璃状矿物。通常多为可剥之块状、粒状、葡萄状等。常带有菱面形解理（晶体遇外力常依一定方向破碎而呈的裂纹曰解理），及曲面之菱面结晶形。

（3）物理性质：硬度 3.5—4.5。比重 3.8—4。光泽呈玻璃状、珍珠状或暗淡状。颜色有灰、褐、白等色。条痕为白色或淡黄色。半透明至不透明。性脆。断口呈参差状。解理为菱面。复屈折性极强。

上述四种铁矿因常常与其他杂质混在一起，所以就矿石的含铁成分来说，又分贫矿与富矿（含杂质多的叫贫矿，少的叫富矿）两种。贫富矿的详细界限各国尚不一致，大致的原则是以能直接入炉冶炼的为富矿，不能直接入炉而需要加工（选矿）后再入炉的为贫矿；但一般是以含铁 50％为分界（菱铁矿可以低些）。我国亦然。

我国鞍钢现在使用的是磁铁矿和赤铁矿两种，并且贫、富矿齐用。将贫矿经过磨碎磁选后，制成人工富矿（烧结矿）。

非铁矿石

钢铁工业所需的原料，除铁矿石外还必须有若干种类的非铁矿石，例如炼铁用的石灰石、白云石，制碱性炉砖用的菱镁石、白云石，制酸性炉砖及炼焦炉砖用的耐火粘土、矽石，以及炼钢用的萤石等。下面将几种主要非铁矿石的物理化学性质及在钢铁工业上的具体用途略加叙述。

（一）石灰石：化学组成为 $CaCO_3$〔CaO（一氧化钙）＝56％，CO_2（二氧化碳）＝44％〕。常含有少许镁、矽、铁、锰等杂质。为白色玻璃状矿物。形状很多，分块状、粒状、球状、纤维状、土状等 300 余种。硬度 3。比重 2.7。颜色为白色、灰色、红色、黑色等。条痕为白色。性脆。断口呈贝壳状。

石灰石用作炼铁的熔剂。矿床在我国分布很广，但适合冶炼上用的并不太多，因为矿石中的杂质矽石（SiO_2）对炼铁最为不利。一般规定不得超过 1.7％。

（二）菱镁矿：化学组成为 $MgCO_3$〔MgO（一氧化镁）＝47％，CO_2（二氧化碳）＝53％〕。常含少许铁、锰、矽、钙等杂质。多为白、灰白、淡黄等色。硬度 3.5—4.5。比重 2.9—3.1。多呈玻璃光泽。透明至不透明。性脆。我国以辽东半岛的大石桥、海城为中心，南北绵亘百余公里，形成世界上唯一的菱镁矿大矿床。它是炼钢平炉、转炉以及电炉最优等的碱性耐火材料，可制炉壁用的耐火砖。

（三）白云石：化学组成为（Ca 或 Mg）CO_3 或 $CaCO_3$ 或 $MgCO_3$〔CaO（一氧化钙）＝30％，MgO（一氧化镁）＝22％，CO_2（二氧化碳）＝48％〕。通常含有铁、锰、矽、钙等杂质。多为白色或淡红色块状。硬度 3.5—4。比重 2.8—2.9。呈玻璃状、珍珠状光泽。条痕为白色、灰色。透明至不透明。性脆。断口呈贝壳状。它在冶金工业上主要用作炼铁熔剂、制造碱性耐火砖（耐火度在 1700°以上之炉壁砖）以及铁粉之烧结矿等。

（四）矽石：化学组成为 SiO_2〔Si（矽）＝47％，O（氧）＝53％〕。常含有氧化铁、钙、铝等杂质。多为白色或黄色之块状、粒状等。硬度 7。比重 2.65。光泽呈玻璃状。颜色纯粹者为无色，含杂质者有红、黄、蓝、黑、褐、紫、绿等色。条痕为白色。透明至不透明。性脆。断口呈贝壳状或参差状。

矽石是石英的一种，分水成与火成两种，全国到处都有（但火成矿床并不大）。含二氧化矽在 98％以上者，由于耐火度很高，钢铁工业用以制造酸性耐火砖。

（五）耐火粘土：化学组成为 Al_2O_3 或 $2SiO_2$ 或 $2H_2O$〔Al_2O_3（三氧化二铝）＝37％以上〕。常含有铁、钙、镁等杂质。为褐灰色土状、粒状、海绵状。硬度1—3。比重2.4—2.6。光泽暗淡。颜色为白、褐、黄及淡红等色。条痕与色同。不透明。性脆，并有软、硬质之分。用以制造酸性耐火砖，也是黑色冶金工业中不可缺少的一种耐火材料。

（六）萤石：化学组成为 CaF_2〔Ca（钙）＝51％，F（氟）＝49％〕。常含有二氧化矽及氯等杂质。为玻璃状。透明至不透明。硬度4。比重3—3.2。熔度3。光泽呈玻璃状。性脆。断口呈贝壳状。热后置于暗处则发磷光。在冶炼上用作碱性熔剂。炼钢用的萤石，只需 CaF_2 为60％以上之自然结晶质（矿物在生成后的形态）即可。将少量萤石放进炼钢炉内，可以促进炉内原料尽早和均匀地融熔化。矿床系火成，产于花岗岩中，或成脉状分布在花岗岩的石英脉中。萤石，除供冶炼用之外，还用于制铝工业。

采矿井巷

地下采矿井巷

采矿井巷也叫采矿坑道，因用途、方向及位置不同而有不同的名称。我们首先用下面一个图例（图三）来了解它们的位置。

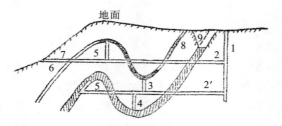

图三　探矿井巷位置示意图

图中所示的矿体，是由两个具有褶曲的矿层所构成的，上层很薄，下层很厚。为了开采这样的矿体，就可以开掘以下的采矿井巷。

（一）从地面向下开掘立井1，然后在立井的一定深度上开掘石门2与2′，这时又可开掘向上的垂直坑道3，向下的垂直坑道4，向上的倾斜坑道5或向下的倾斜坑道6。

（二）如果地形呈山岗状，那么就可以不开掘立井与石门，而直接在山谷内开掘平窿7，借以开掘矿体的上部。

（三）也可以从地面开掘斜井8，用以开采矿层。

（四）很厚的矿层，在一定的深度内，可用露天采矿场9来开采。

坑道按井巷的方向可分为垂直坑道、水平坑道和倾斜坑道。垂直坑道中有立井、盲井、溜井、探井和钻孔等。水平坑道中有石门、平巷、层内横巷等。水平坑道不是绝对水平的，而是多少带点坡度，以便向外流水和有助于重车的运输。倾斜坑道中有斜井、上山、下山、溜道、人行道等。

现在将采矿井巷分别说明如下：

立井——它有直接通达地面的出口，也叫做竖井。立井按用途又分为主井和辅井。主井是用于把有用矿物提升到地面的。辅井可以当作通风井、排水井、运送人员井或运送材料的井。

盲井——没有直接通达地面的出口，而装有运送材料或人员的机械设备。

溜井——没有直接通达地面的出口，也没有装置运送材料或人员的机械设备，只用来将矿石或充填材料向下溜。

探井——从地面向下开掘的垂直小立井，用以进行勘探工作。有时也利用探井，装入炸药，进行大规模爆破工作。

钻孔——利用打钻法开掘的垂直钻孔，其直径一般为几厘米或几十厘米，但也有直径达 2 米的。

平窿——有直接通达地面的出口，是用以进行地下工作的水平巷道。平窿和立井一样，也可以分为主平窿、转平窿、人行平窿、排水平窿、通风平窿和勘探平窿等。

石门——没有通到地面的出口，是在岩石中开凿的水平巷道。石门的方向大多数是与矿层走向垂直的。

层内横巷——与石门相似，但它是开在矿床内的横巷，用来开采厚矿体。

平巷——没有通到地面的出口，是顺着矿体走向开掘的水平巷道。按用途又分为运输平巷、通风平巷等。

斜井——与立井相似，但开掘方向不是垂直的，而是从井口起，以一定的倾斜角度向下开掘的。

下山——没有直接通到地面出口的倾斜井巷，用以提升矿石。有时也叫做暗斜井。

上山——也是地下的倾斜井巷，但是以机械设备由上向下运输的。

溜道——也是地下的倾斜坑道，类似上山，其向下运输是利用物体自身重量而溜下的。溜道内常有人行梯子格以备行人及修理溜道之用。

人行道——地下专为行人的倾斜坡道。

峒室——峒室的长度和宽度相差不多，有一定的用途，如作为地下电车库、马厩、水泵房、调度室、绞车房、配电房等。

采矿场——地下进行采矿的场子。它的形状、大小和位置是变化很大的。

井底车场——井底附近各巷道的总体，是地下运输与向上提升联系的转运站。

露天采矿巷道

露天巷道是进行露天采矿工作用的，分为壕沟、采掘场和堑沟三种。

壕沟的功用是进行勘探，它的长度很大，宽度和深度都很小。

露天采掘场（图四）是进行露天采掘的结果，它的长度和宽度都很大，深度则比较小。

堑沟是沟渠状的露天巷道，它的断面是梯形的，它的用途主要是运输有用矿物。堑沟有直线型的（图五 1）、盘旋形的（图五 2）和"之"字形的（图五 3）。

图四　露开采掘场

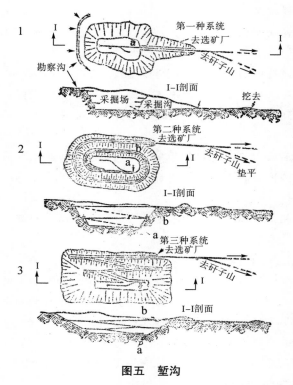

图五　堑沟
1—直线型的；2—盘旋形的；3—"之"字形的

打眼和爆破

打眼机械

采矿工作，不管是在岩石中掘进，还是在矿床中开掘，都用打眼放炮的方法。按照岩石的硬度、韧性、炮眼大小、深浅和方向、工作面大小和层理（岩石成层状结构者叫层理）节理的方向等，确定打眼机械的种类和炮眼的数目、排列及位置。工作过程包括打炮眼、清除眼底尘粉、装炸药及填塞炮泥、爆炸、通风、清理工作面、清除爆破后的碎岩石或矿物及支柱等工作，以完成一个工作循环。

用钎子和手锤打眼的人工方法逐渐被淘汰了。截煤机和联合机等主要用在开采煤矿上，现将开采铁矿常用的打眼机械介绍如下。

（一）压缩空气钻眼机械 冲击式压缩空气钻眼机械也叫做风钻，按其构造可以分为两种类型：第一类是活塞型钻眼机，它的钻杆与活塞杆相连接，并一同运动（图六 a），现在几乎已不用了。第二类是锤型钻眼机，它的活塞锤并不与钻杆相连，而是起锤子的作用，以敲击钻杆的尾端（图六 b）。现在采矿工业中所应用的都是锤型风钻。

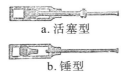

a.活塞型

b.锤型

图六　冲击式压缩空气钻眼机械的类型

这种锤型风钻又可分为手持式的（图七）、架柱式的（图八）和伸缩式的（图九）。

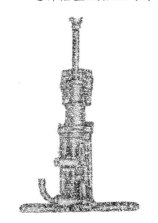  

图七　手持式风钻的外形　　图七　架柱式风钻作业图　　图九　伸缩式风钻作业图

手持式风钻有轻型的，重量为 10 公斤到 20 公斤；有中型的，重量为 21 公斤到 25 公斤；也有重型的，重量为 26 公斤到 60 公斤。手持式风钻向下钻眼最为便当，但也能用来打水平的和向上的炮眼。架柱式风钻，重量为 40 公斤到 110 公斤，通常用在掘进水平巷道时钻水平炮眼。随着炮眼逐渐加深，风钻也向工作面推进。这种推进作用，旧式的是用螺丝栓来进行，新式的是用自动推进器来进行。伸缩式风钻，重量为 25 公斤到 50 公斤，用来打向上的炮眼。工作时伸缩柱利用压缩空气的力量自动伸长，风钻及钻杆则在钻眼的过程中一直压向顶部的眼底，发挥了自动推进的作用。

风钻普通使用五到六个大气压的压缩空气，每分钟冲击 1500 次以上。钻杆前部的钻头有一字刃的，有十字刃的。在钻进过程中炮眼内所产生的尘粉，用吹风法清除，更好的是用水洗法清除。遇到极坚硬的岩石，于钻进时在冲洗炮眼的水中混入所谓"软化剂"，以提高钻进速度。

（二）冲击式穿孔机 冲击式穿孔机也叫顿钻，用于露天矿上打深钻孔，钻孔直径由 75 厘米到 300 厘米，深度为 10 米至 50 米。顿钻（图十）的机身由机座（1）、履带（2）、钻架（3）构成。此外，尚有绞车、电动机、钢筋绳、打钻滑轮（4）、取浆滑轮

（5）和摇臂滑轮（6）、钻具（7）、取浆筒（8）。钢筋绳的一端固定于绞车的卷筒上，而另一端绕过摇臂滑轮，再绕过上部的打钻滑轮，然后在钢筋绳的下端与钻具相连接。钻具是重1吨左右的钻杆及钻头，自上而下起落而冲击岩石或矿物。随着钻进，适当地在孔内浇水，当钻到一定深度时，取出钻具，改用取浆筒将孔内岩粉浆取出，这样就逐渐打成了一个深孔。

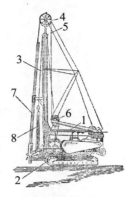

图十　顿钻图

炸药和爆破

炸药是一种物质，在一定条件下能够非常迅速地变成气体并放出大量的热。爆破工作是将炸药放在炮眼内，使炸药发生爆炸，爆炸时所形成的迅速膨胀的气体，就把岩石或矿石从工作面上迸开并炸碎。

在采矿工业中常用的炸药有硝化甘油炸药、硝铵炸药和液氧炸药。硝化甘油炸药在冬季易于冻结，硝铵炸药在湿处易于潮解，液氧炸药只能在爆破前配制，这是我们应当注意的。

硝化甘油炸药和硝铵炸药，一般是用纸卷包成直径为32毫米的药包。爆破时将药包用装药棒——送入炮眼内，最后放入的一个药包上带有雷管及引线。药包约占炮眼深度的一半，其余一半用炮泥堵塞，然后进行爆破。

液氧是以空气为原料经过高压干燥及冷却液化等步骤而做成的。液氧不是炸药，液氧浸入吸收剂内就变成了液氧炸药。吸收剂一般是用炭黑做成的药剂包。使用时在炮眼内先放入药剂包并堵塞，再用管子注入液氧。或先将药剂包浸入液氧内，再将液氧炸药放入炮眼内，很迅速地进行爆破。因液氧挥发能力最强，若超过一定的时间，因部分液氧跑掉，液氧炸药的爆炸力就减弱了。液氧炸药比较经济，但使用时不甚便当，在地下使用的尚不甚多。在露天矿场，尤其是露天大爆破时最宜于使用。使用液氧炸药最成功的是我国东北大孤山铁矿。

雷管有普通雷管和电雷管两种，是金属制成的弹壳形状小管，直径为6.5—7毫米，长为40—70毫米，内装起爆炸药。普通雷管的引线是导火线，导火线燃烧的速度大约是每秒钟燃1厘米。爆破时先点燃导火线，导火线使雷管爆炸，雷管再使炸药爆炸。电雷管的引线是电线，用放炮器或其他电源使之爆炸。电雷管又分为即发电雷管和缓发电雷管。缓发电雷管通电流后不立即爆炸，须经过一定的时间后才爆炸。为了能达到顺序爆炸的目的，一般多使用各种延期的缓发电雷管。

爆破方法有四种，即覆土爆破、浅炮眼爆破、深炮眼爆破和药室爆破。

覆土爆破也叫做裸露药包爆破，多在二次爆破时应用。当第一次爆破所形成的大块岩石或矿石需要再一次爆破时，不用打炮眼，将炸药放在大块岩石或矿石上，然后覆以黄土泥，进行点火爆破（图十一）。此法节省了打眼的工作，但对炸药的效果来讲，是不经济的。

图十一　覆土爆破

浅炮眼爆破的应用最广泛。它是用风钻打好深度只有几米的炮眼，然后装药爆破（图十二）。炮眼的数目、排列、方向各有不同，看实际工作的需要而定。

在露天矿上，当炮眼所容纳的炸药量不够时，可将炮眼的底部扩大，这叫做扩底炮眼爆破（图十三）。此法是先将炮眼内装入少量炸药，使之爆炸，以扩大眼底，然后掏出爆破的碎石，形成了扩底炮眼。图十二在台阶下部的炮眼也叫做蛇穴爆破（a 为蛇穴爆破）。

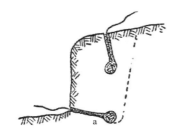

图十二　浅炮眼爆破　　　　**图十三　扩底炮眼爆破**

深炮眼爆破常在露天矿上使用。利用顿钻作成深度在 10 米以上的大型炮眼，进行爆破（图十四）。在鞍山大孤山铁矿上称此种爆破为中爆破。在地下采矿中对于不太坚硬的矿石，深眼爆破也逐渐地被广泛采用了。

药室爆破，在大孤山铁矿称为大爆破，是一种大规模的爆破方法，每个药室可爆破矿石数千吨（图十五）。爆破露天矿的较高台阶时，常利用平峒或立井，其断面为 1 米见方左右，其底部作成适当的药室。在药室内装药，填塞后用电雷管或导爆线起爆。药室有单药室、双药室或多药室，图十五表示的是双药室的大爆破，常用的炸药为硝铵炸药或液氧炸药。

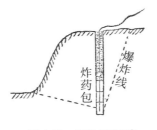
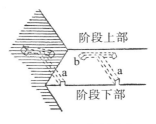

图十四　深炮眼爆破　　　　**图十五　药室爆破**

矿体开采

矿体开采的概念

矿体开采是由三个步骤组成的，就是开拓、采准和采矿。它们的意义解释如下：

开拓是开凿井巷，使矿体与地面相连通，以进行运输及通风等。

采准是沿着矿体开一系列的采矿准备巷道。采准的目的是将矿体分割为单独的采矿作业区，以便于采矿。

采矿是从矿体中采出矿石。

在整个采矿工业中，当然是由找矿和勘探开始，由勘探确定埋藏量，再选择采矿方法。

采矿方法有露天采矿法和地下采矿法。露天采矿法是先去掉矿体上部的覆盖岩石（这叫做剥离工作），再用露天的方法采矿。当矿体的覆盖岩石太厚而使剥离工作量太大时，用露天采矿法就不经济了。用露天采矿法每开采一立方米的矿石，所需要剥离的岩石数量（立方米）叫做剥离系数。现在用 χ 代表剥离系数，用 a 代表露天法采出一立方米矿石的开采费用，用 b 代表一立方米岩石的剥离费用，用 c 代表地下采矿法每采出一立方米矿石所需的开采费用。若使用露天采矿法比使用地下采矿法经济，则必须具有下列公式所列的条件：

$$a + b\chi \leqslant c \quad \cdots\cdots\cdots\cdots\cdots\cdots\cdots\cdots\cdots (1)$$
$$\chi \leqslant (c - a) \div b \cdots\cdots\cdots\cdots\cdots\cdots\cdots (2)$$

公式（1）表示露天开采费用小于或等于地下开采费用时，可使用露天采矿法。公式（2）表示剥离系数与开采费用的关系，由这种关系可以求得剥离系数，也就是可以知道应用露天采矿法是否经济。

地下采矿法是先打立井、斜井或平窿，再掘进石门和平巷，以完成开拓的工作。在矿体中进行采准巷道的掘进，如平巷、横巷、上山、下山、溜道、中段巷道及矿石漏子等，最后是将准备好的矿块进行采矿。

大的矿体可以分为几个井田来开采，一般金属矿体多按一个井田来开采。对水平和缓倾斜的矿体，可将矿体分成若干盘区来开采。对倾斜和急倾斜的矿体，则分成若干阶段来开采，一般是先开采阶段上部，然后开采阶段下部。阶段的高度一般为 40—60 米，一个阶段又有若干矿块，矿块就是单独采矿作业区，也就是采矿场。

地下采矿方法

什么叫采矿方法？它的定义是："在有用矿物及围岩中，按一定的顺序及先后开掘的采矿及采准巷道的综合叫做采矿方法"。

金属矿体的形状、大小和性质都很不规则，所以采矿方法的种类也特别多。仅已经知道的主要金属采矿法就有一百五十种以上。但是我们可以把它们分成下列六大类：1. 空场采矿法；2. 留矿法；3. 充填采矿法；4. 支架采矿法；5. 崩落采矿法；6. 合并采矿法。每类中又有若干种采矿法。我们现在仅介绍在开采铁矿上常用的几种采矿方法，并用典型的例子说明如下：

（一）中段采矿法　中段采矿法属于空场采矿法的一种，在苏联和其他国家应用很广泛，在中国的应用也逐渐增多起来。中段采矿法的采空区不用支护，它是生产能力很强的一种采矿法。可用下边一个典型例子说明它的开采过程。

运输巷道开凿在靠近下盘的矿床内（图十六）。阶段的垂直高度为45—60米，矿块长50米，彼此间有宽6—8米的矿柱。在矿柱当中开凿上山。在运输巷道上部6米处沿上盘在矿床内开凿格筛巷道，以便再次破碎大块的矿石。每隔8—10米有矿石漏子使格筛巷道与运输巷道相连通，矿石漏子的上部扩大成漏斗形。

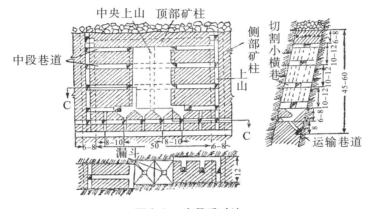

图十六　中段采矿法

由矿块两旁的上山开凿了四个中段巷道，最上的一个中段巷道是为观察顶板控制顶部矿柱之用。中段巷道彼此间的距离为10—12米。

采矿工作通常是由矿块的中央向两翼方向推进。在采矿以前，先在矿块的中央开凿一个上山，再由此上山进行切割工作，将整个矿块沿厚度切开，形成了切割空隙，也就是有了采矿工作面。

由切割空隙向两翼进行采矿时，是在切割小横巷内向上打炮眼，爆破下来的矿石，即由于自己的重量而溜下，经矿石漏子到运输巷道，然后装车运走。

（二）留矿法　留矿法也叫做矿石暂存法。在矿块内是由下向上开采，因为爆破后的矿石比矿石在母体时要增加三分之一的体积，同时又要在碎矿石上保留高2米左右的工作空间，所以每次爆破后要把30%—40%的矿石由矿石漏子放出，其余60%—70%的矿石暂时保留在采矿场内，用以支护围岩并供工作人员站立。侯矿块全部采完后，再将暂存的矿石全部运走（图十七）。

使用这种方法，矿床及围岩皆须坚硬稳定。较软的矿石或有粘结性的矿石，容易拥塞，矿石不易溜下。较软的围岩，容易破碎，混入矿石中，使矿石贫化，降低了矿石的成分。矿床的倾角也得相当大，否则矿石不能自动向下溜。工人由两旁的人行道出入，人行道开在矿柱中。

这种采矿法，用浅炮眼落矿，方法简单，不用支护，也不损失矿石的粉末，因此它是很经济并很有效的采矿方法之一。

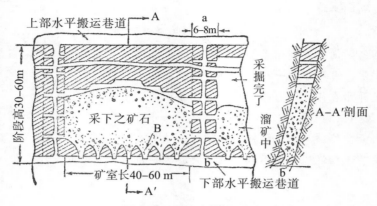

图十七　留矿法纵剖面图

（三）充填采矿法　用充填采矿法开采矿块时，也是由下向上一层一层地采矿。随着开采，在下边也一层一层地用废石充填，矿块采完后，采空区也就全部被废石充填，围岩不会崩落。开采时所得的废石，或专门开掘的废石，或由地面运来的废石，都可当作充填材料。图十八表示充填材料由充填上山 r 溜下，再用车运至采矿场内充填采空区。爆破下来的矿石则用铲运至矿石漏子内，再由下部巷道运出。应用此法的条件为急倾斜的坚硬矿床，围岩则可以软弱些，但矿床不宜太厚，太厚则需要大量的填充材料，花在充填上的费用也就要大。应用这种采矿法可以在地下分选矿石，回采率相当高，工作安全，节省支柱的木料，这是它的优点。但采矿费用相当高，充填作业又得占去一部分时间，采矿强度因而相当小，并且不宜于开采厚矿体，这是它的缺点。东北弓长岭铁矿由日寇侵占时遗留下来的对厚矿体的充填法是不合理的。该矿正在设计用生产力较高的采矿法来开采。

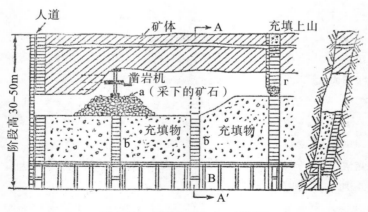

图十八　充填采矿法 A–A′剖面

（四）中段崩落法　中段崩落法、矿块自然崩落法和矿块强迫崩落法，都属于崩落采矿法。崩落采矿法的特点在于利用矿石的自重和覆盖岩层的压力，上部岩层随着开采而自动崩落下来，又起了充填采空区的作用，因而节省了炸药。崩落采矿法适宜于开采围岩不够稳定的厚矿体，但地表必须允许沉陷。

中段崩落法适用于开采中等硬度的厚矿体。开采时将矿块用中段巷道分为一个一个的中段，每个中段的高度为 5 米（图十九），也可以更高。采矿是先采上部中段，一层一层的由上向下进行，在每层中是由上盘向下盘后退式的推进。采空区允许并希望顶板岩石崩落。为了避免崩落下来的岩石与矿石相混合，也可以铺木垫，并作成乱木层用来隔离，使上部废石不至于混入矿石中。

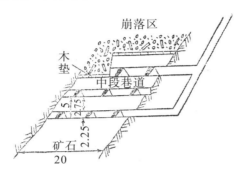

图十九　中段崩落采矿法

（五）矿块自然崩落法　矿块自然崩落法也叫做阶段自然崩落法，由于自然崩落，节省了炸药和开采费用，所以它适用于开采埋藏量很大的贫矿。

这一采矿法的特点，就是把高 40—100 米的阶段，分成水平面积为 30 米×30 米、45 米×45 米或 90 米×90 米的采矿矿块，在矿块的底部开掘一系列的切割巷道。因此，矿块在底部全部面积上被掏空而失去了支持，在侧部垂直面上也部分地被切割，因而削弱了矿块与围岩的附着关系。这时矿块就由于自己的重量和覆盖层的压力而向下逐渐崩落，充满了切割空间。又由于不断地向外放矿，使矿石继续崩落，直至矿块全部崩落为止。图二十表示崩落的情况，崩落的矿石经矿石漏子溜至运输巷道而运走。当矿石漏子放矿时，若发现了废石，就表示矿石已放完，而该矿石漏子即停止放矿。

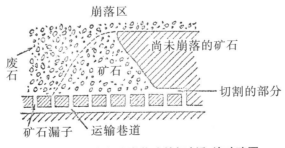

图二十　矿块自然崩落法的切割和放矿略图

这种采矿法是所有采矿法中最经济的方法，但废石的混入量较大，矿石的损失量也较多，因此仅适用于开采贫矿，并有以下严格的应用条件：

（1）矿石能自然崩落成不大的块度，否则大块的矿石无法由矿石漏子放出。

（2）矿床有足够的厚度，一般厚度不应小于 25 米。

（3）矿石的金属含量不高，围岩中也含有少量矿物，如此则矿石的损失和围岩的混入，关系并不太大。

（六）矿块强迫崩落法 矿块强迫崩落法也叫做阶段强迫崩落法，是苏联发明的最新采矿方法，与矿块自然崩落法相似，不过有以下的区别：

（1）切割——在底部不是只切割2米高，而是要切割8—10米高的空间，以便能够容纳由爆破而崩落的矿石。在侧部与围岩的交界处不需要切割。

（2）崩落——底部切割后不是自然崩落，而是在矿块内打许多深炮眼由爆破而崩落。

（3）放矿——由矿石漏子放出矿石，不是随放矿随崩落，而是在整个矿块一下子由爆破而崩落后，再开始放矿。

（4）应用条件——不像矿块自然崩落法那样的严格，因为应用深炮眼爆破可以管理矿石的崩落，所以扩大了它的应用范围。

图二十一表示矿块强迫崩落法的布置，有了下部巷道及矿石漏子后，用打眼放炮的办法开凿两个8米高的切割空间，当中保留一个临时矿柱，用以支持上部矿石，而防止其过早崩落。由两旁的上山作若干钻眼峒室，以便在峒室内对矿块进行放射方向的深炮眼的打钻工作。打完所有的深炮眼后，首先将切割空间当中的临时矿柱一次爆破下来，然后用缓发雷管和炸药将矿块一层一层很快地加以全部崩落。这种深炮眼大爆破所用的炸药量，应当能保证将矿石破碎成均匀的块度，这对最后的大量放出矿石，具有极大的意义。

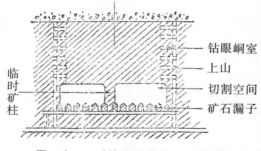

图二十一 矿块强迫崩落法立截面图

露天采矿方法

露天采矿在我国铁矿上占有一半以上的比重，如东北大孤山铁矿、海南岛铁矿等，皆用露天开采。今后将有更多的露天铁矿出现。

露天采矿有全部露天采矿和局部露天采矿。接近地面的水平或缓倾斜矿体，完全用露天方法开采叫做全部露天采矿。对倾斜或急倾斜的厚矿体，可用露天采矿法开采其接近地面的部分，用地下采矿法开采矿床较深的部分（图二十二），这叫局部露天采矿。在局部露天采矿中，其露天法与地下法交界的部分，常常用露天方法开采，而用地下方法运输（图二十三），这时也可以叫做露天地下联合采矿法。

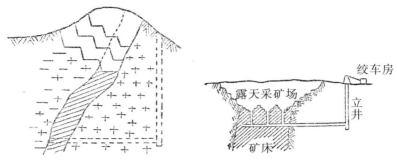

图二十二 上部露天开采，下部地下开采 图二十三 露天地下联合采矿法

我们知道，露天开采时，在直接开采有用矿物之前，普遍要先去掉遮盖矿体的浮土及围岩。去除浮土和围岩的工作，叫做剥离工作，它包括开掘废石和将废石装车、运废石至废石堆、废石的处理等工作。开采矿石的工作包括采矿、装载和运输。

现代的露天采矿场生产能力都很大，这是由于开采和运输实行了高度的机械化和自动化。

开采矿石与剥离一样，一般都用台阶式的工作面，按照由上向下的顺序一层一层进行（图二十四和图二十五）。

图二十四 露天台阶的开采

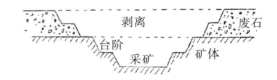

图二十五 露天开采台阶式的工作面

运输工作是露天开采中极重要的部分。运输的路线就是露天采矿的巷道，随情况不同而变化：若开采稍低或稍高于地面的水平或缓倾斜矿体，则采用直线堑沟，使地面路线与露天采矿场的路线直接连接。若矿体的长度和宽度都相当大而埋藏也相当深，则可用盘旋道的方法。所谓盘旋道的方法，就是由地面达到采矿工作面是以一定的坡度，螺旋线似的，环绕露天采矿场的外围。若矿体的深度很大而呈纵长形状，就是说矿体的长度比宽度大很多，则最好使用"之"字道的办法。若矿体低于地面，则"之"字道建在矿体的下盘处；若矿体高于地面，则"之"字道建在矿体的上盘处。大孤山铁矿就是上盘"之"字道的例子。以上都是用机车运输或汽车运输。但当矿体很深时，也有应用斜坡运输（即下山运输）的，就是用绞车和钢丝绳把矿车或箕斗沿斜坡提升上来，或用皮带运输机将矿石连续地运上来。此外，还可以利用石门和立井将露天矿的采出物运至地面（图二十六）。

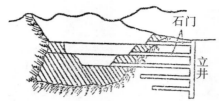

图二十六　露天采矿场立井的开拓法

电铲也叫做动力铲，是露天采矿中的主要机械。对坚硬的岩石或矿石，须先爆破，然后用电铲装车；对不太坚硬和松散的岩石或矿石，电铲可兼做采掘工作和装车工作。

图二十七表示动力铲的各部分。A是铲斗，B是铲杆，C是臂杆，D是机厢，E是履带。铲斗有可以开闭的底，借以卸载，又有齿刃a，借以采掘。铲杆可以0为轴在垂直面内转动，也可以改变铲杆的长度，这样可以使铲斗提高或落下。机厢带动着臂杆、铲杆和铲斗，可围绕垂直中心线旋转。

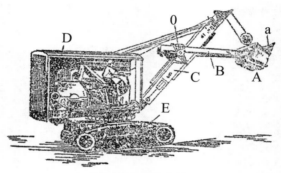

图二十七　动力铲

图二十八表示用动力铲采掘的情况。图二十九表示利用长臂杆的动力铲将废石卸至废石堆的情况。

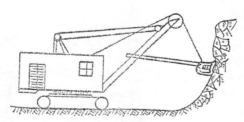

图二十八　电铲作业

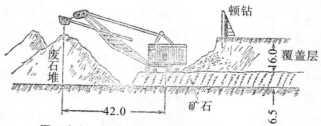

图二十九　长臂杆的动力铲将废石卸至废石堆

除动力铲外，在露天矿使用的机械尚有绳式电铲、绳塔式电铲、多斗式电铲、挖沟铲、绳塔式吊车、露天电耙、铲土机、推土机等，尚有运输用的大型汽车、电机车、蒸汽机车、拖拉机、堆积机、皮带运输机、移道机等。这些机械不再一一讲述。

运输、卷扬和其他作业

矿山运输

矿山运输的对象主要是矿石，此外尚有废石、木料、器材、充填材料和工作人员等。运输设备的能力与矿石产量应相配合。若运输能力超过了产量，会造成浪费；若运输能力小于产量，则不能完成生产任务。运输工具与巷道断面应当适合，尽量减少转运次数，顾到运输的安全、运输的效率和运输设备的充分利用。

运输的种类如下：

（一）按动力可分为四种：

（1）人力运输——用人力推车或用铁铲抛掷；

（2）畜力运输——用马或骡子拉车；

（3）重力运输——利用自己的重量向下运输，如溜道等；

（4）机械运输——利用各种装运机械，它的动力有电力、蒸汽、内燃机等，以电力为最普通。

（二）按轨道的有无可分为两种：

（1）有轨运输——机车运输、无极绳运输、高线运输等；

（2）无轨运输——皮带运输、链板运输、震动运输、电耙运输、汽车运输等。

（三）按动作的情形可分为连续动作的和间断动作的两种：

（1）连续动作的——皮带运输、链板运输、震动运输、无极绳运输、高线运输及爬车器运输等；

（2）间断动作的——机车运输、汽车运输、电耙运输和绞车运输等。

兹将各种运输设备和运输方式的特征，简略地介绍如下：

（一）皮带运输机——运输量较大，移动较困难，向上运输的坡度不超过18度，在井下及地面都常使用。它是由于皮带的连续转动而继续不断地运输矿石。

（二）链板运输机——运输量较小，移动时比较方便，在井下工作面时常使用。它是由锁链带动刮板在铁板槽中连续地滑动，以带动矿石前进。

（三）电耙——使用的范围最广，在地下工作面附近时常使用电耙运输。露天采矿场有时应用比较大型的电耙。它是由绞车、钢丝绳、耙斗和滑轮等组成的。绞车有一个滚筒的，有两个滚筒的，也有三个滚筒的。一个滚筒和两个滚筒的绞车用作直线耙矿，如图三十；三个滚筒的绞车可以在不同的路线上耙矿，也可以拐弯耙矿，如图三十一。

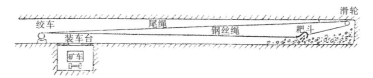

图三十　直线耙矿的电耙

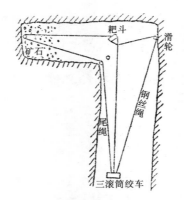

图三十一　拐弯耙矿的电耙

（四）机车——有架空电线的机车，有蓄电池的机车，也有蒸汽机车，其中以架空电线的机车（图三十二）为最普通。机车可拉动一列矿车，运输能力很大，适用在小于3°—5°坡度的水平巷道内。

图三十二　10吨电车井下运搬图

（五）重力运输——节省动力。在运输距离短、运输量不大的情况下，可以充分地使用此法。

（六）高线运输——只在地面上有时使用。

（七）无极绳运输——仅用于平巷，速度慢及运输量小的情形下，因此使用得并不多。

（八）爬车器——也叫爬链，仅在井底车场附近和井口附近使用。

矿井卷扬

卷扬也叫做提升，是利用绞车及钢丝绳等，在立井或斜井中进行由地下向上的运输。提升使用的容器有两种，一种是罐笼，一种是箕斗（也叫罐斗）。罐笼提升对矿石的运输量较小，也能运送人员和器材。箕斗提升对矿石的运输量较大，但不能提升人员和器材。因此，主要井筒有时装有箕斗，以提升矿石，同时又装有罐笼，以运送人员和器材，如图三十三。立井的断面尺寸由箕斗和罐笼的大小确定。箕斗或罐笼是由罐耳套着罐道而沿罐道上下，以防摇动。罐道固定在罐道梁上，罐道梁又固定在井壁上。

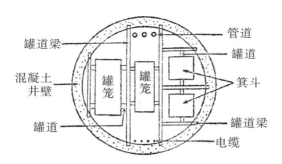

图三十三　罐笼箕斗在立井中的布置图

罐笼提升是将矿车装在罐笼内，由绞车使罐笼上下运输。罐笼是由钢料制成的方笼，两端有活动门，可以出入，底部铺有铁轨，以便矿车出入，上部有铁链与钢丝绳相连结。罐笼有一层的，有两层的，有时也有三层或四层的。在斜井中提升，常用台车代替罐笼。

箕斗是一种金属盛矿器。矿石直接由矿仓装入箕斗内，由绞车提升至地面卸载。箕斗的卸载有颠覆式，由翻转而卸载；也有底卸式，由打开底部而卸载。箕斗在立井与斜井内都能应用，因为箕斗能容下大量的矿石，装卸和运行也较快，所以它的提升能力强，同时占用井筒的断面面积小，又节省了矿车。

此外，在地面的绞车房和井口的井架、天轮（图三十四），也是卷扬中极重要的部分。

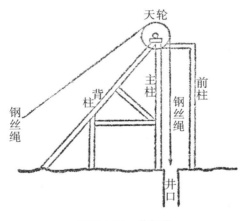

图三十四　井架图

通风、照明和排水

（1）通风　地下空气之所以会恶劣，是由于人畜的呼吸、爆破的炮烟、木料的腐朽、二氧化碳的发生以及温度湿度随深度的增加而增高。因此就需要有良好的空气不断地送入地下。通风的方法有自然通风和机械通风。自然通风是利用温度的不同而引起气压的差别，产生了空气的流动，仅能用于小矿和浅矿。机械通风是利用扇风机进行通风，分为抽风式和吹风式两种。机械通风一般都使用离心式扇风机，在地下的局部通风也可以使用轴向式扇风机。

风量的大小用每分钟抽出或吹入空气的立方米数来表示，风量可以按炸药消耗量来计算，也可按地下工作人员数目来计算。但因漏风及其他原因，务必使工作面有足够的新鲜空气，方能提高工作效率及保证安全。

（2）照明　井下照明不仅由于工作需要，并且和提高工作效率、保证工作安全也有很大关系。

井下照明有固定式照明和移动式照明。固定式照明都用电灯，多装在井底车场、重要峒室、主要巷道、巷道拐角、人员较多的工作面等处。移动式照明，就是每人在下井时必须携带的灯，有头灯（图三十五），有手灯。头灯是由挂在腰部的蓄电池和插在安全帽子上的电灯组成的。手灯有手提灯和手电筒等。

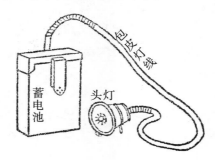

图三十五　头灯

（3）排水　地下水对于采矿工程非常不利，所以必须有适当的防水和排水办法。在实行这些办法以前，应当先对地下涌水量有正确的估计。涌水量根据钻探记录、岩石的透水性、气象资料、水文地质资料等来估计。

排水有三种方法：（1）平硐排水，是在矿床的下部开掘水平硐，水可由平硐内流出。但是由于地形的限制，有的就不能用这种排水法。（2）提升排水，是用水桶向上提升，此法不经济，很少使用。（3）水泵排水，这是最普通的排水方法。在井底附近安装离心式水泵，用水管将地下水排至地面。若井底很深，则必须使用多级水泵，以提高扬程。

除排水外，不要忽略了防水。防水是防止地面水渗入地下，也防止地下水很快地浸入开采区域内。防水的方法是用改移河道，堵塞裂缝，建筑水沟、水墙、水门等来完成的。

最后的话

我国地大物博，矿藏丰富。由于科学技术不断地发展，以往认为不可能开采的矿物，现在已经可以开采了。现在认为仍不可能开采的矿物，以后也有可能开采。因此，不是有用矿物越采越少，而是有用矿物的种类与数量将越来越多。我国采矿工业的发展前途将是无限广阔的。但必须努力和注意下面几件事：

（1）对有用矿物进行大规模的普查和勘探。发现更多的新矿区和新矿体，以备开凿新井和增添新矿。这里包括用地质调查方法来寻找有用矿体，用地球物理仪器来进行勘探，用钻探的方法或开掘井巷的方法以进行勘探。然后给矿物埋藏量定级，以确定是否开采，或继续勘探。

（2）逐渐走向各种采矿过程的机械化。学习苏联先进技术，并大量制造矿山机械。

（3）提高回采率。回采率就是由地下埋藏的有用矿物内我们能够采出来的百分数。提高回采率就是把地下有用矿物更多地开采出来，不让资源损失在地下，这就等于增加了资源，并延长了矿山的采矿寿命。

（4）改进劳动组织，加强工作制度，以提高工作效率而增加生产。改善工人劳动条件和生活条件，以保证工人的健康。

（5）提高工人的安全意识，在安全生产的原则下完成生产任务。增加安全设备，开展保安教育。只有在思想上把安全列在第一位，才能保证采矿工作不发生事故。苏联的经验可以充分证明这一点。

（6）向苏联学习先进的科学与技术经验，按照国家的建设计划，发展采矿事业，使产品成本降低，逐渐为祖国积累资金，以便进行社会主义的扩大再生产，满足我国人民物质和文化生活的需要。

省略封底的四幅照片：
①物理探矿队的人员用重力仪在某铁矿区进行探测。
②地质部某地质勘探队勘探的一个巨大铁矿，它在内蒙古草原上的某地。
③大冶铁矿区的一角。
④适用新式机械开采的鞍山附近的大孤山露天铁矿。

金属矿床开采

1. 冶金工业出版社版的封面、扉页、目录、前言、绪论和封底。

金属矿床开采

上 册

·内部发行·

冶金工业出版社

金 属 矿 床 开 采

上　册

北京钢铁学院　东北工学院
中南矿冶学院　昆明工学院
西安矿业学院
采矿教研组合编

冶 金 工 业 出 版 社

目　录

2

3

前　言

关于金属矿开采方法，翻译的国外教材和参考文献已见不少，但是，我国在这方面，特别是反映我国生产实际情况，以及把我国的矿业技术成就归纳到教材中来还存在着很大空白。

紧密结合中国实际，并且用科学分析的方法反映这些实际成就是党对教学的一贯方针。

1957年整风运动以来，特别是在教育革命中有关方面（包括生产矿山，设计单位，学生及教师）对过去金属矿床开采的教学提出了许多批评和改进意见。它客观的反映了过去教材中脱离我国实际，缺乏理论分析等缺点。在伟大的整风运动的基础上各校师生无论在思想上或认识上，都得到了提高，大家都迫切地需要有一本既反映我国实际情况，又能反映国外先进技术的文献。此后，由北京钢铁学院，东北工学院，中南矿冶学院，昆明工学院等院校采矿系倡议编写适合这一要求的教学参考书。各校响应了这一倡议，并对其所在地区的矿山及设计院的资料进行了一次比较广泛的分析和汇总。于1959年2月份在北京钢铁学院采矿系党总支领导下，包括东北工学院，中南矿冶学院。昆明工学院，西安矿业学院的教师成立了金属矿床开采教材的编写小组进行编写工作。

本书在编写过程中，尽可能的吸取了各校教学和教材中的优点，并考虑到未来采矿技术干部除所需基本知识外，还应当具备一定科学研究的初步能力。因此，本书共包括四篇。第一篇，第二篇为金属矿床地下开采的基本理论知识，第三篇对采矿工业中具有重大意义的专门问题进行了初步的阐述；第四篇为金属矿床的露天开采，扩大了过去教学大纲中所规定的露天开采部份的教学内容。

编写小组首先是采取集体讨论的方式拟订了编写大纲，而后分工执笔和共同审阅。

本书是我国解放以后第一次编写有关金属矿床开采教材的尝试。由于编者的能力和水平有限，再加上时间短促，其中定有联系我国实际不够切实，分析不够成熟，以及其它遗误之处。读者如提出宝贵意见，以便提高本书质量和改善教学内容，编者将衷心感谢。

本书编写过程中，北京钢铁学院的59及60年级采矿班的同学曾协助绘图，缮写，促进了本书早日与读者见面。在这里一併致谢。

编者 1959 年 3 月 23 日

緒　論

采矿工業不是一种加工工業，而是純粹生产工業、是生产原料的一种工業。正如农林畜牧業是生产衣食所需的輕工業原料。采矿工業能供应各种工業原料，尤其是重工業所需要的原料，所以說采矿工業是一切工業的基础。它供应的有：金属矿石、燃料、建筑材料、研磨材料、絕緣材料、陶瓷和玻璃材料、鹽类、矿物肥料，以及其它工業原料，工業技术材料和稀有元素等。

由以上可知采矿的对象是种类很多的矿床，而矿床的形狀、大小及深度又有很大变化，以及地質、地形、水文地質和矿物岩石的物理机械性質也各不相同。由于采矿过程的不断进展，工作地点經常在变动，地压与地溫也随处不同，因此，采矿方法的变化是很大的，工作也是相当复杂的。其中除了鑿岩爆破和巷道掘进外，还包括各种方向的运輸、通風、照明、排水、支护等工作。同时，地下的矿石采出后，不能再生，它沒有农林畜牧業的生产循环性，因此对地下资源的爱护及减少损失和貧化方面，要求采矿工作者应当特别加以注意。但是，由于科学技术的發展，有經济价值的矿石种类是越来越多，矿石的可采品位越来越低，开采深度越来越深，这就說明采矿事業是具有远大的前景。

我国的采矿事業在历史上有着光輝而巨大的成就。远在几千年前，我国就已經能开采鉄、銅、金、煤等矿石。到了周代（紀元前1122年）矿業就有了很完善的組織，金属矿床开采已有相当發展。并开始了地下采煤。在兩千年前，就能用浸析法采銅，唐代（公元809年）清盧子發明黑色火葯，元朝（公元1200年）就有了250公尺以上的深鹽井，明时（公元1370年）已用热力爆破开采汞矿。

自从鴉片战争（1840—1842年）以后，我国的矿山受到帝国主义、官僚资本主义及封建势力的反动統治。这时的矿山，一般都是設备简陋、單凭人力，專挖富矿，破坏了矿床整体开采的可能。日本帝国主义者在侵佔东北之后，对弓長嶺、南芬、鞍山等大型鉄矿及其它銅、鉛、鋅等矿进行了掠夺式的开采；其所采用的采矿方法都是極不正规的充填法和淺眼留矿法。在中南与西南地区，官僚资本家与封建把头开采鎢、鉮、錫、鉛、鋅等矿的目的是追求资本主义的最大利潤，極大部分是"老鼠打洞"式的采矿、见矿就挖；其中很少数的使用过淺眼留矿法与房柱法，这些方法也都不合理。

1949年全国解放后，党和政府对旧有矿山的恢复、改建和新建矿山的建設都给予極大的关怀。由于党的正确領导和苏联的無私帮助，工人阶級的忘我劳动，几年来我国的采矿事業获得了巨大的發展。生产技术水平有很大程度的提高，生产过程基本上达到机械化和半机械化。矿山的开拓方法也逐渐趋向合理。采矿方法中留矿法（江西、湖南等地鎢矿）与分段法（东北有色与黑色矿山）的采出矿量大大提高，單分層长壁式崩落法（龙烟鉄矿等）与分層崩落法（青城子鉛矿等）也正被采用，并且还在大力試驗与推广各种深孔采矿方法（如华銅、弓長嶺、秦王坟等矿）。为了扩大留矿法的应用范圍，湘东鎢矿試驗桿柱留矿法已获得成功。横撑支柱留矿法（湘东鎢矿、画眉坳鎢矿）、棚子支护留矿法（湘东鎢矿）等的应用，解决了采矿塲片帮现象，同时也消灭了漏斗的塌

2

塞。此外，具有高度政治覺悟的中國采礦工人在勞動組織上，作出了不少的優秀成績。近年來，普遍實行了單人單機和單人多機的操作方法，例如水口山鉛鋅礦鑿岩工李随元同志一人操縱 8 台上向鑿岩機， 8 小时內打眼 944 公尺，采下礦石 6080 吨；華銅銅礦鑿岩工周德明同志在采區切割工作中，一人操縱 6 台配有气腿子的 OM-506 型鑿岩機，一班 8 小时內共打眼 382 公尺，創造切割工作中出礦 1088 吨的新紀录。这些成就的取得，使我國采礦工業面貌煥然一新，已經由解放前的落后局面扭轉為擁有先進技術的强大國民經济的一部分。

在党的領導下，認眞執行党中央和毛主席提出的勤儉建國、多快好省地建設社會主義的方針，我國第一個五年計划期間，生產資料工業的產值平均每年增長 24%，这個速度是空前未有的。 1957 年我國鐵礦石產量達 3417 萬吨，鐵產量為 590 萬吨，鋼產量為 535 萬吨，其中鋼產量為解放前最高年產量的 5.8 倍。我國的有色金屬礦石產量，也有很大的發展，扩建與新建的礦山都陸續的投入生產。至 1957 年底，工業總產值（不包括手工業產值）超額 17% 左右完成了第一個五年計划。

1958 年是我國社會主義建設全面大躍進開始的第一年，在同年 5 月所召開的中共八大二次會議上，党中央制定了"鼓足干勁、力爭上游、多快好省地建設社會主義"的總路綫。同時党中央和毛主席向全國人民提出了戰斗口號："爭取在 15 年或者更短的時間內，在主要的工業產品產量方面赶上或超過英國"。

这一任務的提出，為了保证各項工業的迅速發展，采礦工業必須及時供應工業生產上所需的原料和燃料。要很好地完成这項艱巨而光荣的任務，首先必須堅决執行党中央和毛主席的指示："在优先發展重工業的基礎上实行工業和農業同時并举的方針，重工業和輕工業同時并举的方針，在集中領導全面規划分工協作的條件下，中央工業和地方工業同時并举的方針，大型企業和中小型企業同時并举的方針，土法生產和洋法生產同時并举的方針"；掀起了"以鋼為綱"全民性的大躍進，開展改良工具和革新技術的羣众性運動，使我國社會主義建設飛躍前進，在 1958 年底工業總產值達到 1200 億元左右，比 1957 年增加了 65%。鐵礦石產量近一億吨，鋼產量增長到 1100 萬吨，其它有色金屬也有了空前的增長。

党的八屆六中全會指出："在 1958 年偉大胜利和丰富經驗的基礎上，在 1959 年社會主義經济建設中需要繼續反對保守、破除迷信、執行党的社會主義建設的總路綫，繼續实行工業和農業并举、重工業和輕工業并举、中央工業和地方工業并举、大型企業和中小型企業并举、洋法生產和土法生產并举的方針；并在工業中繼續实行以鋼為綱、全面躍進的方針和集中領導同大搞羣众運動相結合的方針"的同時，提出了 1959 年鋼產量增加到 1800 萬吨。由於鋼鐵產量的增加，鐵礦石、錳礦石以及石灰岩、菱鎂礦、白云石、粘土等熔劑和耐火材料的生產亦將相應增加。并且有色金屬的生產也應立即跟上。因此，采礦工業的任務比以前更加繁重了。

為了能很好完成这個光荣而偉大的任務，必須堅决貫徹党的社會主義建設總路綫和八屆六中全會的精神，政治掛帥，進一步發揚敢想敢干的共產主義風格，繼續開展羣众性的技術革命運動，尽可能采用最新技術成就，充分挖掘現有設備的生產潛力，開展小型機械化運動，土法上馬，先小后大，先土后洋，土洋結合，來促進我國采礦工業又

3

一个新的更全面的大跃进。

在我国社会主义建设的大跃进中，必须加强学习兄弟国家的先进經驗，其中首先是学習苏联的先进經驗。苏联用科学方法来研究矿山問題，在世界上算是一个首創的国家。俄国学者波墓首先根据实际經驗的总结，将有科学根据的計算方法运用到矿業中来；并对用数学方法进行矿業中的技术經济分析方面有巨大貢献，在 1923 年写出"矿業分析敎程"的著作。此外，在苏联的几个五年計划中，对于改建与設計新旧矿山的領导工作，苏联学者斯屬琴斯基、捷尔皮郭列夫、舍維雅科夫、普洛托古雅科諾夫、特魯什科夫等人都起过很大作用。由于苏維埃政权的胜利与社会主义計划的經济实施，便决定了科学地解决矿業問題的必要性和广闊的可能性。因此，在用計算方法解决矿業中的主要問題方面，苏联的科学技术无疑地已經走在世界矿業的最前列。从 1919 年开始，苏联的矿山技术書籍中，在金屬矿床开采方面發表了許多有价值的著作；特别是有关矿床的鑑定及評价、矿床开拓問題的解决方法、露天开采深度的决定、矿山企業年产量的計算、采矿方法經济比較的分析、地压的探討、深孔落矿爆破参数的寻求、放矿理論等都具有重大意义。此外关于选择矿井的位置、确定經济合理的阶段高度等都具有实际应用的价值。这些理論的出现，成为促进了矿山工作的科学化和系統化的主要根据。

苏联在采矿科学技术方面的偉大成就，是給我国采矿工作者一个有效地示范。我国采矿工作者除了要积極鑽研矿業中的問題、解决我国矿山生产中的困难外，还要广泛地吸取苏联采矿科学技术中的成就，使我国采矿工業得到更大的躍进。正确的解决矿床开采問題，选择高效率的采矿方法，运用先进的劳动組織形式，改善安全及衞生工作条件等，是我国采矿工作者的迫切任务。解决这些問題，将使我国的采矿事業走向近代化。而解决其中任何一个問題时，都必須考虑到工作的安全，經济、劳动生产率和国民經济的合理性；同时也須要估計到工業及技术的發展。这些都是祖国的社会主义建设任务向采矿工作者提出来的要求。

为了符合我国大專院校采矿系矿区开采專業金屬矿地下开采專門化的敎学要求，本書根据新的敎計划編写，亦即以金屬地下开拓和采矿方法为主要內容，并包括了地下开采中一些特殊問題和露天开采。

从上述內容中，可知本書的任务是研究矿床的开拓方法、采矿方法、回采主要作業（落矿、运搬、支护）等理論知識。同时，为了进一步了解采矿过程中的理論知識，便于今后在实践中起指导作用，对于放矿、地压、深部开采、企業年产量等問題也作了必要的論述。

"金屬矿床开采"这門課程对于采矿系学生来說，是非常重要的，它几乎与采矿方面所有專業課程都有密切联系；特别是与"鉴岩爆破"、"井巷掘进及支架"更有不可分割的关系。只有在学过上述課程的基础上，才能对金屬矿床开采課程有全面的了解。通过本課程和其它有关專業課程的学習，使学生能结合具体的地質条件，可以正确的进行設計、开采与管理矿山生产的工作。

金 属 矿 床 开 采

上 册

北京钢铁学院 东北工学院
中南矿冶学院 昆明工学院
西安矿业学院采矿教研组 合编
编辑：刘天瑞 设计：朱 英 校对：戴 仁

*

冶金工业出版社出版（北京市幻市口甲45号）
北京市书刊出版业营业许可证出字第093号
国家统计局印刷厂印 本社发行

*

1959年5月第一版
1959年5月北京第一次印刷
印数2,020册

开本787×1092·1/16·800,000字 印张21 $\frac{8}{16}$

*

统一书号：15062·1557 定价2.20元

高等学校教学用书

金属矿床开采

下 册

冶金工业出版社

高 等 学 校 教 学 用 書

金 屬 礦 床 开 采

下 册

北京鋼鉄学院　　东北工学院

中南矿冶学院　　昆明工学院

西安矿業学院

采矿教研組合組

冶 金 工 業 出 版 社

190

金属矿床开采　　下册

北京钢铁学院等五院采矿教研组　合编

冶金工业出版社出版（地址：北京市灯市口甲45号）

北京市书刊出版营业登记证出字第093号

北京市印刷一厂印　　新华书店发行

— ＊ —

1959年12月第　一　版

1959年12月北京第一次印刷

印数 4,020册

开本 787×1092·1/16·330,000字·印张14 10/16

— ＊ —

统一书号：15062·1260　　定价：1.40元

目　录

第三篇　地下开采专论

2. 中国工业出版社版的封面、扉页、再版说明、目录、绪论和封底。

高 等 学 校 教 学 用 书

金属矿床开采

上　册

北京钢铁学院
东北工学院　中南矿冶学院
昆明工学院　西安矿业学院
采矿教研组合编

中国工业出版社

高 等 学 校 教 学 用 书

金 属 矿 床 开 采

上　　册

北京钢铁学院
东北工学院　中南矿冶学院
昆明工学院　西安矿业学院
采矿教研组合编

中国工业出版社

金 属 矿 床 开 采

上　册

北京钢铁学院

东北工学院　中南矿冶学院

昆明工学院　西安矿业学院

采矿教研组合编

*

冶金工业部工业教育司编辑（北京路市大街7a号）

中国工业出版社出版（北京体颠圈路 两10号）

（北京市书刊出版事业许可证出字第 110 号）

中国工业出版社第三印刷厂印刷

新华书店北京发行所发行·各地新华书店经售

*

开本 787×1092 1/16·印张 20¹/₂·字数 468,000

1961 年 10 月北京第一版·1963 年 8 月北京第三次印刷

印数 4,118—4,677·定价（10-5）2.40 元

*

统一书号：K 15165·926（冶金-210）

再 版 說 明

　　本书是原冶金工业出版社1959年出版的北京钢铁学院等五学院合编"金属矿床开采"一书的修订再版本。本书第一版是在1957年整风运动以后，各学院师生思想认识都得到了一定提高的基础上，由北京钢铁学院、东北工学院、中南矿冶学院、昆明工学院及西安矿业学院等五学院采矿教研组根据新的教学计划共同编写的。

　　本书初版在内容上基本反映了各校的教学经验和现有教材的优点，并考虑到未来采矿技术干部除需要基本知识外，还应当具备一定科学研究的能力。全书共分为四篇，分上、下两册出版，上册为第一、第二两篇；下册为第三、第四两篇。第一篇、第二两篇为金属矿床地下开采的基本理论知识；第三篇对采矿工业中具有重大意义的专门问题进行了初步的阐述；第四篇为金属矿床的露天开采，扩大了过去教学大纲中所规定的露天开采部分的教学内容。

　　本书的编写过程是首先通过集休讨论拟定了编写大纲，而后分工执笔和共同审阅，完成了初稿，先作为内部教材试用，此后根据各学院所提出的意见，进行了全面修改，于1959年底正式出版。在修改过程中，天津大学矿冶系也曾派教师参加了工作。

　　本书第一版出版之后，通过教学实践，发现有许多地方须要修订。这次再版之前，由北京钢铁学院采矿教研组负责，并根据其他编写单位的意见，对原版进行了审查与修订。本书第二版经冶金工业部教育司推荐作为高等学校矿区开采专业的教学用书。由于时间紧迫，修订版定稿后又未来得及征求其他编者的意见，书中可能还有不妥之处，希读者批评指正。

目　　录

緒　論

采矿工业不是加工工业，是一种生产原料的工业。采矿工业能供应各种工业原料，尤其是重工业所需要的原料；所以說采矿工业是加工工业的基础。它所供应的有：金属矿石、燃料、建筑材料、研磨材料、絕緣材料、陶瓷和玻璃材料、盐类、矿物肥料，以及其它工业原料、工业技术材料和稀有元素等。

由上可知采矿的对象是很多种类的矿床。通常这些矿床的形状、大小及埋藏深度的变化很大，地形、水文地质和矿物岩石的物理机械性质也各不相同；又由于随着采矿过程的不断进展，工作地点经常变动，地压与地温也随之变化，因此，在不同条件下，采矿方法的变化很大，工作也相当复杂。而地下的矿石采出后，不能再生，因此要求采矿工作者即使在上述的复杂条件下，尽可能充分地回收地下資源，减少矿石损失和废石混入。随着社会主义建設的蓬勃发展，对矿石的数量和种类的需要将与日俱增；而且随着科学技术的发展，有经济价值的矿石种类将越来越多，矿石的可采品位越来越低，开采深度也会越来越深。这就說明采矿事业肩负了艰巨任务和具有远大前景。

我国的采矿事业在历史上有着光辉而巨大的成就。远在几千年前，我国就已经能开采銅、铁、金、煤等矿石。到了周代（纪元前1122年），金属矿床开采已有相当发展，并开始了地下采煤。在两千年前，就能用浸析法采銅，唐代（公元809年）[*]发明了黑色火葯。元朝（公元1200年）就有了250米以上的深盐井。明时（公元1370年）已采用热力爆破法开采汞矿。

鸦片战争（1840—1842年）以后，我国的矿山为帝国主义、官僚资本主义及封建势力所操纵。那时候的矿山，設备一般都很簡陋，单凭人力采矿；由于专挖富矿，破坏了矿床的整体开采。日本帝国主义者在侵占东北之后，对东北的一些大型铁矿及其它銅、铅、鋅等矿进行了掠夺式的开采；其所采用的采矿方法都是极不正規的充填法和浅眼留矿法。在中南与西南地区，官僚资本家与封建把头开采鎢、銻、錫、铅、鋅等矿的目的是追求最大利潤；极大部分是"老鼠打洞"式的采矿，見矿就挖；虽有极少数矿山使用过浅眼留矿法，但也都不合理。

1949年全国解放后，由于党的正确領导、工人阶级的忘我劳动，我国的采矿事业获得了巨大的发展。生产技术水平有很大的提高，生产过程基本上达到机械化和半机械化。矿山的开拓方法也逐渐趋向合理。采矿方法中留矿法与分段法的采出矿量大大提高，单层回采并崩落顶板的长壁式采矿法与分层崩落法也都被采用，并且还在大力试验与推广各种深孔采矿方法。为了扩大留矿法的应用范围，试验杆柱留矿法已获得成功。横撑支柱留矿法、栅子支护留矿法等的应用，解决了采矿場片邦现象，同时也消灭了漏斗的堵塞。此外，具有高度政治觉悟的中国采矿工人在劳动组织上，作出了不少的优异成績。近年来，广泛地实行了单人单机和单人多机的操作方法，使劳动生产率普遍有所提高。这些成就的取得，使我国采矿工业面貌焕然一新，已经由解放前的落后局面，轉变为拥有先进技术的国民经济的一个部門。

我国第一个五年计划期间，由于认真执行了党的多快好省地建設社会主义的总路綫，

6

建設社會主義的总路綫，生产資料工业的产值平均每年增长24%。

我国采矿工人和矿山工作者在总路綫、大跃进、人民公社三面紅族的指引下，不断开展了技术革新和技术革命运动。結果使生产获得了不断的大跃进。在薄矿脈开采中，扩大留矿法的使用范围，就是其中一个例子。不断进行革新，不断总結提高和推广在大跃进中所創造的生产經驗，并及时地注意进行理論上的概括工作，是进一步发展生产和采矿科学的重要任务之一。

加强学习外国的科学技术成就，首先是学习苏联和其他社会主义国家的先进經驗，也是发展采矿事业的一个必要方面。最近二十年来，世界上金属采矿科学技术得到了很大的发展。在厚矿床开采中，由于各种深孔凿岩机和钻机的出现与改进，深孔落矿采矿方法已被相当广泛的采用。因此，加大了阶段高度，增大了合格矿石块度的尺寸，并应用了脈外采准布置。許多矿山以把运巷道代替了格筛巷道，并使用了大容积耙斗和矿車，有些矿山简化了底柱結构，采用了无底方案，并装設了地下破碎机等。在使用房柱法开采微傾斜和水平矿床时，采用了生产率很高的自动走行式凿岩和装車及运矿設备，使用了金屬支柱、杆柱，并推广新型塑料支柱。在薄矿脈开采中，扩大了留矿法的使用范围，使用长壁法开采围岩脆弱的缓傾斜矿脈，以及减小炮眼直径、使用杆柱支护、推广机械化充填等。这些新的技术方向与成就，可根据我国实际情況加以研究和应用。

正确地用数学計算方法，来解决矿业問題是上述的生产实践概括的一种形式。俄国学者波基首先应用了这种方法。苏維埃政权的胜利与社会主义計划經济的实施，更提供了必要性和可能性。現在，在用計算方法解决矿业中的主要問題方面，苏联已經走在世界矿业的最前列。从1919年开始，苏联的矿山技术文献中，在金属矿床开采方面发表了許多有价值的著作；特别如有关矿床的鑑定及評价、矿床开拓問題的解决方法、露天开采深度的决定、矿山企业年产量的計算，采矿方法經济比較的分析、地压的探討、深孔落矿爆破参数的寻求、放矿理論的建立等都具有重大意义。此外关于选择矿井的位置、确定經济合理的阶段高度等著作都具有一定实际应用的价值。我国的采矿工作者也正在开展这方面的研究，并已取得一些成果。

正确的解决矿床开采問題，选择高效率的采矿方法，运用先进的劳动組織形式，改善安全及卫生工作条件等，是我国采矿工作者的迫切任务。解决这些問題，将使我国的采矿事业走向近代化。在解决金属矿床开采中任何一个問題时，都必須考虑到工作的安全、經济、劳动生产率和开采强度；同时也須要估計到工业及技术的发展。这些都是祖国的社会主义建设任务向采矿工作者提出来的要求。

为了符合我国大专院校采矿系矿区开采专业金属矿地下开采专門化的教学要求，本书根据新的教育計划編写，亦即以金属矿地下开拓和采矿方法为主要內容，并包括了地下开采中一些特殊問題和露天开采。

从上述內容中，可知本书的任务是研究矿床的开拓方法 采矿方法、回采主要作业（落矿、运搬、支持）等理論知識。同时，为了进一步了解采矿过程中的理論知識，便于今后在实践中起指导作用，对于放矿、地压、露部开采，企业年产量等問題也作了必要的专門的論述。

"金属矿床开采"这門課程对于采矿系学生来說，是非常重要的。它几乎与采矿方面所有专业課程都有密切联系；特别是与"凿岩爆破"、"井巷掘进与支护"及"通风与安全技术"更有不可分割的关系。只有在上述課程的基础上，才能对"金属矿床开采"課程有全面的了解。通过本課程和其它有关专业課程的学习，使学生能根据党的方针政策和国民经济需要结合矿山的地质条件，及其他开采技术組織条件正确的进行設計、开采与管理矿山生产的工作。

高 等 学 校 教 学 用 书

金属矿床开采

下 册

北京钢铁学院
东北工学院 中南矿冶学院
昆明工学院 西安矿业学院
采矿教研组合编

中国工业出版社

金 属 矿 床 开 采

下 册

北京钢铁学院

东北工学院　中南矿冶学院

昆明工学院　西安矿业学院

采矿教研组合编

*

冶金工业部工业教育司编辑（北京复市大街78号）

中国工业出版社出版（北京佟麟阁路西10号）

（北京市书列出版事业许可征旧字第110号）

中国工业出版社第三印刷厂印刷

新华书店北京发行所发行·各地新华书店经售

*

开本787×1092 1/16·印张14·字数329,000

1961年10月北京第一版·1962年6月北京第三次印刷

印数4,124—5,723·定价1.78元

统一书号：K15165·923（冶金-211）

附

采矿方法教学大纲①

（冶金工业部所属高等工业学校本科五年制采矿专业适用）

绪　论

采矿工业在国民经济中的重要地位及其特点。

采矿工业发展简史。党和政府对采矿工业的方针政策。

课程的性质、地位及基本内容。

第一篇　地下开采

第一章　金属矿床地下开采的基本概念

矿石及围岩的稳固性。

矿床按厚度及倾角的分类。

井田、阶段、矿块的概念。阶段内矿块的开采顺序。

矿床开采步骤：开拓、采准、切割及回采；各步骤间的关系。

矿床开采储量：开拓储量、采准储量及待采储量；保证开采储量的意义。

相邻矿体开采顺序：从上盘矿体向下盘矿体开采，上、下盘矿体平行开采。

矿石损失与贫化的概念；产生损失与贫化的原因，计算方法及其降低的基本措施。

第二章　矿床开拓

矿床开拓的概念；开拓巷道：主要开拓巷道，辅助开拓巷道，石门、井底车场及峒室；对矿床开拓的基本要求。

平峒开拓，竖井开拓，斜井开拓，平峒盲井开拓，竖井盲井开拓及其适用条件，优缺点分析。

开拓方法选择的重要性；选择的内容、方法及步骤。

主要开拓巷道类型的选择及其比较。

主要开拓巷道位置的确定。影响主要开拓巷道位置的因素。地下及地面运输对主要开拓巷道位置的影响。采空区岩石移动对主要开拓巷道位置的影响。

辅助开拓巷道位置的确定。

石门：组合石门及阶段石门。

---

① 1964 年 8 月五院校共同编写的与《金属矿床开采》相配套的教学大纲，刘之祥参与该教学大纲的编写。"金属矿床开采"是采矿专业最主要的一门课程。该大纲对本课程的教学目的、要求、内容、方法规定得非常明确，具有可操作性。这样的大纲现在已不多见了。

井底车场的概念、形式及其选择原则。

井底车场硐室及其布置原则。

第三章　矿床采准及切割

矿床采准的概念；采准巷道：主要采准巷道与辅助采准巷道；对采准工作的基本要求。

采准方法及其评述。

主要运输水平采准巷道布置的原则及其影响因素。

辅助采准巷道的概念。

采准工程量及其指标：采准系数及采准工作比重。

矿块切割工作的概念；对切割工作的基本要求。

第四章　回采工作主要生产作业

回采工作主要生产作业：落矿、二次破碎，矿石采场运搬及采场地压管理。

落矿的概念；对落矿的基本要求；落矿效率指标。

落矿方法分类：浅孔、深孔（中深孔及深孔）及药室。

浅孔落矿。工作面形式及炮孔布置方式。

深孔落矿。深孔布置方式：垂直深孔及水平深孔，平行深孔及扇形深孔。影响深孔落矿效率的主要因素：孔深、孔径、最小抵抗线，炮孔密集系数，单位火药消耗量。

各种落矿方法的适用条件及评价。

矿石合格块度的概念；矿石大块率及其测定方法；影响大块率的主要因素及降低大块率的基本途径。

矿石二次破碎的概念；矿石二次破碎方法：人工破碎、炸药破碎及破碎机破碎。

矿石采场运搬的概念；矿石采场运搬方法：重力运搬、机械运搬（电耙、装矿机）及爆力运搬。

放矿口装置的形式及适用条件。

采场地压的概念（深部开采地压现象）。影响地压的因素。

采场地压管理方法：矿柱支护法、留矿支护法、支柱（包括杆柱）支护法、充填支护法、支柱充填支护法及崩落围岩法。

第五章　采矿方法分类

采矿方法分类的依据及其评述。

第六章　空场法

空场法的特征、适用范围。

房柱法实质。浅孔房柱法的构成要素，采准、切割及回采。

房柱法的评价：适用条件、主要优缺点及发展方向。

分段法的实质。分段法的构成要素，采准、切割及回采。

分段法的评价：适用条件、主要优缺点及发展方向。

阶段矿房法的实质。水平深孔阶段矿房法的构成要素，采准、切割及回采。垂直深孔阶段矿房法的特点。

阶段矿房法的评价：适用条件、主要优缺点及发展方向。

第七章　留矿法

留矿法的特征、适用范围。

浅孔留矿法的实质。浅孔留矿法的构成要素，采准、切割及回采，扩大使用范围的主要措施。

浅孔留矿法的评价：适用条件、主要优缺点及发展方向。

深孔留矿法的特点。

第八章　充填法

充填法的特征、适用范围。

水平分层充填法的实质。水平分层充填法的构成要素，采准、切割及回采。

水平分层充填法的评价：适用条件、主要优缺点及发展方向。

分采充填法的特点。

第九章　支柱充填法

支柱充填法的特征、适用范围。

方框支柱充填法（垂直分条）的实质。构成要素，采准、切割及回采。

方框支柱充填法的评价：适用条件、主要优缺点及发展方向。

第十章　崩落法

崩落法的特征、适用范围。

单层崩落法的实质。单层壁式崩落法的构成要素，采准、切割及回采。

单层崩落法的评价：适用条件、主要优缺点及发展方向。

分层崩落法的实质。构成要素，采准及回采。

分层崩落法的评价：适用条件、主要优缺点及发展方向。

分段崩落法的实质。中深孔分段崩落法（封闭扇形及敞开扇形）的构成要素，采准、切割及回采。水平深孔分段崩落法的构成要素，采准、切割及回采。

分段崩落法的评价：适用条件、主要优缺点及发展方向。

阶段强制崩落法的特点。

崩落法放矿的重要性：放矿的基本损失与贫化①的主要措施。

第十一章　矿柱回采及空场处理

矿柱回采的重要性、影响因素及对矿柱回采的基本要求。

---

① 应为防止贫化。

矿柱回采方法的适用条件及其评述：大爆破法、分段崩落法、分层崩落法及支柱充填法。

空场处理的必要性；处理方法：崩落围岩法、充填法及隔绝法。

矿房回采、矿柱回采及空场处理在时间和空间上的配合。

第十二章　采矿方法结构

确定合理采矿方法结构的意义。

阶段高度。影响阶段高度的因素。常用的采矿方法阶段高度及其发展趋势。

矿块长度。影响矿块长度的主要因素。确定矿块长度的基本原则。

影响间柱宽度的因素。

影响顶柱稳固性的因素。

底部结构的概念；对底部结构的基本要求。

底部结构的种类及其评述：格筛自重运搬结构，电耙运搬结构，装矿机运搬结构。

影响底部结构选择的因素，各种底部结构的比较。

国内外主要矿山采矿方法结构尺寸变化范围。

第十三章　采矿方法选择

采矿方法选择的基本原则；影响采矿方法选择的因素。

采矿方法选择的内容、方法和步骤：初选、技术经济分析及经济比较。

第二篇　露天开采

第十四章　露天开采的一般概念

我国露天开采的一般历史、发展现状和前景。露天开采的特点和优越性。露天开采的步骤和露天矿场的一般概念。阶段、平盘（平台）、工作帮、非工作帮和边帮废止角的概念。露天开采的工艺方法和机械开采的生产过程。

第十五章　采装工作和工艺联系

采装工作的机械化，单斗挖掘机的工作规格，挖掘机的工作方式和采掘参数：平装车，上装车，捣推；阶段高度（工作面高度），工作面宽度，采区长度，平盘宽度。

挖掘机的生产能力和影响生产能力的因素，采装对爆破工作的要求，铁道运输时工作面配线及列车入换、汽车入换的特点，采装和运输的工艺联系（钻）机铲比和车铲比的意义。

第十六章　排土工作

排土场位置的选择，排土工作机械化方法及其评价。

铁道运输时排土场的建立，排土犁排土场的工艺过程。

基本参数：长度，段高，步距，生产能力；汽车运输时的排土工作简述。

第十七章　掘沟工程

露天堑沟的种类，沟的尺寸和掘沟工程量计算。全断面运输掘沟法的主要方案，分层掘沟法的特点和适用条件，全运输掘沟法的应用条件。

第十八章　露天矿开拓和运输

露天矿开拓的概念和实质，开拓方法的分类。沟道开拓坡度确定的方法。沟道的定线方法和沟道的空间位置与形式。沟道开拓法的主要方案：直进沟，折返沟（回返沟），螺旋沟，移动坑线开拓和陡沟开拓的开采工艺特点和适用条件。

地下井巷开拓法和联合开拓法简述。开拓方法的选择及其影响因素。

第十九章　生产剥采比和生产能力计算

露天矿山工程的发展特点。工作帮的构成和工作帮坡面角。剥采比和生产剥采比的概念和意义，生产剥采比的变化和均衡理论，断面法确定生产剥采比的步骤和方法。介绍露天矿可达到的生产能力简单计算方法。

附：采矿方法教学大纲说明书

一、本课程的性质与任务

采矿方法是采矿专业的主要专业课程。任务是使学生掌握金属矿床地下开采的基本知识，具有解决开采技术问题的初步能力，并具有一定的露天开采知识。

二、本课程的基本要求

（一）地下开采部分

1. 掌握阶段中矿块开采顺序及矿床开采各步骤之间的关系。

2. 掌握矿床开拓的基本知识，并能根据矿山具体条件、国家技术政策初选开拓方法。

3. 深入掌握采矿方法的基本知识，并能根据矿山技术和地质条件、国家技术政策正确选择和设计采矿方法。

熟练地掌握和运用下列采矿方法的主要方案。

①房柱法；②分段法；③阶段矿房法；④浅孔留矿法；⑤水平分层充填法；⑥分层崩落法；⑦分段崩落法。

4. 具有查阅采矿书刊的能力和对生产实际问题一定的分析能力。

5. 具有识别与绘制采矿方法工程图纸的能力。

（二）露天开采部分

1. 掌握机械化露天开采的工艺联系特点，主要工艺参数的确定方法和主要设备的平衡关系。

2. 掌握露天矿开拓的基本理论知识和矿山工程时间与空间的发展关系。

3. 具有露天开采工程图纸识别与绘制的初步能力。

三、本课程与其他有关课程的联系和分工

1．与"矿山企业设计基础"的关系及分工：

①最低工业品位及最小工业全部划归"矿山企业设计基础"课中讲授；

②露天开采境界确定由"矿山企业设计基础"讲授，为了作适当衔接，本课仅交待剥采比的一般概念和露天开采的合理范围；

③矿井年产量的确定原则及其计算和井田尺寸确定方法由"矿山企业设计基础"讲授；

④矿床开拓方法及开拓方法的技术选择由本课讲授，而开拓方案比较及其经济指标计算划归"矿山企业设计基础"讲授。

2．与"矿山运输"的关系与分工：

①井底车场型式、硐室布置由本课讲授，而井底车场线路及其设计划归"矿山运输"讲授；

②漏口闸门由本课讲授；

③地下开采部分的地面运输线路定线原则，露天开采部分的牵引计算、线路及其通过能力等由"矿山运输"讲授。

3．与"凿岩爆破"的关系及分工：

本课回采生产作业中的凿岩爆破（包括露天和地下）部分系运用"凿岩爆破"课已讲的理论知识，着重结合回采工艺，从提高落矿效率及改善破碎质量的角度进行讲授；凿岩爆破理论参数确定及爆破方法设计由"凿岩爆破"讲授。

4．与"矿山测量"的关系与分工：

①矿石损失与贫化问题由本课讲授，测量统计方法由"矿山测量"讲授；

②岩石移动带及保安矿柱的圈定，岩石移动规律及岩石移动的观测由"矿山测量"讲授。

四、各章内容的重点、深度和广度

绪 论

重点交待课程的性质，在教学计划中的地位和基本要求。

采矿工业发展简史，应尽量简化，应通过解放前后的鲜明对比，进行专业思想教育。内容上不宜与其他专业课重复。党和政府对采矿工业的方针政策应联系对矿床开采的基本要求。绪论中尚应介绍本课程学习的特点。

第一篇 地下开采

第一章 金属矿床地下开采的基本概念

本章重点是：阶段内矿块开采顺序；矿床开采步骤及其相互间关系。

超前关系应交待清楚，用三级储量保证，超前系数不宜介绍。

分采与总采的概念在开采步骤回采工作中作简单交待。

损失贫化应建立清楚的概念，计算方法只列出基本计算公式（不作推演）。

当围岩不含品位时可用矿石损失：$\Pi = (T_э A_э - T_ф A_ф) \div T_э A_э$

贫化：$\rho = (A_э - A_ф) \div A_э$

当围岩含品位时可用矿石损失：$\Pi = 1 - [T_ф \div T_э \cdot (A_ф - A_р) \div (A_э - A_р)]$

贫化：$\rho = (A_э - A_ф) \div (A_э - A_р)$

不讲现在实际的损失及贫化概念。

相邻矿体开采顺序，只讲授由上而下以及上、下同时平行开采的顺序。

第二章　矿床开拓

本章是本课程的重要内容之一。

本章重点是：开拓方法选择。

主要开拓巷道指主井、主平硐；辅助开拓巷道系指副井、风井、溜矿井、充填井等。

开拓方法的概念包括：各种开拓巷道的类型、数量、规格及相互间布置方式等。

生产实践中极少见的脉内竖井开拓等不应讲授。

开拓方法选择只讲授选择的原则、内容、方法和步骤。指出参与比较的项目。具体的经济比较评价由企业设计基础课程讲授。

按地下运输功能确定主要开拓巷道位置时，不作公式推导及图解法，着重讲授确定的原则和物理意义。简述地面运输功能的影响，但不宜列入公式，对角式布置方式应进一步分析阶段中前进式与后退式回采顺序的优缺点及适用条件；主要溜矿井的适用范围、型式及位置确定原则需着重讲授；充填井布置只讲一般原则。

第三章　矿床采准及切割

本章重点是：主要运输水平巷道的布置原则；脉内、脉外巷道布置的比较。

主要采准巷道系指划分矿块的主要运输巷道和天井。

辅助采准巷道系指矿块内除主要采准外的为回采工作所必需的各种巷道。本章只交待一般概念，以后结合具体采矿方法讲授。各种采准方法可按倾斜和急倾斜矿床，水平和缓倾斜矿床分别进行评述。

采准方法分类表，必要性不大，反而使问题复杂化，不宜讲授。采准工程量系指主要及辅助采准工程量，不包括切割工程量。

矿块切割工作是生产中的一个重要环节（有的矿山称为切采）。

讲授时应注意培养学生建立切割工作在矿块生产时的时间和空间的配合关系。

第四章　回采工作主要生产作业

本章重点是：深孔落矿方法。

落矿工作结合矿块回采进行讲授，如落矿机械选择应结合矿体厚度、工作面布置方式、工作安全及落矿效果等方面。落矿参数则应从提高效率和改善落矿质量方面进行分析。应避免讲授不够成熟的内容。

大块率测定方法，只介绍利用二次破碎炸药消耗量及消耗雷管数量统计方法。二次破碎新方法，不够成熟，不宜讲授。

各种地压假说，本章不必重复，只需阐明影响地压大小的因素。

全矿充填系统在充填法中讲授。

第五章　采矿方法分类

讲解以地压管理方法作为采矿方法分类依据的理由。

一般了解分类中各种采矿方法。

分类中删去了极少使用的支柱法、联合法。分为空场法、留矿法、充填法、支柱充填法、崩落法等五类。大纲内不涉及的采矿方法如上向梯段法、下向梯段法、药室落矿法、倾斜分层充填法等均不列入分类表。

国内外采矿方法的使用比重，学生很难理解，不宜讲授。

第六章　空场法

本章重点是：不分梯段的浅孔房柱法；沿走向分段法；水平深孔阶段矿房法。

重点要求讲深讲透，画三面投影工程图。学生应全面掌握并能运用。

本章删去了全面法，可在房柱法中指出，当矿床较薄、规模较小时，采取留不规则矿柱的措施。

切走向分段法应用很少，不宜讲授。

倾斜矿床分段法不单独讲，可在沿走向分段法中指出，当倾角变小时，采用底盘补充漏斗等技术措施。

在分段法内仅需指出矿柱回采方法。

上向梯段法可用浅孔留矿法或充填采矿法代替，很少应用，下向梯段法，使用极少，均不宜讲授。

第七章　留矿法

本章重点是：浅孔留矿法。

指出留矿法回采时，具有局部放矿和最终放矿两个步骤的特点，并指出回采工作时的平场工作及安全措施。

深孔留矿法在结构上与阶段矿房法相似，本章仅需指出其特点即可。

药室留矿法随着深孔爆破技术的发展趋于淘汰，应用极少，不应讲授。

第八章　充填法

本章重点是：水平分层充填法。

对充填法应给予正确的评价。

分采充填法只讲授特点，可着重于分采、总采的比较，与薄矿脉的浅孔留矿法的对比分析。

倾斜分层充填法，应用极少，不宜讲授。

第九章　支柱充填法

本章重点是：（垂直分条）方框支柱充填法。其他方案很少使用，不宜讲授。

第十章　崩落法

本章重点是：单层崩落法；分段崩落法。

单层崩落法着重单层壁式崩落法的顶板管理问题。

分层崩落法只讲带分段贮矿巷道的进路方案，注意讲授假顶的作用及铺设、采准巷道布置及工作面通风问题。

中深孔分段崩落法只讲授"封闭扇形"及"敞开扇形"两个典型方案，应特别注意将回采分间与整个矿块联系起来。

水平深孔分段崩落法着重介绍特点，并指出发展方向。

阶段自然崩落法，仅简述方法、概念。

阶段强制崩落法只讲特点，应强调本法与阶段矿房法、深孔留矿法、深孔分段崩落法的区别及比较。指出上向垂直深孔落矿方案的发展前途。

在复岩下放矿是崩落法应用的关键问题，本章应讲授放矿时矿岩移动的基本概念：放矿椭球体、松散球体及放矿漏斗的概念。应着重分析在复岩下放矿时影响矿石损失与贫化的因素。

第十一章 矿柱回采及空场处理

本章重点是：大爆破回采方法；各种矿柱回采方法的适用条件；矿房回采、矿柱回采及空场处理三者在时间上的配合关系。

水平矿床矿柱一般不回采，不宜讲授。

第十二章 采矿方法结构

本章系总结和深化性质。进一步系统分析合理的采矿方法结构、影响因素和确定原则。着重分析各种底部结构的型式、优缺点和适用条件及细部尺寸，使学生能进一步掌握底部结构对采矿方法的影响，并能正确选择和改进。

第十三章 采矿方法选择

本章系培养学生具体运用所掌握的采矿方法的重要部分。着重讲授影响采矿方法选择的因素，选择的内容、方法和步骤。

选择步骤：

1. 根据矿床地质及开采技术等条件初选适合的采矿法。

2. 按五项指标：采矿强度、劳动生产率、矿石损失贫化、主要材料消耗及采准工程量，进行技术经济分析。

第二篇 露天开采

第十四章 露天开采的一般概念

指明露天开采与地下开采的区别，着重说明露天生产工艺过程的实质及其相互联系、相互制约关系。通过模型实习和矿场要素的讲授，建立露天开采的总体概念。矿场要素、台阶要素的讲授最好利用直观模型，术语的定义尽量少讲。

第十五章 采装工作和工艺联系

本章为本课的第一重点，着重解决单斗挖掘机采装的基本参数和以采装为中心的穿爆、采装、运输之间的工艺联系理论。以讲清概念为主，切忌引入不切实际的烦琐公式，通过课堂讨论和课外作业使学生正确领会机械化生产过程中合理工艺配合的重要性和设备数量相对平衡的辩证关系，并获得相应的计算、绘图的能力。

本章的改变较大，去掉属于凿岩爆破、矿山运输的内容，穿爆部分中只保留穿爆效果评价，放入对采装工作的影响说明，而运输部分只保留工作面运输及其对采装的直接影响。这样就避免了与搭接课程的内容重复，去掉了烦琐公式，将原来一般化的内容上升到本质，以使学生深入掌握露天开采生产工艺过程中最根本的东西。此外，删去烦琐的采矿方法一章，是因为从我国实际情况出发，讲横向移运岩石的采矿方法一章就显得没有必要，而将开采方法要素并入本章中，可收一气呵成之效。这就不仅减少了讲课时数，同时加强了基本理论，提高了质量。

第十六章 排土工作

从我国情况和金属矿山情况出发，以排土犁排土场为主，说明排土场的建立、工艺特点等和排土场位置的选择条件，使学生建立排土工作的完整概念。

将排土工作从生产工艺过程中分出，另列一章是考虑到在运输采矿方法中，排土与采掘没有直接联系，同时排土又是露天开采中的突出问题。

第十七章　掘沟工程

以全断面运输掘沟法为主，说明掘沟工程基本要求、掘沟工程量和掘沟速度之间的主要矛盾关系，从而引出其他掘沟方法。

将掘沟工程单列一章，并且放在工艺之后和开拓之前讲，是因为掘沟与开拓的关系非常密切。但掘沟属于矿山工程而以生产工艺过程为内容，而开拓属于沟道系统及其在空间的发展形式，因此在讲开拓时最好说明它们之间的关系，以免概念不清。

第十八章　露天矿开拓和运输

本章是本课的第二重点。本章的重点是露天沟道开拓法，在分类中删去沟道开拓法的烦琐分类，着重从实际出发，讲透主要方案与运输密不可分的特点，并说明开拓方法与工作线推进方式、方向的联系和空间发展关系。此外，利用课堂讨论和练习来解决开拓方法的选择和沟道定线问题，从而使学生从过去只能了解开拓方法提高到初步掌握选择开拓方法的基本理论和技能，并通过模型素描建立空间概念和绘图的初步能力。

第十九章　生产剥采比和生产能力计算

生产剥采比是现代化露天矿生产的重要指标，通过生产剥采比及其均衡理论的讲授和讨论，像一把钥匙一样，掌握露天矿山工程开拓、采准、回采发展的时间关系，并将时间和空间的关系密切联系起来，提到理论的高度来认识露天开采的基本规律。

生产能力计算是利用生产剥采比和工作线长度的对比的简单方法讲授，最多不超过半小时，这样，教学就形成一个完整的体系。

最后，必须说明露采部分大纲的修订是从课程的基本要求和向兼顾露采靠拢的精神出发，根据少而精的原则，对内容做了较多的精简和较少的增加。改变的特点是：贯彻以我国为主和学以致用的原则；在课程合理分工的前提下，消除了重复的一般内容，删掉教条主义、烦琐哲学的内容，加强了基本理论并突出了重点，强调了有讲有练，讲练密切配合，而把当前的改革和长远的全面改革衔接起来。新修订的大纲既可以适应"地采专业学生应具有一定的露采知识"的要求，又有利于达到将来兼顾露采时的基本要求。

〔附注〕砂矿床露天开采作为精简的内容，没有正式列入大纲，个别学校如有需要，可以利用机动时间灵活掌握，适当安排，不做统一规定，讲课内容可自行解决。

五、课堂讨论和作业

为了巩固课堂讲授最主要的内容，培养学生独立思考及运用知识的能力，本课程安排8个课堂讨论：

1. 地下主要开拓巷道类型及位置的选择。（另有课外作业4学时）

2. 浅孔留矿法回采计算。（另有课外作业4学时）

3. 分段崩落法采准布置及工艺。

4. 矿柱回采方法。

5. 地下采矿法选择。

6．采装工作与工艺联系。（另加课外作业6学时）

给定：岩石性质、穿孔机类型、穿孔效率、电磁和采装循环时间、列车的车辆数和周转时间、工作平盘配线形式（最简单的）和列车在工作面的运行速度等条件。

确定：爆破参数、工作面尺寸、平盘宽度、电铲效率、电铲所需配备的穿孔机和列车数，并按1∶300绘制有关图纸。

7．开拓方法选择与运输定线。

已知矿体地质地形条件、露天矿场最终境界，确定运输方式、开拓沟道的尺寸和坡度，确定开拓系统定线及总工程量，各方案的对比。

8．影响生产剥采比的各种因素。

在断面图上确定生产剥采比及影响生产剥采比的各种因素，以后者为主。

课外作业有4个，内容如下：

顺序	作业内容	需学时数
1	根据矿床地质地形条件确定主要开拓巷道类型及位置	4
2	水平扇形深孔布置及装药设计	4
3	浅孔留矿法回采计算	4
4	采装工作与工艺联系	5

六、模型实习的要求

顺序	篇	实习内容	基本要求
1	地下开采	开拓	建立矿床开拓采准总体概念及掌握各种开拓采准巷道的作用，绘制开拓巷道系统图。
2		分段法	建立矿块开采的时空概念，绘出正视图及侧视图。
3		浅孔留矿法	了解回采工艺及循环组织，绘出三面投影图。
4	露天开采	分段崩落法	掌握回采分间与矿块的整体关系及采准巷道布置方式，绘出深孔分段崩落法三面投影图。
5		露天采矿场	熟悉露天矿全貌及建立露天开采的概念。
6		开拓	熟悉沟道开拓法。 绘制开拓系统平面及断面草图。

七、实验的要求

1．放矿实验。

①了解放矿基本规律；

②绘制放矿漏斗及松散椭球体图。

2．大爆破矿柱回采模拟实验。

①了解矿体倾角对于柱回采的影响；

②绘制矿石分布图。

八、课程设计

根据教学计划，学完本课及进行第二次生产实习后，在第九学期作课程设计。

课程设计的主要目的是巩固本课程所学的理论知识和培养学生运用这些知识，根据实际条件正确选择采矿方法及其构成要素，进行回采设计与绘图的能力。

课程设计可以分散进行，在学期末集中进行，或分散与集中结合进行。

九、学时分配的建议

课程内容	讲授	课堂讨论	模型实习	实验	合计
绪　论	1				1
金属矿床地下开采的基本概念	6				6
矿床开拓	10	3	2		15
矿床采准及切割	4				4
回采工作主要生产作业	10				10
采矿方法分类	1				1
空场法	10		2		12
留矿法	5	2	2		9
充填法	4				4
支柱充填法	2				2
崩落法	16	2	2	2	22
矿柱回采及空场处理	4	2		2	8
采矿方法结构	4				4
采矿方法选择	4	3			7
机　动					10
地下小计	81	11	8	4	114
露天开采的一般概念	2	1			3
采装工作和工艺联系	6	2			8
排土工作	2				2
掘沟工程	2				2
露天矿开拓和运输	6	4	2		12
生产剥采比和生产能力计算	4	2			6
机　动					5
露天小计	22	8	3		38
课程总学时	103	19	11	4	152

采矿大意①

1. 讲义的封面。

采矿大意，

刘之祥 1953春于地院

---

2. 讲义的目录。

第一章　绪论

　　第一节　采矿工业重要性及决定矿体可靠性的因素

　　第二节　有用矿物的储藏量及采矿时的损失量

　　第三节　中国矿业发展史与新中国在矿业上的改进

　　第四节　采矿方法、采矿过程及采矿工业的发展方向

第二章　采矿坑峒（附图1幅）

　　第一节　各种坑峒及其用途

　　第二节　主要井巷的形成及大小

第三章　采矿工具及机械（附图16幅，列表1个）

　　第一节　矿山岩石分类方法

　　第二节　人力采矿工作及工具

　　第三节　地下采掘、分装、搬运的机械

　　第四节　露天采掘及装运的机械

第四章　炸药与爆破（附图18幅，列表1个）

　　第一节　炸药的意义、种类及其性质

　　第二节　放炮方法

　　第三节　爆破意义

第五章　井巷掘进与支架（附图30幅，列表1个）

　　第一节　凿井方法概述及井筒镶砌

　　第二节　直井的特殊开凿法

　　第三节　巷道掘进及支架

第六章　系统开拓（附图32幅）

　　第一节　概论

　　第二节　直井、斜井与平窿的特征

　　第三节　开拓的方法

　　第四节　井底车场

第七章　采矿方法（附图42幅）

　　第一节　选择采矿方法的决定因素

　　第二节　金属矿藏采矿法

　　第三节　层状矿藏采矿法

　　第四节　露天采矿法

　　第五节　砂矿开采法

第八章　运输（附图14幅）

　　第一节　概论

　　第二节　运输的种类

　　第三节　运输机械设备

　　第四节　总结

3. 讲义的部分内容。

第五章　井巷掘进与支架

重点：　立井开凿的方法和巷道支架的方法

要求：　知道锁口盘，井架，天轮，吊桶，罐道，吊盘，墙壁，水泵，水环等的用途。知道怎样打眼放炮。知道对较软地层的特种凿井方法。知道巷道掘进的工作循环。知道支架的材料和支架的形式。

第一节　凿井方法概述及井筒镶砌

由地向上所凿进的立井或斜井，是最主要的通路，是开凿工程的第一步。在进行生产的矿厂，他的矿井，也时常要加深，或加多，所以凿井及镶砌，是最主要的工作。由地下埋藏的矿量，及捅计每年的产量，可以估计到矿厂的寿命。矿井的寿命，和矿厂的寿命，是一样的。所以他的坚固耐腐，是很惹当注意的。

凿井的工作，可以分为两个步骤：

甲　设计——根据探矿的纪录，和地层地形的情况，及其他条件，作出详细的设计　呈送上级批准。

乙　施工——根据业已批准的设计图表，进行施工。非经上级批准，不得任意更改设计中的各项图表，及各种规定。

在凿井施工时，经常性的工作，有以下的几种。

(一) 打砲眼　　　　(二) 装药爆炸(排炮烟)

(三) 清除碎石 并提运到地向　(四) 排水

(五) 临时或永久支架　　(六) 其他一般性的工作。

为完成必出的几种工作，必须在动工以前，对于以下的设备，先行準備。

採矿大义讲义

五章 一节 一页

	施工种类	主要 設備
一	打砲眼	風鑽,及鑽桿,鑽头,及銳化机,火炉,実气压缩机等
二	裝葯爆炸	炸药,引綫,放砲器,雷管,炸药庫等
三	清除碎石	裝運机,矿車,鋼軌,井架,绞車,鋼緣绳,吊桶等
四	排水	水泵,鋼管,膠皮管等
五	支架	吊皮,碎石机,混凝土攪和机,木,磚,石,砂,水泥,鋼料等
六	其他	鍋炉,五金器材,及修理厰,起重机,变压器,及通風照明設備等

各种設備的数量,規格及种类,是根据井筒的大小,及其他客覌條件而决定的。

施工的工作步驟,和工作种类,分别介绍如下:

(一) 井架——有永久的井架,就是採矿时所需要的井架,及临时井架,就是鑿井时,所需要的井架。井架建立在井筒上向,籍着绞車,和井架上的天輪的引導,作为提升之用。提升有碎石的提升,人員的上下,及水泵工具等的临时提升。井架的材料是木料製成的,或用鋼料製成的。如圖39。

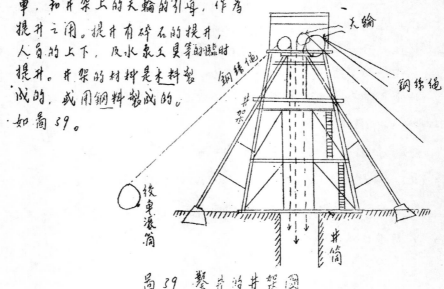

圖39 鑿井的井架圖

二、　锁口盘 —— 按照一定的位置，和一定的井筒大小，先挖去表面浮土，或风化的岩石。在井口的四週，用混凝土镶砌，锁口盘以保持井口的坚固。他的作用，在手使井口能支持四週的压力，决作为井架的坚固基础。锁口盘的上面比一般地面略高些，以防雨水流入井内。图40表示立井的锁口盘，和锁口盘有木架的结合方法，图41表示用混凝土製成的斜井锁口盘。

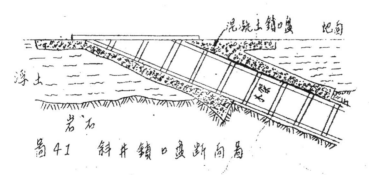

图40　立井锁口盘断面图

图41　斜井锁口盘断面图

三、　打眼放炮 —— 凿井时的打眼放炮手续，一般的是分为两步。第一步是中心截槽的爆破，为第二步增加了自由面。第二步再作四週的更锋爆破，如此可以利用两个自由面提高了爆炸的效能，又节省了炸药。为了截槽的原故，炮眼的方向，都是斜向中心的。如图42倾角为64.5°，炮眼也深些，如图深2500公厘即2.5公尺。炸药装的也多些。一般的是四个中心炮眼，(如图42)。较硬的岩石，也可以用六个中心炮眼。俟中心炮眼爆炸後，始能爆炸四圈的炮眼又分为辅助炮眼，及外圈炮眼。辅助炮眼的方向，也是斜向中心的。

（为高73°角及81.5°角），普通是一环，但在较硬岩石，或井口较大时，辅聚炮眼可两环，（为图42）。他的深度，略次于中心炮眼，（为图42，深2350公厘及2200公厘）。外围炮眼的方向：是垂直的，（为图），或是向外倾斜的，以保持井筒的规定。处围的炮眼彼此距离比较近，（为图二炮眼的距离为1030公厘）。炮眼的数目也较多，（为图外围有十八个炮眼），必须如此，才能使井筒成规则的形状。

炮眼的多少，大小，深度，方向，及间隔的距离等，是随岩石的性质，及井口的大小，而变化的。但在某一种条件下，他有最经济的炮眼数目及位置。据一般的记录，大约如下。

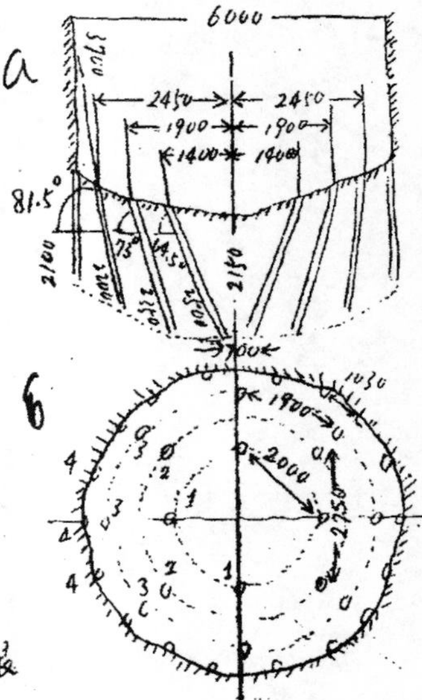

图42　直井炮眼位置简图
1. 代表中心炮眼
2及3　代表辅聚炮眼
4. 代表外围炮眼

炮眼数目——每平方公尺，需炮眼1.2个至2.5个。

炮眼深度——1.5公尺至2.5公尺，最深的有达3—4公尺的。

炮眼直径——40公厘—45公厘。

炸药种类——胶质炸药，因为他力量强，而有抗水能力。

炸药消耗量——每立方公尺岩石，需炸药一公斤左右。因岩石的硬软不同，消耗量的变化也很大。

风钻数目——据井底的面积定，平均每5至10平方公尺，需风钻一架。

炮眼装药的顺序 —— 患先装外围砲眼，逐渐向裡装药，最後装中心炮眼。一般用<u>电雷管</u>，及延期的电雷管，使爆炸时，中心炮眼先炸，外围炮眼後炸，连结的方法，多用<u>並联法</u>。

放炮时注意的事项 —— 放砲以前，要把在井底所用的一切设备，如吊桶，吊盘，水泵，及其他工具等，全提升到距离井底大约 <u>40</u> 公尺以上，以免在爆炸时槌破坏。所有工作人员，都要回到地面。放炮後，需要约<u>一小时的时間</u>，散出砲烟，砲烟出完後，再将井內设备，降至井底，準備清理工作。

鑿井进度 —— 根据本溪矿二号井的工作成績，二号井直径为 8 公尺，每次进度为 1·5 公尺，自打眼至清渣，装连在外，共为六小时。该矿采行鑿井砌碹同時作業法，每月进度在 30 公尺以上。而安矿務局有主辅井筒两了，深度约约 500 公尺以上，井口直径六公尺至八公尺，原计劃七年完成。因为学習了苏联的先进经驗，較原计劃提前了五年零两个月，已于 1952 年 8 月胜利完工。他是按缩循指示圖表有节奏的進行工作。第一班打眼放炮，眼深 2.5 公尺，第二班提昇岩石。第三班提昇岩石及清理井底，一畫夜進行一次工作循环。采行平行作業法，上边砌碹，下边鑿岩，同時進行，有三个吊盘。每月振進效率，最高了达 56 公尺。

四 装连碎石 —— 在井筒裡提运碎石，一般的是用<u>吊桶</u>，（接下頁）用<u>人力或用电力</u>装岩机，将碎石装入吊桶，再用绞車将吊桶提到井口上部一定高度的<u>卸岩台處</u>。卸岩台比井口地面高约<u>三公尺至五公尺</u>，在卸岩台上将吊桶翻转，将碎石卸入矿車裡。矿車的位置，在井

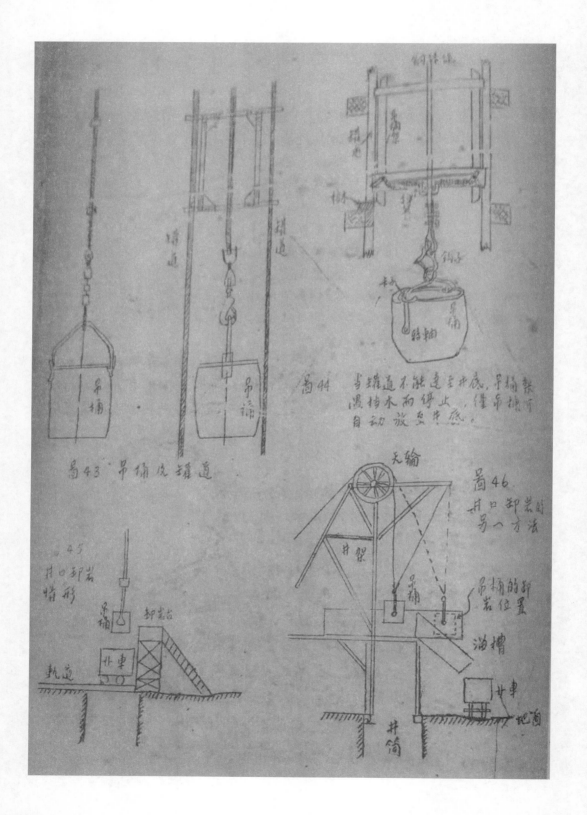

图43 吊桶及罐道

图44 当罐道不能达至井底，吊桶被
浸拦水而停止，僅吊桶可
自动放至井底。

图45
井口卸岩
情形

图46.
井口卸岩时
另一方法

物理探矿

1. 讲义的封面。

物理探镍

刘之祥编

2. 讲义的目录。

引　言

第一章　总论

　　物理探矿之发展史

　　地性探矿之展望

第二章　地性探矿之地质及经济背景（列表 1 个）

　　探矿步骤

　　石油矿之地性探矿方法

　　矿床（石油矿除外）之地性探矿方法

第三章　磁力方法（附图 11 幅）

第四章　重力方法（附图 11 幅）

第五章　电力方法（附图 23 幅，列表 1 个）

第六章　弹性法（附图 19 幅，列表 3 个）

3. 讲义的部分内容。

个龙头,每个龙头之下,有一个青蛙.每个龙头口内,有一个小铜球.当地震时,则龙头口内之小铜球,即可因震动而滚出,落于青蛙口内,那个铜球落出,即代表那个方向来的地震.这个仪器做的甚为精巧,对于测探地震,颇为成功.

弹性法探扑者以地震学为基础.由地震仪所测出之波动情形可以研究地球之内部组成情形.并知地球可划分为若干壳层,每个壳层有其不同之弹性性质.地震学的历史很久,直至第一次世界大战时,交战国双方皆利用其原理,以测探敌国之重砲位置.嗣后,便渐次发展至探扑方面.探扑弹性波与地震学之区别有三:(1)地震之弹性波,与探扑所用之弹性波,其周期不同故频率及波长亦不同.地震之波长长,其周期由数秒至60秒钟,而探扑用之波长短,其周期不过左右百秒钟.(2)弹性波所用之人工地震,其位置及时间皆有精密之确定.地震仪所测之地震位置及时间,皆不甚精确.(3)弹性波所用测发振动及时间之仪器,皆比地震仪为精确.

弹性波探扑既与岩石之弹性性质有关.在理论上应力(Stress)与应变(Strain)成比例,此比例即弹性係数.杨氏係数(Young's modulus) E,代表简单伸长及压缩之间係之弹性係数.

$$E = \frac{\text{应力}}{\text{应变}} = \frac{\frac{F}{A}}{\frac{\Delta L}{L}} = \frac{FL}{A\Delta L} .$$

式中 $\frac{F}{A}$ 代表单位面积所受之力,$\frac{\Delta L}{L}$ 代表单位长度所伸长或缩短之数.客积弹性係数(bulk modulus) K,代表简单压力对客积之弹性係数.

$$K = \frac{\frac{F}{A}}{\frac{\Delta V}{V}} = \frac{FV}{A\Delta V} .$$ 式内 $\frac{F}{A}$ 代表单位面积所受之压力,$\frac{\Delta V}{V}$ 代表单位客积之客积变化.刚性(rigidity)或切变弹性係数

(Shear modulus) n，代表切变之应力与应变之比例，但体积并不变化。$n = \frac{\frac{F}{A}}{\frac{\Delta L}{L}} = \frac{FL}{A\Delta L}$。式内 $\frac{F}{A}$ 代表单位面积之切力，切力方向与变动面之切线方向相同。$\frac{\Delta L}{L}$ 代表单位长度（此长度垂直于切力方向）之切变，（此切变之长度其方向与切力方向相同。）伯松比 (Poisson's ratio) σ，並不代表弹性係数，是当一个圆柱体受压力之阐係，使其长度短了 ΔL，而其直径则大了 ΔD。

$\sigma = \frac{\frac{\Delta D}{D}}{\frac{\Delta L}{L}} = \frac{L\Delta D}{D\Delta L}$。此值普通约等于 $\frac{1}{4}$（在与 $\frac{1}{2}$ 之间）。

弹性波及其傳播——弹性波有縱波有横波。縱波与音波相似，其波动像平行於傳播之方向。横波与光波相似，其波动像垂直于傳播之方向。设 ρ 代表傳播波动媒介物之比重，V_L 代表縱波傳播之速度，V_T 代表横波傳播之速度。

$$V_L = \sqrt{\frac{K + \frac{4}{3}n}{\rho}} = \sqrt{\frac{E}{\rho}\left(1 + \frac{2\sigma^2}{1 - \sigma - 2\sigma^2}\right)}$$

$$V_T = \sqrt{\frac{n}{\rho}} = \sqrt{\frac{E}{\rho} \cdot \frac{1}{2(1+\sigma)}}$$

縱波与横波傳播速度之比例：$\frac{V_L}{V_T} = \sqrt{\frac{K}{n} + \frac{4}{3}} = \sqrt{\frac{1-\sigma}{\frac{1}{2} - \sigma}}$

若 $\sigma = \frac{1}{4}$ 时，则 $\frac{V_L}{V_T} = \sqrt{3} = 1.73\ldots$

縱波及横波皆係經过物体本身之波，尚有一种表面波 (Rayleigh waves)，其性质介於縱波横波之间，而其波动形成一椭圆形。椭圆形之长轴垂直于傳播方向，其短轴平行于傳播之方向。此种波僅在物体表面傳播，其傳播之速度 V_R，比横波高慢些。如 $\sigma = \frac{1}{4}$ 时，以上三种波速度之比例如下：$V_L : V_T : V_R = 1 : \frac{1}{\sqrt{3}} : \frac{0.9194}{\sqrt{3}} = 1 : 0.5773 : 0.5308$

　　弹性波之屈折反射等定律,皆可应用光学上所讲述之定律如斯湟尔定律 $\dfrac{\sin i}{\sin r}=\dfrac{V_1}{V_2}$。如图 i 代表投射角,r 代表屈折角,V_1 及 V_2 代表两种不同媒介物之传波速度。若 $r=90°$ $\therefore \sin r=1$

$$\therefore \sin i_c=\dfrac{V_1}{V_2}\cdots\cdots(1)$$

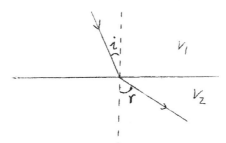

i_c 代表临界角度,投射角若大于 i_c 时,则不发生屈折,而全部反射。

　　但实际情况,如有一弹性纵波遇两种地层之交接面时则有如下图之屈折及反射。P 代表投射纵波,P_1 代表屈折纵波,P_2 代表反射纵波,Q_1 代表屈折横波,Q_2 代表反射横波。在弹性法上,僅利用其最快之弹性波即僅利用纵波。横波因其速度较慢,一般皆不利用之。

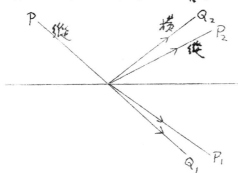

　　不同之岩石,对弹性波之传播,有不同之速度。岩石处在不同之深度亦有不同之速度。因深度愈大岩石之弹性係数亦愈大,故深层岩石对弹性波传播之速度大于浅层岩石,由以前之公式可知波速与弹性係数之平方根成正比,而与岩石比重之平方根成反比。但实际情形则不因岩石之比重大而减低其波速,因此岩石之波速,不宜由理论方面之公式求得,而宜由实际测验求得之。兹将普通岩石对纵波传播之速度,列表如下:—

探
扑
學

岩石名称	波速每次秒钟之尺数
沉積土屬	1000 至 2000
黏土及帶砂黏土屬	6000 至 8000
頁岩	6000 至 13000
砂岩	8000 至 13000
石灰砂岩	12000 至 14000
鹽岩等	15000 至 17000

(一)屈折法——將炸藥埋于地下連接發砲器,以便之爆炸.在一直線上不同之距離鑽眼,多埋一捨波器,並經放大器与紀錄儀相連接.由此可測定最先到達之彈性波,亦即最先到達之縱波.以後繪製時間距離曲線,以解釋地層之情況.如下圖路示,BCEG代表兩種岩石之交界面,上屬岩石之波速為每秒5000尺,下屬岩石之波速為每秒10000尺.AB代表在上屬岩石臨界角之方向,則其屈折角即沿BC之方向

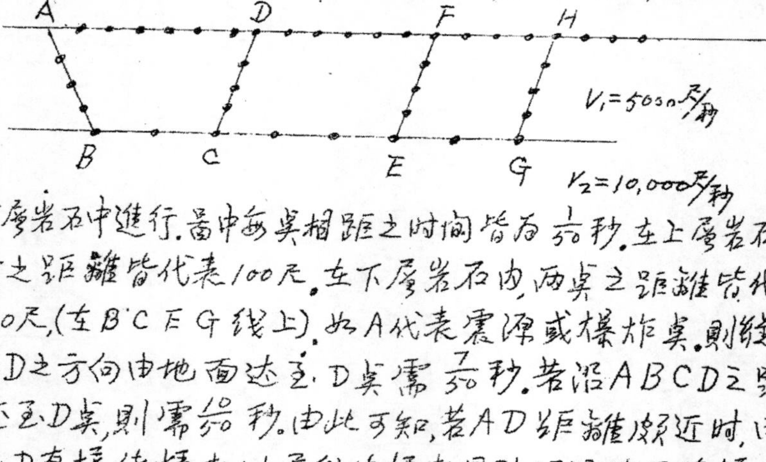

下屬岩石中進行.圖中每點相距之時間皆有 $\frac{1}{50}$ 秒.在上屬岩石內兩點之距離皆代表100尺.在下屬岩石內,兩點之距離皆代表200尺.(在BCEG線上)如A代表震源或爆炸點,則縱波沿AD之方向由地面達至D點需 $\frac{7}{50}$ 秒.若沿ABCD三路線達至D點,則需 $\frac{6}{50}$ 秒.由此可知,若AD距離頗近時,由A至D直接傳播者比屈射傳播者早到.但沿地面傳播由A至F需 $\frac{13}{50}$ 秒沿屈折路線ABCEF由A至F,亦需 $\frac{13}{50}$ 秒.由

228

若 $x_c = $ 临界距离，则 $T = \dfrac{x_c}{V_1}$ 代入

(2)式则得 $\dfrac{x_c}{V_1} = \dfrac{x_c}{V_2} + \dfrac{2D\sqrt{V_2^2 - V_1^2}}{V_1 V_2}$

$\therefore D = \dfrac{x_c}{2}\left(\dfrac{1}{V_1} - \dfrac{1}{V_2}\right)\dfrac{V_1 V_2}{\sqrt{V_2^2 - V_1^2}}$

$\therefore D = \dfrac{x_c}{2} \cdot \dfrac{V_2 - V_1}{\sqrt{V_2^2 - V_1^2}}$

$\therefore D = \dfrac{x_c}{2}\sqrt{\dfrac{V_2 - V_1}{V_2 + V_1}} \quad - - - - - - - - - - - - - - - (3$

由此公式，若已知 V_1 及 V_2 及临界距离 x_c 时，则可求上层岩石之厚度，亦即下层岩石之深度。

(2)交点时间法(intercept time method)——由第(2)式，

$T = \dfrac{x}{V_2} + \dfrac{2D\cos i}{V_1}$　　由 P.39

$\therefore T = \dfrac{x}{V_2} + \dfrac{2D\sqrt{V_2^2 - V_1^2}}{V_1 V_2}$　　$\therefore T - \dfrac{x}{V_2} = \dfrac{2D\sqrt{V_2^2 - V_1^2}}{V_1 V_2}$

设 T_i 代表交点时间　　　　　则 $T_i = T - \dfrac{x}{V_2}$

$\therefore T_i = \dfrac{2D\sqrt{V_2^2 - V_1^2}}{V_1 V_2}$

$\therefore D = \dfrac{T_i}{2}\dfrac{V_1 V_2}{\sqrt{V_2^2 - V_1^2}} \quad - - - - - - - - - - - - - - (4)$

兹举例以说明之：设 $V_1 = \dfrac{200尺}{\cdot 1 秒} = 2000\dfrac{尺}{秒}$

设 $V_2 = \dfrac{200尺}{\cdot 04秒} = 5000\dfrac{尺}{秒}$

设临界距离 $= 1000$ 尺，交点时间 $= \dfrac{3}{10}$ 秒。如是。

矿山力学及支柱

1. 讲义的封面。

北 山 力 学 及 支 柱

刘 之 祥 1953

2.讲义的目录。

导　言

第一编　矿山岩石力学

第一章　矿山岩石力学的物理机械性质（附图 17 幅，列表 13 个）

第一节　绪言

第二节　地下压力的平衡及其破坏和岩石的性质

第三节　岩石的分类

第四节　坚质岩石

第五节　坚质岩石对地压有关的物理材料性质

第六节　塑性岩石

第七节　散沙岩石

第八节　原砂

第二章　矿山压力（附图 51 幅）

第一节　矿山压力现象的一般性质及其研究方法

第二节　顶板压力及其计算

第三节　深矿矿山压力的理论和实际情况

第四节　冲击地压及地表沉陷

第五节　矿山压力计算

第三章　矿山井巷的维护方法（附图 12 幅，列表 3 个）

第一节　给巷道的横断面以适宜的形状和大小

第二节　保留护顶皮及保留矿柱

第三节　采用人工支架方法

第二编　矿坑支架或支柱

第四章　支架材料（附图 9 幅，列表 12 个）

第一节　对矿坑支架的要求及各种材料的优缺点

第二节　木材

第三节　胶结材料

第四节　混凝土

第五节　石料、砖、混凝土及钢铁材料

第五章　采矿场支柱（附图 93 幅，列表 4 个）

第一节　木材支柱

第二节　金属支柱

第三节　石料支柱

第四节　支柱的混合使用

第六章　水平巷道支架（附图 131 幅，列表 2 个）

第一节　巷道木材支架

第二节　巷道金属支架

第三节　巷道石料支架及混凝土支架

3. 讲义的部分内容。

礦山岩石力学及支架　　　　　—29—

第二章　　礦山压力

第一節　　礦山压力現象的一般性質及其研究方法

当我们掘進巷道，藉以研究岩石动態時，可以指出：巷道有兩秏情況：一秏情況是不發生任何变形，甚至在很長時期内不需要支架，也能維持；另一秏情況是在揘用進行中，就産生某些变形。究属何秏情況，則决定於巷道所处的深度，巷道的尺寸，巷道周围岩石性質，尤其是頂板或上盤岩石的性质。巷道的变形或者在巷道穿过後立即出現，或者要经过一定的時间才出現。它表現在頂板岩石的破坏，及支架横樑的折埸；或表現在側压加大，發生片砑和支架立柱的損坏，也或表現在底板的鼓起，而膨脹，以致使巷道内的运輸軌道遭受破坏。这秏現象或者是個別的一個接着一個的出現，或者是同時出現。尚有当巷道的尺寸很大，如在採礦場的採空地带，因岩石受形而影响到地面，引起地表沉陷現象，对地面建築物發生很大危險。

礦山岩石層層相疊，基於地心的吸力，上層常向下層施以压力。这秏压力，叫做地压，是潛存在岩山裡边，它的强度，随深度而增加，但保持着平衡的状態。例如在2000公尺的深度，地压可达500^{公斤}平方公分，可能超过了抗压强度較低的岩石，如页岩砂岩等。然而这秏岩石在地下深处，並没有被破坏的事实，这是因為岩石在地层内毫無移动的餘地，從而可知各方向往此襲来的力量，能保持平衡的状態。在这平衡状態下，岩石在各方向受压的情形，可用下边的分析方法，求得压力大小的関係。

取距地面n深度处立方体岩石，立方体的每边皆為一公分。設覆盖層的体積比重為γ，則立方体所受的垂直（沿OY方向）压力為γn。所以立方体就要沿垂直的方向縮短，而沿水平的方向伸長。但在旁側的岩石，阻碍这秇伸長，因而向旁側發生了水平的压力Q。沿 OX 方向的水平压力為 Qx，沿 OY 方向的水平压力為 Qy，这些水平压力是相等的。∴ Qx=Qy=Q

設 E 為彈性係数，α 為波泵比（泊松）。在单位立方体受到垂直应力 γh 之下，

$$E=\frac{\gamma h}{\triangle L} \cdots (1) \quad \alpha=\frac{\triangle D}{\triangle L} \cdots (2) \quad 由(1)及(2)得 \triangle D=\frac{\alpha \gamma h}{E}$$

也就是，因為沿 OY 方向的压缩，单位正方体沿水平的方向，将增加長度為 $\frac{\alpha \gamma h}{E}$。由於沿 OZ 方向围岩的压缩，使得单位立方体沿 OX 方向伸長 $\frac{\alpha Q}{E}$。又由於沿 OX 方向围岩的压缩使得它沿 OX 方向縮短 $\frac{Q}{E}$。因此单位立方体最後沿 OX 的長度總变化，将為 $\triangle l=\frac{\alpha \gamma h}{E}+\frac{\alpha Q}{E}-\frac{Q}{E} \cdots (3)$ 因為旁側岩石阻碍了这秇变化，所以 $\triangle l=0$。則式(3)变為以下的型式。

$$Q=\frac{\alpha}{1-\alpha} \gamma h \cdots (4) \qquad 对二章P.2 \quad Q=\frac{\alpha}{1-\alpha}P$$

(4)式是表示在彈性限度内垂直力與水平力的閖係，用此式可以祘出水平側压力的大求。若压力超过了彈性限度，則側压力的大小，将等於：$Q=\gamma h \tan$

$$\left(\frac{\pi}{4}-\frac{\varphi}{2}\right) \cdots (5) \quad 塑性限緊改 \qquad 对二P.1$$

(5)式中中為該岩石的内摩擦角，是指該岩石在彈性限度外發生移动時的内摩擦角。

若用β代表側压力係数則由(4)及(5)得

$$\beta=\frac{\alpha}{1-\alpha} \cdots (6)$$

$$\beta=\tan^2\left(\frac{\pi}{4}-\frac{\varphi}{2}\right) \cdots (7) = \varepsilon \qquad P.25$$

这是在巷道未闹鑿前，垂直压力與側压力的閖係。一旦地下採掘闹始後，作出了許多巷道及空间，这样就破坏了压力的平衡性。凡是物体失去了平衡後，就要要动，以求得力

十（骑）

234

礦山岩石力学及支架　　　——31——

量的新平衡。因此引起了巷道周围岩石的运动，而表現了地压，叫做礦山压力。礦山压力的現象，是極複雜的。

按舍夫雅可夫院士的定義："礦山压力是存在於巷道圍岩中的一种力量，巷道支架就是因為有了它才被採用的。有了它，巷道就要產生變形，為了免除这种變形，巷道就要採用支架。"因此礦山岩石的變形，是由於礦山压力的結果。變形的程度，各有不同，與巷道所在的深度，巷道的尺寸，巷道周围岩石的性質，以及巷道上部所有岩石的特性，皆有關係的。

巷道變形產生在頂板側壁及底板上，以在頂板為最顯著，这都是礦山压力的結果。許多学者，早就企圖將礦山压力用理論得出它的作用地定律，藉以預先可以求得巷道周围应力的關係。这樣的理論，数回是很多的。在普罗楊柯諾夫教授與裏斯托夫擇夫教授的書中，可以找到对这些理論的批判性地分析。这些理論最大的缺点，是它們僅針对著簡單巷道而言，並回僅針对著巷道上部及四周的岩石都是性質一致的岩石而言。"

地下採空地帶產生了地表沉陷的現象，在各种不同的岩石，及不同的採礦方法下，為求得地表沉陷的規律，及其影响所及的界限，又有許多的理論。这裡必須指出，斯大林奖金获得伯德兔耳星教授的理論，他是应用可塑性理論，来解决地面移动的问题。

上述一切理論的創作者，係按伺已的意見及假設，而得到的理論，因此他們的論述，彼此就不相同。这些理論的結論，常常是不一致而回與观察和試驗的資料，也时常不能符合。

研究礦山压力，既可以採用实驗方法，也可以採用理論方法。实驗方法便於解决局部问题，但缺乏适当的理論基礎，不能研究全部現象。另一方面理論方法，不能包括实際过程的所有

235

—32—　　　　礦山岩石力学及支架

條件，而且在<u>数学</u>上也有不能解决的困难。但是理論方法，它的优点，就是能說明一般現象，及發現現象的規律。因此研究礦山压力问题，应当採取实驗與理論二者兼顧的方法。一面利用模型試驗，光学观察，离心分离<u>朵</u>，及指示柱等呆驗的方法。另一方面利用弹性理論！材料力学理論等。因純粹理論研究遇到以下的情况及缺点是不易克服的。

(1)礦山岩石，不符合於<u>胡克定律</u>。

(2)礦山岩石在闹鑿时即被<u>裂縫</u>所破坏，故应力與应變之间沒有定律可循。

(3)弹性係数和波桑比不<u>是常数</u>，而是隨頁荷的大小而变的。

(4)弹性理論，不能适用於材料被<u>破坏以後</u>。因此不能利用這個理論，来解决实际闹鑿工作中的礦山压力问题。

(5)弹性变形，係瞬刻完成，其速度应等於在該介質的傳声速度，並以下式表示之：

$$V \propto \sqrt{\frac{E}{\Delta} g} \cdots \cdots (8)$$

式中 E＝弹性係数　　g＝重力加速度　　△＝材料的体積比重。
巷道的<u>頁荷</u>，總是先前就有的，和一般的建築物不同。一般建築物是在建築完成後，才有頁荷。因此巷道的弹性变形，在與闹鑿巷道的<u>同時</u>，就<u>实現了</u>。故<u>不能</u>利用它来<u>决定</u>巷道围岩的<u>压力</u>，也不能利用它来計祘支架。<u>支架</u>是在弹性变形完了，而且殘餘变形发生以後，<u>才建立</u>的。因此利用弹性理論，来决定实际问題，是不可能的。其次必須指出，雖然許多理論，不能準確的应用，但在研究这個问题时，仍可採取它的<u>近似的</u>方法，如利用<u>圖解法</u>以研究礦山压力等。

　第二節　頂板压力及其計祘

　上面說过在地球内部的压石，是处在受力的紧張狀態中。
岩

十(瑩)

236

矿山岩石力学及支架　　　——33——

地压同抗力在正常狀態下，是相互平衡的。開鑿巷道的結果，破坏了平衡的關係，而產生了礦山压力的現象。有很多理論来解释这种現象，現在先将討論礦山压力能获得近似值的理論，研究如下：

（甲）　普罗楊柯諾夫敎授学説

ОНОВ　　　普罗楊柯諾夫敎授建議，在水平巷道礦山压力大小的討論，用個然平衡的拱形理論。

按照这個理論，開鑿水平巷道的結果，在巷道上垂直的地压分散注两側　由两部的岩石負担，或抵抗这稣地压，如圖17。因此巷道頂部的岩压，按照抛物線的曲線，成為平衡状態。僅此曲線四節的岩硬，受力不平衡，有向抵落陷落的趨勢，抛物線体的高度，按下式求之。

$$b = \frac{a}{f} \quad \cdots\cdots (9)$$

式中 b ＝抛物線体高度

　　　a ＝巷道跨度之半

　　　f ＝普氏岩石坚硬係数

抛物線拱形的面積（S），可由下式求之。

$$S = \frac{4}{3} a b = \frac{4}{3} \frac{a^2}{f} \quad \cdots\cdots (10)$$

取單位長的一段巷道抛物線拱形的体積，也等於 $\frac{4}{3} \frac{a^2}{f}$ 。这個体積的岩石重量，施压在單位長的巷道的支柱上。用 γ 代表岩石的体積比重，則对於巷道單位長的压力（P），可用下式求得之。

$$P = S\gamma = \frac{4}{3} a b \gamma = \frac{4}{3} \gamma \frac{a^2}{f} \quad \cdots\cdots (11)$$

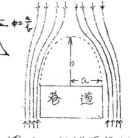

圖17　個然平衡的拱形

（圖中虛線代表抛物線曲線）

P 就是巷道支架所担負的压力，是有限的，支架並不担負整個的地压。这稣情況，由巷道支架大小與巷道所处的深度不是

237

—34—　　　　　礦山岩石力學及支架

成比例的增加，並因關係很小，可以說明之。

（乙）　司列利廖夫敎授地壓設祘法

先乙均質性張一致

假使我們有一巷道，寬 l，長不定。巷道距地面的深度 h。因為巷道的長度無限，現在要直於巷道長軸，截取一單位長的巷道及其覆蓋岩層，柬研究這個平衡条件。

巷道上方的石柱，承受下列各力：

$$P = \frac{a_i^2}{2} = \frac{a_i^2}{2}(l)$$
$$o H = \qquad K_p(l)$$

1. 岩石自重——可視作許多作用於岩層各個分子重心上著平行的力 $P_1 = P_2 = P_3 = P_4 = \cdots\cdots$

2. 圍岩的側壓力(H)　此處 $H = K_p h$，K_p＝岩石最大抗張 h＝頂板岩石厚度，

為研究巷道頂板石柱的平衡条件，司列利廖夫敎授繪製力的位置圖。縱極長 O 繪出力的多边形，然後按此多边形再出壓力曲綫 a-b-c。此曲綫即表示作用於巷道頂板所有各祛的瞬间平衡狀態，如圖18。

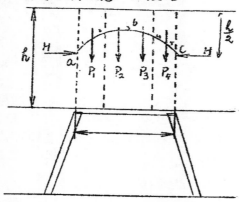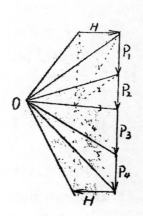

圖18　壓力曲綫及力的位置圖

所繪出的壓力曲綫，並表示這些力的合力作用奌的軌跡。力的方向，由各力奌在曲綫上的切綫柬確定。

238

四、译文

露天采矿①

利用地面挖掘来进行金属矿石和矿物的采掘工作。这种采矿方法适用于大储量的矿床、高生产率开采的矿床和其剥采比（剥离的废石与采出的矿石之比）不会使开采不经济的矿床。在具有这些条件的地方，可以应用大型挖土设备以降低采矿的单位成本。为了讨论其他地面采矿，可参阅煤矿开采（Coal Mining）、砂矿开采（Mining Placer）和露天采煤（Mining Strip）等条。

多数露天矿坑开发成为以地表为底的倒锥形。山区的露天矿坑是例外（图1）。露天矿坑的帮壁形成台阶以备机铲采掘岩石，并备有运输路线利用汽车运出岩石。露天矿坑的最后深度根据矿石的埋藏深度和价值以及采矿成本来确定，一般是由小于100英尺到接近3000英尺。采矿成本一般随露天矿坑深度的增加而增加。这是由于增加了矿石运至地面的距离并增加了剥离量，也就是采矿时先要去掉的覆盖岩石的数量。矿坑内的若干台阶或阶梯允许能在几个平盘上同时工作和造成矿坑边坡所需要的坡度。应用若干台阶能达到均衡操作，使上部台阶的剥离作业与下部台阶的采矿作业能同时进行。若先将矿床的覆盖岩石全部剥离，再进行采矿，这是不适合的，因为这就使矿石的初期开拓费用变得极高了。

图1　委尼瑞拉②的 Cerro Bolivar 露天矿的盘旋路线（美国钢铁公司）

采矿的主要工序是（1）穿孔、（2）爆破、（3）装载和（4）运输。对于矿石和覆盖岩石都需要这些工序。有时，若矿石或覆盖岩石很软，则不需要穿孔和爆破。

岩石穿孔。穿孔和爆破是互相联系的工序。穿孔的主要目的是使岩石中备有装炸药的孔穴。若矿石或覆盖岩石很软，不用爆破就容易挖掘，就不需要穿孔。在炮孔下部装炸药后，常用炮孔内凿出的岩粉填封炮孔。在矿石内穿孔还有另一个作用，就是将矿粉

---

① 译自《美国百科全书》，译于1978年12月14日。书中有插图，原译稿均已省略。

② 即委内瑞拉。

经过取样和化验以确定矿石的矿物成分。对于肉眼不容易鉴定的矿石，时常进行穿孔的取样工作。

穿孔的基本方法有（1）旋转牙轮钻、（2）冲击钻、（3）火钻和（4）钢绳冲击钻（磕头钻）穿孔。穿孔直径由 $1\frac{1}{2}$ 到 15 英寸并按岩石类型的不同来确定穿孔的深度和间距。根据矿山使用的台阶高度而使穿孔深度为 20 到 50 英尺。穿孔间距（穿孔之间的距离）由穿孔深度和岩石硬度来确定，一般由 12 到 20 英尺。对于浅孔和硬岩，穿孔间距要小些；对于深孔和软岩，穿孔间距可以增大。参阅矿物的钻探和穿孔［BORING AND DRILLING（MINERAL）］。

<u>旋转牙轮钻穿孔</u>。穿孔是在压力下使钻头转动来完成的。压缩空气通过钻杆内的小孔压进去并由钻头内的一些小孔放出来，以冷却钻头和将岩粉吹出孔外。旋转牙轮钻穿孔直径由 4 到 15 英寸，钻机安装在汽车上或履带架上以便于移动（图 2 和图 3）。钻机重量变化于 3 万到 20 万磅之间，一般是较大的穿孔直径要求用较重的钻机。旋转牙轮钻穿孔是露天矿最常用的穿孔方法，因为它是最经济的方法，虽然它限于在软岩和中硬岩石中使用。

图 2　在大型露天矿用旋转牙轮钻机穿孔爆破（Kennecott 铜业公司）

图 3　安装在履带上的钻机。水平孔用冲击钻钻进（Kennecott 铜业公司）

<u>冲击钻穿孔</u>。冲击钻穿孔是利用高压空气开动的气锤来打击旋转的星形钻头。空气也是通过钻杆压入以冷却钻头和由孔内吹出岩粉。空气中常加入少量的水以减少灰尘。钻孔直径根据钻机的类型变化于 $1\frac{1}{2}$ 到 9 英寸之间。钻小直径（$\frac{1}{2}\sim4\frac{1}{2}$ 英寸）炮孔的小型钻机常装在几千磅重的轻型履带或胶轮架上。气锤和转动器装在机器的悬臂上，气锤的冲击通过钻杆传送到钻头上。对于大直径孔和深孔，因为气锤的冲击力消耗在大而长的钻杆上，气锤与钻头直接相连并下放至孔底。冲击钻穿孔多用于中硬到坚硬的脆岩石中。较小直径的穿孔深度限于 25 到 30 英尺左右，但较大直径的孔能钻进 40 到 50 英尺，其效率并没有明显下降。

<u>火钻穿孔</u>。火钻穿孔是为钻极坚硬的铁矿石（铁燧石）而发展来的。在此法中，岩石的穿孔是利用柴油和氧气产生的高温火焰进行的。孔径尺寸由 6 到 18 英寸，直径容易不规则，需要细心控制火焰以免孔径的过度扩大。钻机是整体的设备，它能控制柴油和氧气的混合并能将火钻钻头下放至孔中。火钻穿孔限于在极坚硬岩石中应用，这时用其他穿孔方法钻进成本太高。

<u>钢绳冲击钻穿孔</u>。钢绳冲击钻穿孔是露天采矿中应用最早的一种方法，在 50 年代以前它是常用的，以后它几乎全部为旋转牙轮钻穿孔所代替。钢绳冲击钻是将几吨重的钻头反复地提上来再落下去以击碎孔底的岩石。利用水将岩粉保持成悬浮的泥浆，在钻进几英尺后，就要用桶具将泥浆提出来。钢绳冲击钻穿孔速度相当慢，在经济上不能与

其他穿孔方法相竞争。

爆破。炸药的类型和数量受岩石破碎阻力的控制。主要爆破剂是硝甘炸药和硝酸铵，利用电雷管或引线式导爆线起爆。

有各种强度的硝甘炸药以适应于不同情况的岩石。它常用的是药卷形式或是袋装的散粉物质。它能用于几乎任何爆破作业，包括对硝酸铵的起爆，当普通雷管不能起爆时。

商品或肥料类的硝酸铵由于其成本低廉已成为常用的爆破剂。它比大多数炸药在使用上、储存上和运输上更安全。粒状或丸状的硝酸铵常用纸袋、纤维袋或聚乙烯袋来包装。硝酸铵的适当爆破所需的碳常用加入柴油来供给。粒状或丸状硝酸铵易于溶解，若置于水中，则起爆不灵敏，所以它限于在无水的干孔内使用。与硝甘炸药相比，硝酸铵的主要优点是价廉（不到硝甘炸药价格的 $\frac{1}{3}$）、安全和操作容易。但硝酸铵不如硝甘炸药威力大，比硝甘炸药的药量消耗比值高。

在 60 年代初期，将硝酸铵、水和其他成分如三硝基甲苯和铝按计算的数量混合在一起而制成了硝铵浆状炸药。这些浆状炸药比干的硝酸铵有许多优点：由于密度大和增加的成分，它们的威力大，能用于湿潮的炮孔内。此外，浆状炸药一般比硝甘炸药安全和价廉，并在湿潮的矿山中或用硝酸铵难以爆破的岩石中得到广泛的使用。硝酸铵和浆状炸药都需要用少量硝甘炸药来起爆。参阅爆破和炸药（EXPLOSION AND EXPLOSIVE）

机械装载。常用的装载矿石和废石的设备，对中型和大型矿山用动力铲，对小型矿山用拖拉式前端装载机。选择的装载设备要能适应于运输方法，但由于岩石一般爆破成破碎机能处理的大块，破碎后的物质的尺寸和重量对于装载机械的类型也有重要影响。生产能力或装载速度、有效工作空间和装载设备的操作活动性对于确定装载设备的类型同样也是有重要影响的。参阅运搬机械（BULK HANDLING MACHINES）。

动力铲。露天矿使用的铲由铲斗 2 立方码的小型铲到铲斗 25 立方码的大型铲。在一般情况下，一台 6 立方码的铲每班能装 6000 吨，而一台 12 立方码的铲每班能装 12,000 吨。但装载的物料性质对生产能力有很大影响。对于软而细碎的物料，铲的生产能力高；若物料坚硬或破碎不良并具有很多的石块，则铲的生产能力受到不利的影响。动力可来源于柴油机或汽油机或柴油电力机或电动机。用柴油或汽油驱动的铲常限于 4 立方码以下的铲，而用柴油电力驱动对于 6 立方码以上的铲是不常见的。电力驱动用于 4 到 25 立方码的铲，它是露天矿作业中最广泛应用的能源（图 4 和图 5）。

图 4　一个 8 立方码的铲向 75 吨的汽车装车（Kennecott 铜业公司）

图 5　露天矿典型装载。用电铲将矿石装入铁路列车（Kennecott 铜业公司）

拉铲。拉铲与动力铲相似，但使用较长的臂。铲斗用钢丝绳悬挂在臂端的绳轮上。铲斗向臂端抛出并用绞车拉回以集聚物料，再将物料卸入矿石运输设备或废石堆上。拉铲的大小由几立方码的铲斗容积到 150 立方码的铲斗容积。拉铲广泛应用于佛罗里达州和北卡罗来纳州的岭矿区。覆盖岩石和矿石（在岭矿作业中叫做岭灰基质）都很软并不需要爆破。岭矿卸入大型矿浆池内，在池内与水相混合并用水力运送到选矿厂。

前端式装载机。前端式装载机是备有挖掘和装载物料的铲斗的拖拉机，有轮胎式的和履带式的（图6）。铲斗常用液压操纵，容量由 1 到 15 立方码。前端式装载机常以柴油为动力，它比同容量的动力铲活动性强并且费用低。在另一方面，它们不如动力铲耐久，也不如动力铲能挖掘坚硬的和破碎不良的物料。一台前端式装载机的生产能力等于同铲斗容量的动力铲的生产能力的一半左右，也就是一个 10 立方码的前端式装载机每班装载吨数与一个 5 立方码的动力铲的大致相同。但在要求有游动性和容易铲掘的地方，装载机的使用更普遍些。

图 6　在小型露天矿内用 3 立方码的前端式装载机装载一辆运输汽车

机械运输。露天矿运输矿石和废石常用的运输方法有汽车运输、铁路运输、斜坡箕斗提升和胶带运输。这些方法的单独应用或联合应用要根据露天矿的大小和深度、生产率、到破碎机或废石场的运输距离、物料的最大尺寸和使用的装载设备类型。

汽车运输。在露天矿运输矿石和废石，汽车运输是最常用的运输方法，因为在大多数矿山上，与铁路运输、斜坡箕斗提升或胶带运输方法相比，汽车运输是一种多能的运输方法并且费用低。此外，当运输距离超过 2 或 3 英里时，汽车运输常与铁路运输和胶带运输方法联合使用。在这种情况下，汽车将物料由露天坑运至地面的固定装载点，再用其他方法转运。汽车的容量由 20 到 200 吨并以柴油机或以柴油电力联合为动力。75 吨以内的汽车几乎全是由柴油驱动的。较大的汽车以柴油电力驱动的最为普通，这是由柴油机驱动发电机作为安装在轮毂上的电动机的能源。柴油驱动的柴油机是由 175 到 1000 马力，而柴油电力驱动的是由 700 到 2000 马力。大多数运输汽车的重车能爬 8%～12% 的坡度并装配有各种制动器，包括电动制动器，使在同样坡度的道路上向下行车时能保证安全。轮胎成本是大型汽车工作成本的一个主要项目，道路必须设计好和维修好以使汽车能经济地高速行车。

汽车的大小主要根据装载设备的大小来确定，但生产率和运距也是要考虑的因素。通常是 20～40 吨的汽车与 2～4 立方码的铲配合使用，而 70～100 吨的汽车与 8～10 立方码的铲配合使用。

在 60 年代初期，汽车设计的主要改进促使汽车运输在与其他运输方法竞争上处于优越地位。在小型和中型露天矿上几乎全部应用汽车，在大型露天矿上正在发展汽车与铁路的联合运输。在短距离运输时，汽车的优点在于它的多能性、游动性和成本低。

铁路运输。当矿山岩石的运输距离超过 $1\frac{1}{2}$ 或 2 英里时，一般应用铁路运输。因为铁路运输比其他运输方法需要较大的设备资金，只有较大的矿石储量才值得这个投资。作为约略的规律，储量必须使日产 30,000 吨或更多的露天矿能维持 25 年。干线的上行坡度要限制在最大 3%，短距离的折返线坡度最大为 4%。轨道维护得好需要应用枕木捣固器和移轨机。后者应用于采矿进行中在露天台阶上重新铺轨和在废石场上当废石在轨道附近堆满时。地壳的变动或废石场的压实下沉使轨道维修成为采矿费用的重要部分。

机车重量为 50 到 125 吨，对于较陡的坡度和较大的载荷，最大的机车使用得越来越多。大多数矿山或者全使用电机车，或者使用柴油电动机车。使用电机车带来了采矿场和废石场的配电问题，并需要在所有轨道附近安设架线（图 7 和图 8）。

图 7　大型露天铜矿表示了铁路运输和架线电机车（Kennecott 铜业公司）

图 8　用架线电机车运输的侧卸矿车倾卸铜矿的废石（Kennecott 铜业公司）

矿车容量是由 50 到 100 吨矿石或到 40 立方码废石。矿石运输用各种矿车：固定车厢式、侧卸式或底卸式。固定车厢式矿车维修费最低，但卸车时需要用翻车机。废石多用侧卸式矿车。由于汽车设计的改进和汽车运输费用的降低，近年来汽车运输大量地代替了铁路运输。

斜坡箕斗提升。箕斗提升机具有两个 20～40 吨容量的平衡矿车，在露天边坡的急倾斜轨道上行动。箕斗是用位于露天坑上部的绞车房的钢丝绳提升的。箕斗提升的发展是为了避免由坑底运输矿石和废石必须通过很长的盘旋路线或轨道。由电铲运到箕斗则用汽车运输或铁路运输。在 50 年代使用箕斗运输很普遍，但到 1960 年汽车设计和效率的重要改进使箕斗过时了。

胶带运输。胶带运输机可用来将破碎后的物料由坑内沿高达 20° 的坡度运出。当运输量很大又通过不平的地形或矿山的条件不宜于筑路时，运输机运输显得特别有利。改进的胶带设计能允许较大的载荷、较高的速度和用单段胶带来代替多段胶带的安设。这种运输方式的主要缺点是要保护胶带不受大块的损坏，废石和矿石在装入胶带以前在坑内先经过破碎。

废石处理问题。为保持最低费用，废石场离采矿场越近越好。但必须注意防止废石场位于将来可能开采的矿床之上。在铜矿的情况下，若废石中的金属能用浸析法回收，则废石场的地基必须对浸析水是不渗透的。在必须建立废石场的地方，必须考虑到河流可能被污染的问题以及对农田、地产和地价的影响。

边坡稳定性和台阶的形式。在露天矿开采中，开采的物质是由地表未固结的废石变化到坚固的岩石。边坡角度，即由底到顶台阶进展时所形成的边坡角，受物质强度及其特性的限制。断层、节理、层面，尤其是坡内的地下水能降低物质的有效强度并容易产生滑坡。实际上，边坡角度变化于 22° 到 60° 之间，在正常情况下为 45° 左右。较陡的坡度有滑坡的较大倾向但在经济上有利，因开采矿石时为暴露矿石而剥离的废石量要少些。

最近发展的技术能使边坡角的工程设计适应于测得的岩石和地下水的条件。已经有了精确仪器能侦察岩体移动的边界和移动的速度。某些矿山正在应用仪器来预报破坏。

通讯。采矿作业的效率，特别是装载和运运，由于使用通讯设备而正在改进。双路高频无线电话机对于运输队、维修队和电铲司机之间的通讯正在证明是有用的。

岩石力学用于设计和控制矿块崩落法^①

引　言

矿块崩落法与所有其他采矿法的区别在于利用岩石中的自然应力作为岩石破碎的主要手段。在理论上，利用拉底和边部拉开使这种应力集中起来，达到超过了岩体的抗剪或抗拉强度。然后产生连续的破坏使崩落的矿石落到拉底处，再通过分支和转运天井放出去。

当矿体太窄使拉底宽度不够引起崩落时，当矿体特别坚硬时，当矿块宽度和其拉底宽度太小不能保持连续崩落时，当矿岩碎成太大的块度不能通过转运溜井而需要二次破碎时，以及当采准巷道周围的应力集中使巷道顶板下沉和坍塌时，问题就产生了。

在这些情况下，为引起崩落而作的边部削弱和辅助爆破所增加的费用，破大块的二次破碎费用，以及采准巷道的支护和维修费用能使利润大大降低，甚至使边界低品位的矿石开采不合算。典型的，这些费用的总和将占矿块崩落法总成本的大约25%到30%。因此，精明的矿山经理的一个目标在于设计或改善采矿方法和布置以减少这些费用。应用岩石力学的工艺科学有助于达到这个目标。

在过去，应用岩石力学的经验形式，通过尝试方法以解决矿块崩落法的岩石动态问题。若开始时发现崩落性能不好，则停止采矿并增加拉底或削弱边部的工作。另一种情况，若矿块一开始就崩落得好，则对以后矿块的采准切割工作就要逐步地减少直到需要的最低采准切割工作量。矿块下部巷道支护方法的改变只能利用矿山过去经验基础。应用这种尝试方法，最优的采矿设计有时永远不能完全达到，最低成本也永远不能全部实现。

在今天，矿山经理面临着工资费用和设备费用的增高、矿石品位的相对降低和极其激烈的市场竞争。因此，他很少采用这种既消耗时间又花费资金的没把握的尝试方法。其实，现在他在采矿作业的开始，或稍后点时间，就借助于目前很奥妙的岩石力学（一种过去业务知识、新理论概念和可靠的测量技术）而找到了最优的设计和最低的成本。所以他在地下工程开始以前就能准确预测在各种开采布置上岩石将如何反应。他也能在改进设计实施以前就预知这种改进方案对岩石动态所起的作用。

本文的目的在于概要叙述如何将目前岩石力学的工具和技术应用在矿块崩落法的设计和控制上。与矿块崩落有关的岩石动态在此作为背景也予以叙述。

---

① 原文作者为 James R. Swaisgood。译自 Joint Meeting MMIJ-AIME 1972，Tokyo，May 24-27，Technical session Ⅱ，译于 1976 年 11 月 13 日。表格和插图附于正文后，参考文献的相关信息均已省略。

矿块崩落法中的岩石动态

一般概念

图 1 表示所有矿块崩落法都有的一般应力情况。这些应力情况是由理论概念的资料估计出来的，而理论概念又是由过去对矿块崩落法的岩石力学研究和回顾现有矿山的实际岩石动态而来的。回顾的矿山的有关特性总括在表Ⅰ内。

岩石的最终动态将根据岩体中存在的应力与岩体强度及弹性的关系而定。简言之，若岩体的应力超过强度或弹性极限，就产生破坏和大的运动；若岩石的强度和弹性极限大于应力，就存在稳定情况。

如图 2 所示，成功的矿块崩落法需要破坏和稳定这两种矛盾条件在同地区同时存在：

1）在拉底水平以上，岩体的应力必须超过岩体的强度以便产生破坏。要保持应力与强度的这种关系就得使应力值增加，使岩石强度降低。

2）在拉底水平以下，巷道的位置和设计要使强度超过应力而造成稳定情况。在大多数情况下，巷道需要用支护方法以增加岩体的强度并消除过大的应力。

保持破坏条件

在矿块崩落法中保持破坏条件的主要手段是用拉底的方法使原来存在的应力增加或集中。如图 1 所示，在支撑处或在拉底空间的外壁上产生高的压应力和剪应力。只有当这些应力大到超过了岩石强度并引起矿块角部的破坏时，全部矿块的连续崩落才能不断地进行。其他实例，如原有水平应力小于垂直应力，在产生稳定的拉力拱后，崩落就停止；有的情况是水平应力等于或大于垂直应力，则全部拉底空间保持稳定而不产生任何拱作用。

在支撑处产生的应力值与拉底前存在的水平应力值和垂直应力值有关，与拉底空间的最小水平尺寸成正比。若拉底宽度增加，则应力增加。按照这个概念（根据健全的理论和很多实践的证明），越来越明显，崩落动态不太依赖于全部拉底面积，而是更依赖于拉底空间的宽度的相对值。

增加矿体应力的另一种方法是在矿块周围开边部切割。在边界巷道和角部天井的附近，应力增加到两倍或三倍于开巷道以前的应力。这些巷道也削弱了矿块边界附近的矿体整体强度。

降低矿块中部的矿体强度也有助于产生破碎条件。这是由角部天井和边界巷道钻的深孔并用炸药爆破以碎裂岩石而造成的。

保持稳定状态

矿块下部的各种巷道应当选择位置并加以支护，使附近岩石强度大于应力以保持相对稳定的状态。这将减少巷道的维修费用并提高人员和设备的安全性。

增加稳定性的一种方法是将采准巷道位于低应力区。智利的特年悌（El Teniente）矿是这样的一个例子。如图 3a 所示，格筛水平的辅助横巷原先是正在矿块边界线之下，在高应力区。这些横巷必须加强支护并且在横巷使用期间维护费用高。最后，这些横巷移至边界以外的位置，如图 3b 所示。这个新位置是在应力比以前小得多的地区，结果减少了支护并大大降低了维修费用。

增加稳定性的另一种方法是将采准巷道位于坚硬岩石中。加利福尼亚州克尔尼（Kern）区的金尼佛（Jennifer）矿应用了这种方法。在此矿，矿石带下边是强度小的塑性软页岩。为了减少支护和维修费用，采准巷道位于此页岩上较坚硬的矿石带的底部。

常遇到的情况是不可能将采准巷道位于低应力区或坚硬岩石中。在此情况下，必须设计一种支护方法以抵抗应力或加强周围岩体。这样正确的支护方法将使初期费用和将来的维修费用达到最优的平衡。蒙大拿州布特（Butte）的阿内抗那（Anaconna）公司的克雷（Kelly）矿的电耙巷道在由木支护改为混凝土支护后，矿块的维修费用减少了76％。亚利桑那州的麦阿密（Miami）铜矿，电耙巷道最后采用了圆形的钢支架。这种支架代替了原先的普通方形木料和钢材支架。原先的支护在高地压应力下很快就变形和被破坏了，维修费用高。圆形的钢支架能较好地适应应力情况并且一般不变形，不仅维修费用降低了，而且大多数支架还能重新使用。

在矿块崩落法中应用岩石力学以预测岩石动态

在采矿工程实施以前，应用现代岩石力学工具和技术能准确地测量和估计岩石强度和应力并能预测岩石的动态。表Ⅱ总结了在勘探、开拓采准（开发）和生产阶段如何应用这些方法以协助矿块崩落法的设计和控制。

对矿块崩落法岩石力学的第一步研究包括测量和估计岩体的物理性质和岩体中的原有应力。在此步骤内将确定坚硬岩石和软弱岩石的范围并加以描述。下一步是在拉底切帮后，确定原有应力场所发生的变化。在此步骤将集中高应力区和低应力区加以描述。这种应力随后与岩体的强度和弹性相比较，则最后的岩石动态可以预测。最后，实际岩石动态用来检查这些计算并控制崩落作业。

测量和估计原有应力和岩石性质

现在已有了多种工具和技术可用于测量和估计应力和岩石性质。比较著名的一些列入表Ⅱ。实际上究竟选用哪一种工具或技术是根据要测量的特性和要研究的当地独特条件而定的。

研究岩石力学最困难的工作之一是根据试验室中测量岩心样品或由完整岩石中钻的小直径钻孔来估计原岩体的性质。一般来说，原岩体的强度和弹性比完整岩石块要低，这与原岩体中存在的弱裂缝数量有关。当裂缝数量多时，岩体的强度和弹性比完整岩心的要低得多；若裂缝数量少，则岩体的性质比完整岩心的只能略低点。

完整岩石块与岩体在性质上的定量关系已经有方法估计了。这个方法包含迪尔

（Deere）规定的岩石质量指标。岩石质量指标是由钻孔中取得的 4 吋[1]以上的坚硬完整岩心的总长度与钻孔总长度的比值。岩石质量指标值与岩体弹性模数和完整岩石块弹性模数的比值，这两个值的关系的实例表示在图 4 上。在其他的研究中，岩石质量指标也表现与岩体的相对抗崩率有直接关系，并与矿块崩落法的二次破碎量有直接关系。

确定应力变化和预测岩石动态

很多技术能用来确定地下巷道所引起的应力变化，并将变化后的应力情况与原岩体的情况作比较以预测岩石的动态。一种分析是用弹性和塑性理论的方程式以估计由拉底和采准巷道所引起的应力变化。很多刊物上载有易读的图表来解答这些方程式。应力值一旦估计出来，将它们与测量的或估计的岩体物理性质作算术的比较，岩石最终动态随即就被预测出来了。

用与以前研究过的岩体性质相似的材料作成比例模型以预测矿块崩落的动态。在这种研究中，必须特别细心以正确分配应力达到相似性质。

今天应用的最有效并有力的分析技术是计算机有限单元法。用它，对于复杂地质情况下的任何形状和数目的巷道都能很快而准确地预测应力变化和产生的岩石动态。与其他分析方法相比，有限单元法的优点是，岩体多数是非均质的，可用若干个很小的单元模拟它，每个单元本身在岩石类型、结构和物理性质上都可以被认为是均质的。这些单元能制成代表不能抵抗拉应力或没有弹性的自然岩石物质。然后将这些单元数学地装在计算机上以形成模型，它在每点上都能达到地质知识所允许的那样好。

有限单元法模拟不同的采矿顺序是用接连地去掉单元以代表巷道和用降低变形的模量以代表碎岩。计算的应力量、岩石运动和破坏都能由计算机得出来。此法在矿块崩落法研究中已经被成功地应用了。最近的改进已发展到能分析各种支护方法与邻近岩体之间的相互作用，借以选择最适宜的支护方法。

结　论

负责矿块崩落法的矿山经理应用了很多岩石力学的工具和技术。用这些岩石力学的方法来准确地预测岩石动态，他现在能够避免使用贵而慢的尝试法这个老方法，并能很快地得到最优的采矿设计以及最少的矿块掘进工作、采准工作和维修费用。

---

① 英寸的旧称。后文中的呎为英尺的旧称，哩为英里的旧称。

表Ⅰ 选取的矿块崩落法矿山的物理特性的比较

矿山名称	由地表到地下拉底水平面的深度	矿块的平面尺寸	在拉底角部帮壁上的平均压应力 (A)	矿岩类型	自由岩心的抗压强度	估计的岩石质量指标 (B)	岩体的估计抗压强度 (C)	拉底角处平均应力与岩体强度的比值	边部和矿块削弱情况	二次破碎	崩落特性
Miami 铜矿	600 呎至 800 呎	150 呎×300 呎	4500 至 6000 磅/平方吋	节理片岩	2000 至 5000 磅/平方吋 (D)	很低 (D)	小于 500 磅/平方吋	9.1 至 12.5	角部天井和边部拉开降低边部强度 25%	少量的	好到很好、边界工作短期停止、放矿特性不发生变化
Inspiration 矿生产矿块	600 呎至 800 呎	100 呎×100 呎	3000 至 4000 磅/平方吋	节理花岗岩	2000 至 5000 磅/平方吋 (D)	很低 (D)	小于 500 磅/平方吋	5.9 至 8.3	角部天井和边界巷道用留矿法切顶帮	少量的	好到很好、边部削弱量减少、有时当有了经验就不削弱
转运矿块	230 呎	60 呎×100 呎	1000 磅/平方吋	节理花岗岩	1000 至 5000 磅/平方吋 (D)	很低 (D)	小于 5000 磅/平方吋	2.0 至 2.5	无	少	好
矿主提供的资料	1100 呎	140 呎×210 呎	7000 至 8000 磅/平方吋	节理二长岩	2000 至 5000 磅/平方吋 (E)	低 (E)	1000 至 5000 磅/平方吋 (F)	4.5 至 8.3	只有角部天井	少	好到很好
Kelley 矿	250 呎至 1000+呎	80 呎×120 呎	1300 至 4500 磅/平方吋	节理二长岩	2000 至 5000 磅/平方吋 (D)	很低 (D)	小于 500 磅/平方吋	2.6 至 9.1	少量的、只在界部坚硬岩石的地方	少量的	好到很好
Jeffrey 矿	400 呎	200 呎×200 呎	4000 磅/平方吋	块状石棉	1650 磅/平方吋 (F)	高 (E)	1000 磅/平方吋	4.0	不了解	不了解	好、均匀
Bagdad 铜矿	870 呎	100 呎×100 呎	4000 磅/平方吋	节理石英和二长岩	5000 至 10000 磅/平方吋 (E)	低 (E)	1500 至 2000 磅/平方吋	2.0 至 2.6	角部天井和边部拉开立缝降低边部强度 40%	经常的	平均、岩石破碎成粗块和大块
Jenifer 矿	450 呎至 500 呎	125 呎×270 呎	2500 磅/平方吋	块状粘土岩和页岩	3200 磅/平方吋 (F)	很高 (E)	2500 至 3000 磅/平方吋	0.83 至 1.0	边界巷道和全部矿块的大量深孔爆破	全部矿石的 30%	不好、形成稳定拱、需要深孔爆破以引起连续崩落

续表

矿山名称	由地表到地下拉底水平的深度	矿块的平面尺寸	在拉底角部帮壁上的平均压应力 (A)	矿岩类型	自由岩心的抗压强度	估计的岩石质量指标 (B)	岩体的估计抗压强度 (C)	拉底角处平均应力与岩体强度的比值	边部和矿块削弱情况	二次破碎	崩落特性
Crestmore 矿 矿块 2B	300 呎	150 呎×190 呎	2000 至 2500 磅/平方吋 (F)	块状石灰岩	11000 磅/平方吋 (F)	高 (E)	7000 磅/平方吋 (F)	0.29 至 0.36	用留矿法将矿块的四个边全切开	全部矿石的 30%	不好，在拉底 75 呎宽才连续崩落匀开始。需要不均匀应力来放矿以集中应力来压碎矿石的大块
矿块 2C	330 呎	50 呎×190 呎	1000 至 1200 磅/平方吋 (F)	块状石灰岩	11000 磅/平方吋 (F)	高 (E)	7000 磅/平方吋 (F)	0.14 至 0.17	用留矿法将矿块两个边全部切开	全部矿石的 30%	很不好，拉底六个月后才崩落成大块。放矿块 2B 比矿块 2B 更困难

备注：
(A) 作为由地下深度引起的应力和最小起底平面尺寸中的应力集中系数的函数而计算出来的
(B) 岩石质量指标、抗裂强度和岩心回收率的尺度
(C) 根据岩石质量指标，由完整岩心强度估计来的
(D) 文献作者由肉眼观察估计来的
(E) 量出来的值

表Ⅱ 岩石力学的工具和技术和它们在矿块崩落法中的应用

	研究的类型、工具和技术	目的
地表勘探阶段	应力的测量和估计 回顾当地的开采经验。在勘探孔内的地质构造和水力碎裂的说明。岩心的分析。 物理性质的测量 重温当地情况的现有数据。对以下作地质解释：地表和钻孔的地温物理测量，钻孔岩心的岩石质量指标测量，勘探孔内的确定弹性模量的试验。岩心样品的实验室内试验。 分析方法 回顾当地的开采经验。弹性和塑性理论计算。初步的有限单元模拟。	A. 预测适应于各种巷道布置的岩石特性以协助： 1) 选择最适当的矿块尺寸； 2) 选择能引起连续崩落的边界削弱和矿块削弱量的类型； 3) 选择采准切割巷道的最适宜位置和尺寸以便使支护和维修工作最少； 4) 估计最有利的开采顺序。 B. 为估计成本和矿石顺从性研究准备数据。
地下勘探和开发阶段	应力的测量和估计 钻孔岩心的水力碎裂。板支顶试验。支护系统的压力盒，都是在勘探巷道和采准巷道内进行试验实验的。 物理性质的测量 巷道帮壁的岩性学的地质测量：裂缝和断层的方位，特性和频率。巷道帮壁的地震法测量。钻孔和板支顶试验以确定模量。岩心的其他试验。 分析方法 塑性和弹性精细理论计算。有限单元的详细模拟。比例模型研究。	对拟定的矿山布置引起的岩石动态作预测以协助： 1) 确定最初矿块的准确尺寸； 2) 确定最初矿块所需要的边部和矿块削弱的形式准确数量； 3) 确定采准切割巷道的位置和尺寸； 4) 确定初期使用的支护方法。
生产阶段	应力的测量和估计 进一步应用在开发阶段使用的技术。勘探和采准巷道的顶板下沉或顶底板会合的测量。 物理性质的测量 进一步应用在开发阶段使用的技术。在矿块下部巷道的周围岩石中安置弹性应力计。 分析方法 在开发阶段控制的有限单元模型或模比例模型室试验。进一步塑性和弹性的理论计算。 岩石反应的测量 进一步应用在开发阶段使用的技术。由地表或边界巷道到矿块面积内安置伸长计和倾斜仪。地表沉降的精密水准测量。	A. 对原来矿块设计提出的改进方案，预测其岩石动态，借以协助： 1) 选取最优的采矿法以使矿块开发、准备和维修费用最低； 2) 选择最有效的改进以应付岩石情况的变化。 B. 利用岩石实际动态以协助放矿。

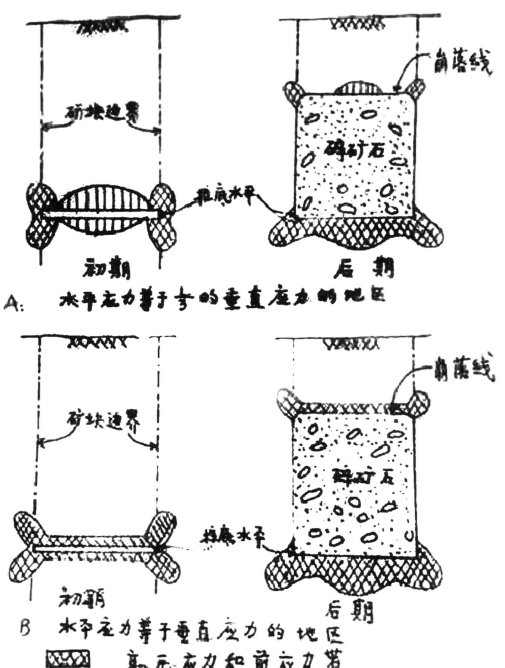

A: 水平应力等于寺的重直应力的地区

B 水平应力等于重直应力的地区

▦ 高元应力和剪应力带

▥ 拉应力带

图11　矿块崩落法的应力情况

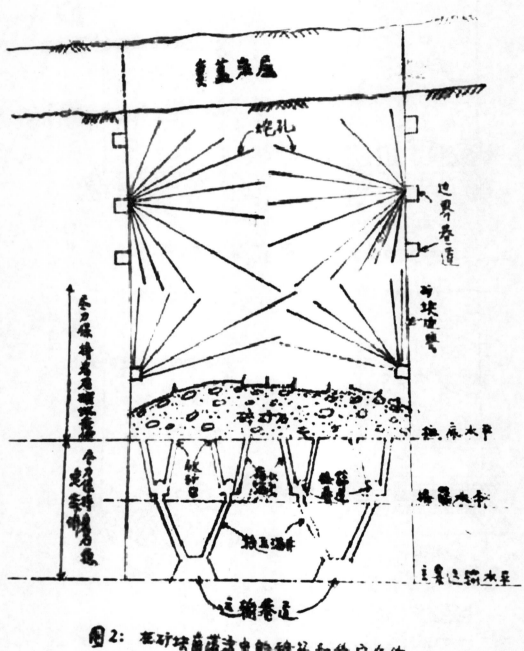

图2：在矿块崩落过程中的破碎和稳定条件

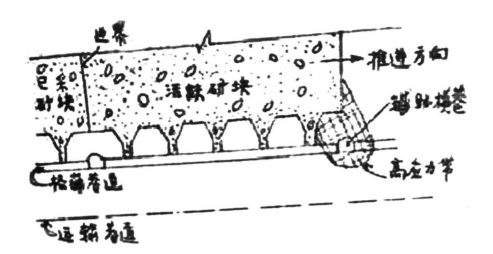

初期位置

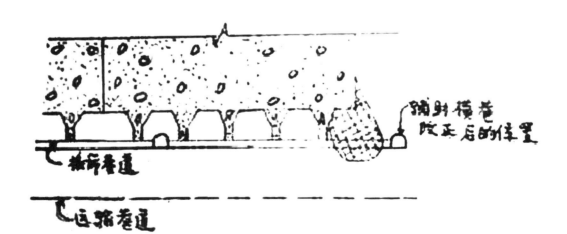

改正后的位置

图3：特年煤矿的临时横巷位置的改正

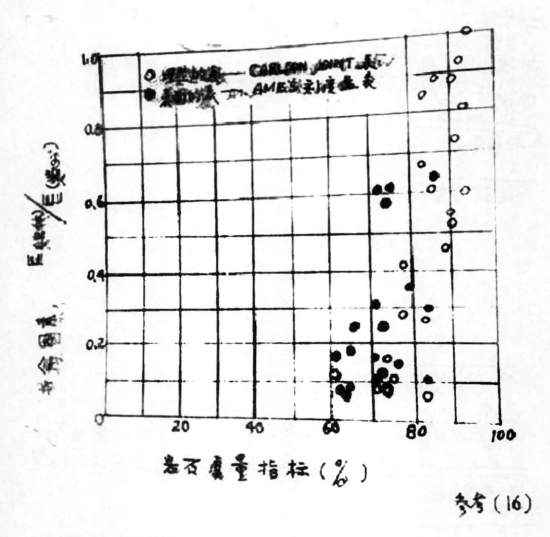

参考（16）

图4：折合图象随岩石质量指标的变化
DWORSHAK堤坝的板支荷试验

原生硫化矿石的核化学采矿[①]

矿床中的铜、镍、钼的原生硫化矿石宜于用核爆破进行经济的破碎。对这些矿石有效的原地浸滤方法将对这些金属产量的增加有很大的促进作用。硫酸和硫酸铁溶液业已成功地用于浸滤含有易溶的次生硫化和氧化铜矿的矿堆和碎矿，但对原生硫化物只能少量地溶解。

假若原生矿床矿物中除含铁外，尚含其他有价值的金属，这些原生矿物必须用适宜方法来溶解的有黄铜矿、镍黄铁矿、辉钼矿和共生矿物（如黄铁矿和磁黄铁矿）。在这些矿物中最难溶解的是黄铜矿，它在原生铜矿中是最常见的含铜矿物。

现介绍对黄铜矿的原地化学采矿，矿体在原地经核爆破后，用溶有氧气的水在高的静水压力下氧化黄铜矿。

利用地下核爆破在潜水面下产生一个竖立柱状的碎矿体（图1）。在此例中，竖立柱状体的估计性质和假定表示在表1上。

表1　竖立柱状体的性质

核设备的爆破力	10万吨级（相当于10万吨三硝基甲苯炸药）
埋藏深度	750米
地下潜水面深度	50米
岩石含水量（按重量比）	3%
原地的岩石密度	2.7克/立方厘米
膨胀孔隙率	0.17
空洞半径	41米
竖立柱状体高度	300米
竖立柱状体内含水容量	2.9×10^5立方米
竖立柱状体内的岩石容量	1.4×10^6立方米
竖立柱状体内的岩石量	3.8×10^6公吨
在埋藏深度处的静水压力	1000磅/平方吋
在竖立柱状体顶部的静水压力	570磅/平方吋

使竖立柱状体中充满水，直至与地下潜水面保持平衡。然后用比竖立柱状体内静水压头稍大的压力将氧气送至竖立柱状体的底部。由于水对氧气的可溶性是它的部分压力的函数，能溶解的氧气数量比在1气压[②]下能溶解空气的数量要大大增加。增加氧气的

[①] 原文作者为加利福尼亚大学的Lewis、Braun和Higgins。译自Joint Meeting MMIJ-AIME 1972，Tokyo。译文稿为校际交流和教学参考资料。插图附于正文后。

[②] 即一个大气压。

可溶性对黄铜矿在50℃的溶解速度的作用如图2所示。很明显，在此温度下黄铜矿的溶解速度随氧气压力的增加而增加。测出黄铜矿的表面面积并与试验获得的溶解速度比较，可以知道溶解速度是表面面积的函数。黄铜矿每单位表面面积的溶解速度是温度的函数，如图3所示。

黄铜矿分解后变成硫酸铜、硫酸、硫黄和赤铁矿。黄铁矿在此过程中产生硫酸铁、硫黄和硫酸。pH值即将稳定在1.3到2.5之间，不产生硫酸，并且在溶液内几乎没有铁。

硫化物的氧化作用是大量放热的，在地下的这种条件下将产生高温。其总结果使铜的回收速度不受黄铜矿溶解速度的限制，而受由大块的矿石内部脱铜的速度的限制。

由大块的矿石中提取铜的模型表示如下。提取铜的模型与用扩散法沿充满液体的空隙和裂缝中由碎矿内提取铜是一致的。对多孔固体内的扩散，参数 B 与有效扩散系数有关，它是在液态隙缝内的反应剂和产品的分子扩散率的函数，是固态的孔隙率和渗透率的函数和在孔隙中扩散的盘旋系数的函数。

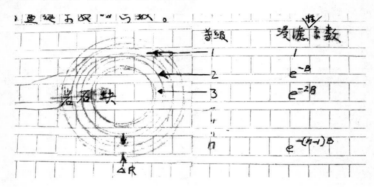

$$K'_{cp} = D \cdot K_{cp} \sum_{i=1}^{n} S_i e^{-(i-1)B}$$

式中：K'_{cp}——黄铜矿的净氧化速度；

K_{cp}——黄铜矿的对比氧化速度；

D——溶液对溶解氧气的饱和程度；

S_i——在等级 i 的所有黄铜矿颗粒的总表面面积；

$e^{-(i-1)B}$——在等级 i 的黄铜矿的浸滤系数。

参数 B 和 ΔR 是由各种尺寸的矿石块中测量铜回收速度用试验来确定的。在一个试验中，取5.8公吨的含铜0.7%的铜矿，其块度由2至20厘米，块度分配是已知的，浸滤在1400公升水内，水的温度为90℃，氧气压力为27气压。测出的铜回收率与计算的回收率相符合，用 $B=1$，$\Delta R=0.15$ 厘米和黄铜矿有效球形颗粒直径0.15厘米。在其他试验中，用少量的矿石，颗粒直径在0.5至2厘米之间，看来同样的参数能够应用于铜回收的计算中。

根据这个铜回收模型和热量情况所发展的有限差计算机编码以计算核爆破竖立柱状体的温度和作为时间函数的铜回收部分。总而言之，计算要考虑以下因素：

竖立柱状体尺寸；

破碎矿石数量；

破碎矿石颗粒尺寸的分布；

矿石品位；

黄铁矿与黄铜矿的克分子比；

浸水竖立柱状体的原始温度；

氧气饱和的程度；

硫化矿物因氧化使竖立柱状体内产生的热量；

因传导作用由竖立柱状体散失的热量；

在矿石碎块中黄铜矿颗粒的溶解作用；

黄铜矿的溶解速度随温度的变化。

按表 1 所述的由核爆破竖立柱状体所得的计算结果如下。这是使用的氧气饱和程度为 0.5，并估计在铜矿中用 10 万吨级的核爆破所产生的岩石块度分配。当原始温度为 60℃ 和黄铁矿对黄铜矿的克分子比为 1 时，图 4 表示对三种矿石品位的铜矿，竖立柱状体温度与时间的函数关系。图 5 表示对相同条件下的铜矿，回收部分与时间的函数关系。很明显，为了获得高的铜回收率，在竖立柱状体内具有高的温度是重要的。

在此实例中，若矿石品位不变，含铜 5%（按重量），回收部分随黄铁矿数量的增加而增加，如图 6 所示。这是由黄铁矿氧化使温度继续上升引起的。若矿石品位仍然保持为含铜 0.5% 和黄铁矿对黄铜矿的克分子比为 1，将竖立柱状体预先加热可能使回收部分增加。图 7 表示使竖立柱状体加热至原始温度 60℃、80℃ 和 100℃ 的作用。这种加热方法可用注射高压蒸气来完成。

含有镍黄铁矿和磁黄铁矿的硫化镍矿床比含有黄铜矿和黄铁矿的铜矿床容易浸滤。镍黄铁矿和磁黄铁矿的溶解比黄铜矿要快得多，在竖立柱状体内产生的加速风化条件下镍矿产地的岩石类型（基性火成岩）比斑岩铜矿容易分解。钼矿石中的辉钼矿有足够的溶解性，但必须加入碱性物质如 NaOH 或 NH$_4$OH 以保持 pH 值在 7 以上，以使钼保持在溶液中。

对于铜矿的核爆破化学采矿的赢利性已作过经济分析。假设一个 7000 万吨矿石的矿体含铜品位为 0.45%，埋藏深度在 400 至 700 米之间，其黄铁矿对黄铜矿的克分子比为 5，将需要十一次 10 万吨级的核爆破。对环境的研究、分析，钻孔和地表准备工作需要一年来完成。厂房建筑和第一次爆破在第二年进行。所以每年要进行一次爆破。铜的生产将在第三年开始直至最后一次爆破后再过四年。因此，共需要 16 年来完成此计划。全部投资费用和准备金估计为 13,140,000 美元，土地购置费在外。每年平均销售估计为 10,326,000 美元，按每磅铜售价为 0.43 美元计算。每年生产经营费估计为 3,870,000 美元。第一次投资和经营投资可由每年净利润收入 4,157,000 美元收回来，3.16 年可以全部收回。在 16 年的计划期间，对投资的内部利润为 31%。

在设想的矿山中，研究了矿床品位、吨位和深度变化的作用以及炸药量变化的作用。当矿石平均品位降至 0.24% 时，内部利润可降至 7%；当矿石平均品位增至 0.8% 时，内部利润则增至 44%。矿床的吨位变化对投资和利润的影响较小，除非矿床相当小，需要的炸药量也相当小。最小的矿量吨位与矿石品位有关。对含铜 0.45％ 的矿石，当矿床矿量低到 2500 万吨时，则利润猛降。对含铜 2％ 的矿石，当矿量低到 400 万吨时，利润仍为 20％。此情况只需爆破一次。

对品位为 0.45％ 的铜矿用 10 万吨级的炸药来爆破，深度不同则利润随深度的增加而猛降，在 1100 米左右的深度则利润可降至 7％。当炸药的吨级分量大时则能获利的深度可增加些。炸药吨级分量的变化对利润影响很大。用 6 万吨级的炸药在 750 米的深度和 0.45％ 的含铜量，利润可降至 7％。使用 10 万吨级以上的炸药分量能增加利润。

关于核化学采矿对环境的影响也进行了详细的研究。对附近居民的危害可能波及约 60 公里（50 哩），包括放射性危害和爆破的地震危害。不会产生露天坑、废石场、尾矿坝或氧化硫，所以按照预定的设计，对地面水的污染并不严重。在产品中没有铜等放射性同位素。根据试验室的研究，当使用液离子交换和电解冶炼时，铜内的其他元素也没有放射性。

放射性的危害有两种：来自爆破和来自作业。根据可供比较的过去核试验经验，在爆炸时放射性的释放估计为小于 0.001。虽然意外释放放射性的可能性很小，但这种释放的结果必须考虑。保证居民健康和安全不受影响，必须有可靠的方法。这些方法要被深入地理解并随该地点的位置和特点而有所变化。

在竖立柱状体内的溶液中将有少量放射性物质存在（约为饮水中允许含量的 20 倍）。在铜被提取后，这种溶液将在竖立柱状体内循环。利用有效的通风使装备中少量的氖气和氡气能降低到安全的水平。

由 10 万吨级的爆炸所产生的地震将使数公里内的建筑物遭受破坏。在 25 公里距离的砖石建筑物产生裂缝的可能性约为其 0.001。在 65 公里的距离和更远，则受破坏的可能性是很小的。所以确定用核化学法开采的矿体必须是人烟寥寥的地区，距城镇区至少 65 公里。若厂房距矿体上部地面在 400 米以外，则厂房建筑能够设计得可以抵抗地震。上述的费用估计是包括这项因素在内的。

若对矿体的选择加以注意，来自放射性和地震的危害是很小的。这种采矿方法维护社会环境的费用估计为用普通露天采矿、浮选、焙烧和冶炼精铜方法的维护环境费用的 $\frac{1}{10}$。

结论

我们相信预计的这种采矿方法在技术上是可行的，在经济上是显著有利的。若这种方法能够成功，则低成本的铜和镍的天然储量将大量增加。与普通露天或地下采矿方法相比，投入生产的时间更短和投资费用相对减少。

地震和放射性问题是可控制的。普通采矿方法所带来的环境问题，如对大气的 SO_2 污染，露天坑、废石场和尾矿坝，都可以避免。

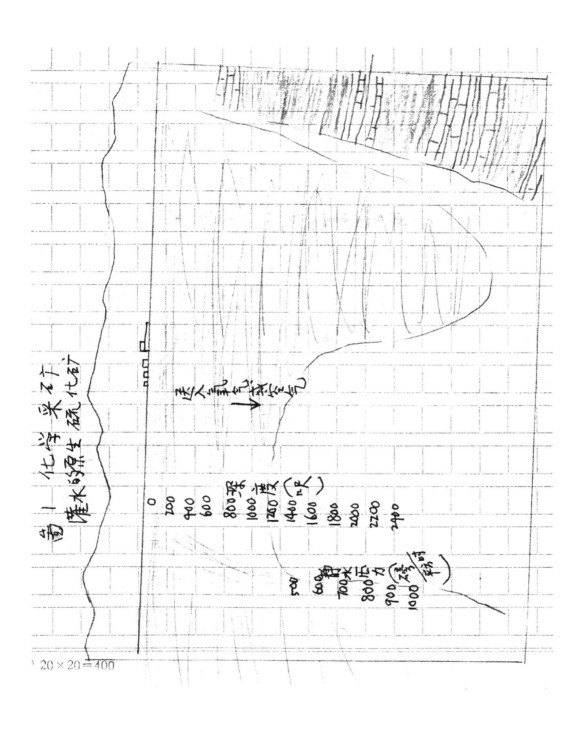

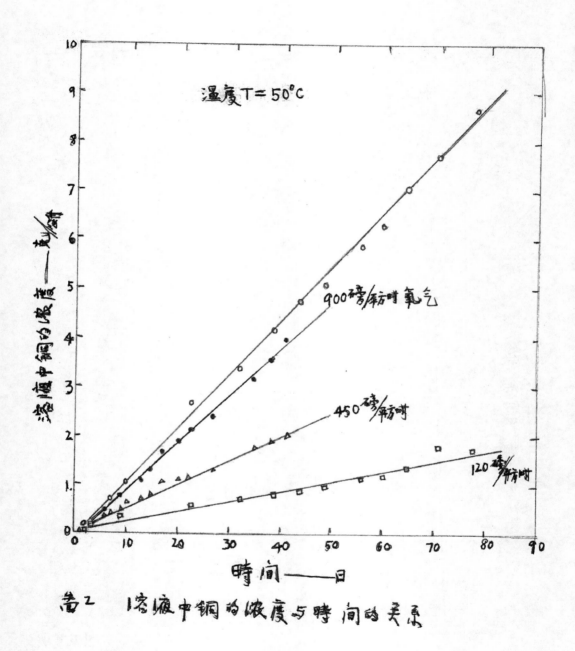

图2 溶液中铜的浓度与时间的关系

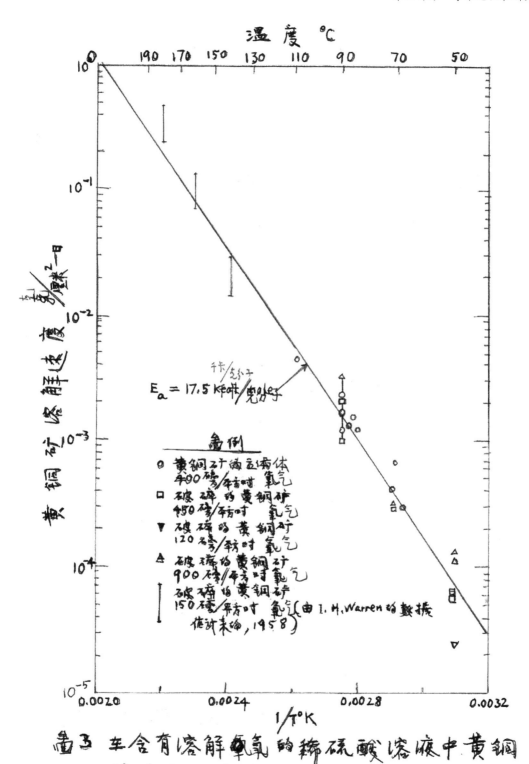

图3 车含有溶解氧的稀硫酸溶液中黄铜矿的溶解速度

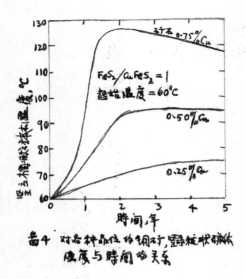

图4 对各种品位的铜矿，竖铸状碳体
温度与时间的关系

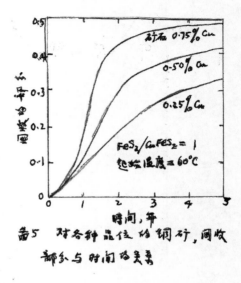

图5 对各种品位的铜矿，回收
部分与时间的关系

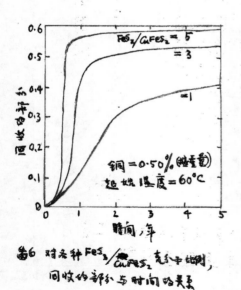

图6 对各种 FeS₂/CuFeS₂ 克分子比例，
回收的部分与时间的关系

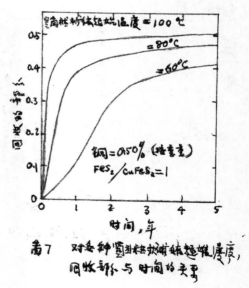

图7 对各种竖铸柱状减钠起始温度，
回收部分与时间的关系

在日本海的石油开采①

简 史

1956 年和 1957 年在日本海内进行了地球物理勘查工作。勘查的结果是在 Akita（秋田）和 Niigata（新潟）岸外找到了若干地质构造。1958 年在日本建成了第一个活动钻井装置。自从 1958 年钻了第一口勘探井后，在日本海已钻了很多口石油和瓦斯的勘探井和生产井。1959 年在 Akita（秋田）岸外海域发现了第一处海洋油田：Tsuchizaki-oki 油田。

Kubiki 石油和瓦斯田是在陆地上发现的，它延伸到了海内。在此油田的海内区域，石油和瓦斯的开采是由陆地上钻定向井和由海内固定台架上钻井共同进行的。

这些油田的位置表示在图 1 上。在此图上也表示了 200 米深的海水界线。在日本海内第一期的勘探是由 1958 年至 1969 年，第二期勘探工作自 1971 年开始。

图1 日本岛

利用固定台架开发石油

在 Kubiki 油田的海域内，1960 年和 1961 年修建了两个生产台架。台架的位置表示在图 2 上。1964 年地球物理勘查的结果是在 Kubiki 构造的西部可能有石油和瓦斯储量，1965 年用移动式钻井装置钻了两口井（R1 和 R2）。1966 年又钻了两口井（R3 和

---

① 原作者为 Kiyomitsu Fujii 和 Koichi Kishi。译自 Joint Meeting MMU-AIME，1972，Toyko，Technical Session Ⅰ，译于 1975 年 1 月 9 日。

R4)，证明在新区内有石油和瓦斯的储量。这些钻井的位置表示在图2上。

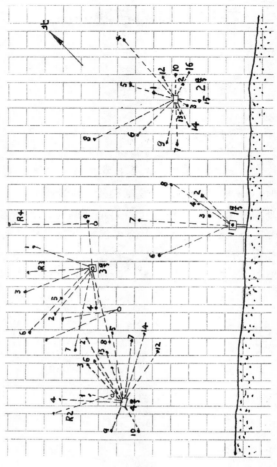

图 2　Kubiki 油田

根据上述勘探的结果，1967 年和 1968 年修建了两个生产台架。这四个台架的规格见表1。

表 1　Kubiki 油田台架

	1号台架	2号台架	3号台架	4号台架
完成的年度	1960	1963①	1967	1968
距海岸距离，米	288	1170	2290	1710
海水深度，米	5.6	15	25	20
台架尺寸，米	18.2×27.4	26×22.75	26×22.75	34×22
最多的井数	10	10	10	20
最大载重，吨	298	539	895	853
台架腿数	16	12	12	6

① 与前文中所说的 1961 年不一致，疑有误。

264

	1号台架	2号台架	3号台架	4号台架
最高波浪高度，米	9.30	11.00	14.00	14.00
波浪周期，秒	14	14	14	14
波浪长度，米	166	166	166	166
最高风速，米/秒	54	54	54	54
台架重量，吨	1017	623	960	774

3号生产台架修建在海水深度25米处。将直径700毫米的桩打入海底以下30米深。在船坞建造两个套架并运送至3号台架处，并将两个套架焊接在一起以制成整个台架。由此台架所钻的井如图2所示，它们生产了天然瓦斯。4号台架修建在海水深度20米处。此台架的形式不同，如图3所示。

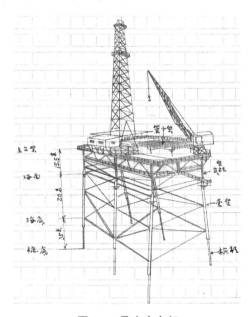

图3 4号生产台架

此台架只有6个向外倾斜的桩柱。套架是在台架附近的岸上制成再运至安装地点的。由此台架所钻的井主要生产石油。

利用移动式钻井装置开发海底油田

日本制造的钻井装置

日本自1958年起制造了很多移动式钻井装置，如表2所示。制造的装置类型有撑柱式、半沉没式和钻船式。大多数是在美国设计的，也有些是在日本设计的。应用移动式钻井装置的操作实例在本文中后边予以介绍。

表2　日本制造的移动式钻井装置

名称	产业主	类型	船坞	送出年度
Hakaryu-go	Japan Petroleum exploration CO. Ltd.	Jack-up	Lohskawajine Hanine Heovy Industry Co. Ltd.	1958
SEDCO 135A	Southeaslirn Drllg. Ltd.	Semi submraihle	Mitsubishi Arevy Industris Ltd.	1965
SEDCO 135B	Brunli Shell Petroleum Co.	Semi submraihle	Mitsubishi Arevy Industris Ltd.	1965
SEDCO 135E	SEDCO Inc.	Semi submraihle	Mitsubishi Arevy Industris Ltd.	1966
SEDCO 135G	SEDCO Inc.	Semi submraihle	Mitsubishi Arevy Industris Ltd.	1968
FUJI	Japan Drilling Co. Ltd.	Jack-up	Mitsubishi Arevy Industris Ltd.	1968
SAKURA	Japan Drilling Co. Ltd.	Jack-up	Mitsubishi Arevy Industris Ltd.	1969
Ocean Porpector	ODECO Inlivnaturual	Semi submraihle	Mitsubishi Arevy Industris Ltd.	1970
WODECO-Ⅶ	WODECO	Floalir	Mitsubishi Arevy Industris Ltd.	1970
Western Off-shore-Ⅶ	Southern Cross Co. Ltd.	Floalir	Mitsubishi Arevy Industris Ltd.	1970
Hukuryu-Ⅱ	Japan Petroleum Development Co.	Semi submraihle	Mitsubishi Arevy Industris Ltd.	1971
Discoverer Ⅱ	The Offshore International	Semi submraihle	Mitsui-ship building & Engg. Co.	1967
Discoverer Ⅲ	The Offshore International	Semi submraihle	Mitsui-ship building & Engg. Co.	1970
Transworld Rig 60	Transworld Drlg. Co. Ltd.	Jack-up	Mitsui-ship building & Engg. Co.	1970
Transworld Rig	Transworld Drlg. Co. Ltd.	Semi submraihle	Sesebo Heavy Industries Co. Ltd.	1970

撑柱式装置的操作

在日本建筑的第一个移动式钻井装置是由美国公司设计的三腿撑柱式装置。此装置命名"白龙"，能在水深约 30 米处使用。由于它是撑柱式的，海底条件需要经过精确的分析，以便安全操作。

Akita（秋田）区的海底表面有 2 至 3 米厚的砂层。砂层下有砂质粘土层。这些沉积层对支持海洋装置和结构具有足够的强度。唯一的问题在于砂的冲动。当水深小于 16 米时，大风浪影响设备腿附近的海底。在严重的暴风以后，由于砂的冲动，装置有时有少许移动。为了弥补这一缺点，在每个腿的下部有喷嘴，用喷射作用可使腿降低。除台风季节外，日本海的气候自 4 月至 11 月相当好，但在冬季有时会出现恶劣气候而妨碍操作。

移动式钻井装置的必需设备是沉箱柱，用以支撑喷发防止器设备和悬柱钻井的全部套管。此柱还有一个作用，当有石油或瓦斯喷出时，它支撑着一个供人员使用的小平台。巨大的波浪冲力和套管重量引起水平的和轴向的负荷。在某种情况下，海水深度是已知的，套管重量是预先确定的，通过设计计算能够确定沉箱的适宜直径和壁厚。但当穿入海底不够深时，沉箱柱可能发生故障。由波浪冲力而产生的倾覆力矩是很明显的，所以必须有效地和足够地将沉箱柱穿入海底。

在 Tsuchizaki-oki 油田，水深 14 米，使用的沉箱柱外径为 45 吋，沉箱的最下部在海底下有 20 米的一段用灌入水泥来封闭。在沉箱的上部，在海面上 10 米处，装备有喷发防止器。在沉箱内有外径为 $13\frac{3}{8}$ 吋的套管作为导向管，也是用水泥固定。

利用半沉没装置进行石油开发

作为由日本设计的一个实例，现介绍"白龙"2 号。这是第一个半沉没式钻井装置，由 Mitsubishi 重工业公司设计制造，并与日本石油开发公司技术合作。

在设计以前，对于结构强度、稳定性和动转特性作了各种试验。这包括了由风力、海浪、海流、重力载荷对部件的动力作用的分析。根据试验的结果，按新方法的接合原理对部件进行了设计。钻井装置的整体设计反映了该公司过去制造过很多移动式钻井装置。重要的设计前景是针对日本海在严冬恶劣环境下的操作、移动和寿命的能力。

此装置规定能用于海水深度达 200 米处，即便是在恶劣的海域内，若添设下锚设备，则适应的海水深度还可增加。此装置属于由柱来稳定的钻井装置，它具有下部两个船身，如图 4。

设计准则如下：

在气候上，当风速达 60 米/小时（135 哩/小时）和海浪高达 18.5 米（61 呎）时能保证安全，当风速达 15 米/秒（34 哩/小时）和海浪高达 6 米（20 呎）时仍能进行钻井工作，当风速达 15 米/秒和海浪高达 5 米（16 呎）时仍能进行拖动。

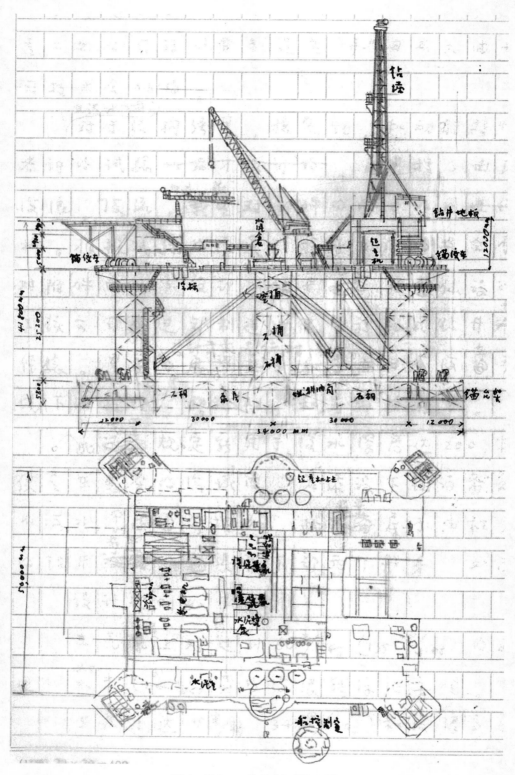

图 4　Hakuryull（"白龙" 2 号）

设备的规格如下：

全长	84 米
全宽	61 米
高	31 米（自下部船身的底部至主台架）
	86 米（自下部船身的底部至钻塔顶部）
钻井水量	870 立方米
移动水量	218 立方米
燃料油量	870 立方米
泥浆量	380 立方米
台架重量	605 吨
锚定方法	绳索
钻井深度定额	9000 米

此钻井装置的建造于 1971 年 5 月完成，1971 年 6 月在日本海用此装置又重新开始钻探石油和瓦斯。用此装置在 Akita（秋田）岸外钻了两口井后，又移至 Niigata（新潟）岸外继续进行钻探工作。

自从在日本海开始钻探以后，在该钻井装置上已记录了气象和海洋数据。图 5 表示在 6 月、10 月和 12 月的海浪高度数据。在此图中绘制了每天的最高海浪，并表示日本海在夏季是相对平静的，而冬季的环境则比较恶劣。

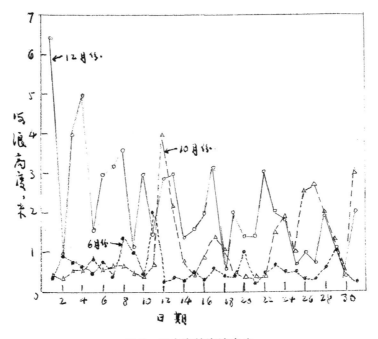

图 5　日本海的海浪高度

此钻井装置也记录了它的动荡。海浪高度与此装置隆起、倾斜和起伏的关系表示在图 6 和图 7 上。在图中绘出了每日的最大值。虽然在冬季的恶劣环境下运输有时受阻碍，由于图上表示钻井装置具有高度的稳定性，钻探工作并没耽搁过。所以，用此钻井装置在大风浪中也能有效地进行钻探。在 Niigata（新潟）岸外的详细钻探操作在本会议中也要介绍。

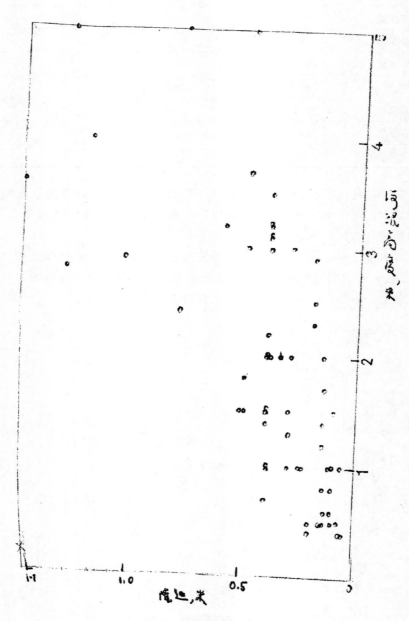

图 6　海浪高度与隆起的关系

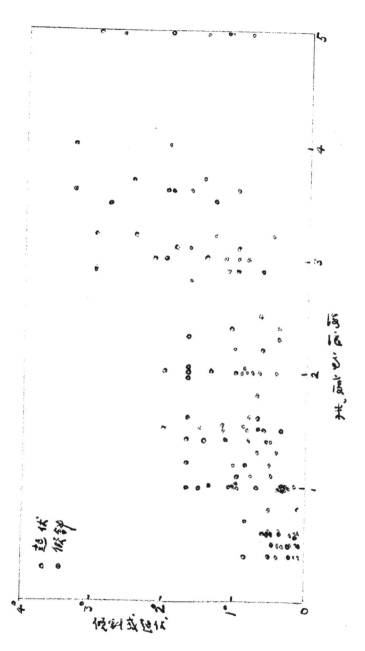

图 7　海浪高度与倾斜和起伏的关系

国外矿山 1970 年使用电子计算机的情况①

（北京钢铁学院 刘之祥译 自美国采矿手册）

* IBM代表国际机械贸易公司，CDC，控制数据公司，GE，通用电气公司，B Burroughs，B Burroughs公司，H Honeywell，H Honeywell公司，U Univac，U Univac，NEAC，Nippon电气公司，TOSBAC，日本Shibaura，电气公司，PDP，数字仪器公司，IDL，国际计算机公司，SDS，科学数据系统。

△ 除采矿主要使用外还用于地质数据分析，简能使用于地质顺数据分析，地球物理数据分析，生产预测和控制，统计和控制分析，涉及和人力管理方面，最大开采最低，地孔记录，动力线设计，福铁和冶金数据分析。

矿山	地址	矿山类型	开采的主要矿石	开始使用计算机的时间	* 计算机型号和尺寸	△ 自己的时间／租用的外计算机	大部分时间的使用机数	天的平均使用时数	1	2	3	4	5	6	7	8	9	10	11	12	13	14	15	16
1	加拿大 安大略省	地下矿	铀	1965.6月	IBM 360/30	✓		9																
2	美国 亚利桑那州	露天矿	铜	1964	IBM 360/20	✓		5																
3		地下矿	铜	1968.12月	IBM 1130	✓		12																
4	智利	露天矿	铜,钼	1968.9月	IBM 1130, 360/40	✓		8																
5	美国 安达荷州		铅,锌	1963	B-2500, GE部分时间	✓		3																
6	墨西哥 荼话拉	露天矿	铜	1968.5月	IBM 360/20	✓		1/4																
7	加拿大 魁北克省	露天矿	铁	1962	IBM 360/40	✓		24																
8	美国 犹他州		铜,钼	1965	IBM 162Q, 113Q, 1800, 360/50	✓		24																
9	加拿大	地下矿	铅,锌	1967.12月	IBM 360/30	✓		1/2																
10	美国 弗罗里达州	露天矿	磷酸盐	1961	IBM 360Q/25, ODG1700	✓		12,24																
11	日本	地下矿	铜,砷化铁	1966.6月	NEAC 2200/200, 2200/100	✓		24																
12	美国 安达荷州		铅,钴铁	1967.10月	IBM 1130, G那部分时间	✓		5																
13	美国 密苏里州		铅	1961	IBM 36Q/25	✓		10																
14	加拿大 不列颠哥伦比亚省		铅,锌,铜,钼,钨锡	1962	IBM 36Q/46Q, 360/44	✓		16,34,11																
15	加拿大 萨斯喀彻温省		钾碱	1968	IBM 1800	✓		24,8																

（接下页）

— 1 —

---

① 本文为校际交流和教学参考资料。1970 年时我国绝大多数人尚不知计算机为何物，更不知其在采矿等研究领域中的应用价值。刘之祥选译此文充分说明他对前沿科学的关注以及对学术研究的引领作用。

（接上页表）

								1 2 3	4 5 6 7 8	9 10 11 12	13 14 15 16
16	加拿大、不列颠哥伦比亚省	地下矿	铅、锌	1950	IBM 360/44		1½	✓		✓	✓ ✓
17	加拿大、魁北克省	地下矿/露天矿	铜、铅	—	H-1200, U-1108, CDC6600	✓	17	✓		✓	✓ ✓
18	美国、纽约州	地下矿	锌	1968 10月	IBM 360/30	✓	6				✓
19	美国、加利福尼亚州	地下矿/露天矿	铁		SDS-940	✓	2	✓			✓
20	美国、宾夕法尼亚州		铁、煤	1960	IBM 360/40,360/50	✓	2	✓		✓	
21	日本		铜、铅、锌	1961,4月	NEAC-2200/200; TOSBAC-3400	✓	11			✓	✓
22	澳大利亚、新南威尔士州	地下矿	铅、锌、银	1970,3月	CDC 6400	✓	1½				✓
23	加拿大、安大略省	露天矿	铜、镍	1966	IBM 1800, H-120	✓	10	✓	✓	✓	✓ ✓
24	加拿大、不列颠哥伦比亚省	露天矿	铜	—	PDP-8			✓			
25	加拿大、魁北克省	地下矿	铜、锌	—	H-200	✓	1½		✓		✓
26	同上		金	—	GE Mark 1	✓	2½	✓	✓		✓ ✓
27	美国、南达科他州		铜、铅、金	1967	PDP-8	✓	15		✓		✓ ✓
28	加拿大、不列颠哥伦比亚省		铜	1968,4月	IBM 1440; GE 235	✓	2				✓
29	美国、亚利桑那州	露天矿	铜、铝	1968,1月	U-9300	✓	16		✓		
30	同上		铜	1970,1月							
31	加拿大、不列颠哥伦比亚省	地下矿/露天矿	铜							✓	✓
32	美国、蒙大拿州	地下矿/露天矿	铁	1965,6月	CDC 636; IBM 360/20	✓	24, 9	✓	✓		✓
33	利比里亚	露天矿	铁	1965	IBM 1440, 360/30	✓		✓		✓	✓
34	加拿大、魁北克省		石棉	1969	IBM 360/20	✓	8	✓		✓	✓
35	澳大利亚、昆士兰省	地下矿	铜、铅、锌	1966	ICL 1909		12	✓		✓	✓ ✓
36	加拿大、马尼托巴省	地下矿/露天矿	铜、锌	1970,1月	B-3500	✓	6	✓		✓	✓ ✓
37	美国、亚利桑那州	露天矿	铜	1965,11月	IBM 1130	✓	8	✓		✓	✓

（接下页表）

—2—

273

（接上页表）

						本	1 2	3	4	5	6	7	8	9 10 11 12 13 14 15 16
38	美国，科罗拉多州	地下矿	煤	1968，1月	GE 600		✓ ✓							
39	波兰	露天矿	铁	1967，3月	IBM 1130	10	✓	✓						✓
40	加拿大，魁北克省		铁	1964	H-610，CDC8 090; IBM 360/30	24，24，14	✓	✓						✓
41	美国，宾西法尼亚州	地下矿/露天矿	铁、煤	1952	CDC6500，IBM 360		✓	✓					✓	
42	美国，新墨西哥州	露天矿	铜	1964	IBM 360/20，1800，1130，360/50	36	✓	✓					✓	
43	赞比亚	地下矿/露天矿	铜，钴，锌，铅	1961	IBM 360/65，1130	18	✓							✓
44	美国，蒙大拿州	"	铜	1960，2月	IBM 360/40	18	✓						✓	
45	美国，亚利桑那州	露天矿	铜	1966	IBM 360/40	1	✓		✓					✓
46	美国，科罗拉多州	地下矿	铅，锌	1968，2月	—	—	✓							✓
47	美国，亚利桑那州	露天矿	铜，铝	1964	IBM 360/20，1130 GE部分附阿	—	✓		✓			✓		✓
	总　计					12 36 1 4	23 36 18 17	6 11 11	8 14 10 12	9 27 24 30 40
	百分数					26 77 30	49 77 38 36	13 23 23	17 30 21 26	19 57 21 64 85

第四部分
回忆文稿

一、两次冒险远征[①]

——发现攀枝花铁矿的经过

1940 年，我在西昌国立西康技艺专科学校（简称西昌技专）任教时，学校和西康地质调查所派我到边区调查地质矿产，我曾两次冒险远征。第一次是我只身步行去的，从 5 月 30 日至 7 月 14 日共 46 天，走了几百公里，调查了沿途的地形、地质年代和地层分布。第二次远征是同时任西昌行辕地质专员常隆庆结伴骑马去的。

调查路线本有南、北两条。南路多经过少数民族地区，人烟稀少，经常有抢劫事件发生。就在我们动身前不久，西南联大的一位教师在调查地质时惨遭土匪抢劫杀害。所以这条路线很少有人调查；但也正因为如此，发现矿藏的可能性会更大些。为了找矿，尽管北路比南路安全得多，我们还是选择了南路。为确保安全，行辕派了四名士兵随行保护，我和常隆庆还各自带了一名工

第二次远征途中
（自左向右依次为常隆庆、刘之祥、张凯基）

友。我们 8 月 17 日出发，到 11 月 11 日归来，历时 87 天，行程 1800 多公里，经过西昌、盐边、华坪、永胜、丽江等县。因时逢雨季，阴雨连绵，山陡路窄，泥泞满道，我曾几次连人带马滚落山沟。一路上砍木自炊者有之，露宿山林者有之，夜行赶路者有之，先修路而后始能通过者有之，还有几次遭遇土匪抢劫，危险万分。虽然历尽艰辛，但在山上观天边日出，在山腰赏脚下浮云，在山涧寻矿床矿苗，陶醉在大自然里，却也乐在其中。我们调查了沿途的地质矿产，绘制了地形图、地质图，调查发现了不少煤、铜、铁、金、盐、汞等矿床，收集了大批矿石标本，尤其值得高兴的是发现了攀枝花铁矿，这是这两次调查中最大的收获。

说起攀枝花铁矿的发现，也很有趣。开始是在一户人家的院子里"发现"的。记得我们由盐边县城向南，经老街、新开田、棉花地，一直到把关河、金沙江北岸，然后沿江南行，经大水井、新庄，9 月 5 日下午到达攀枝花，住在硫磺沟附近的罗明显家。傍晚，我在罗家院内散步，无意中看到地上有两块石头很像是磁铁矿，捡起一看，果然不

---

① 本文原载于《中国冶金史料》，1985 年第 1 期。

错。第二天早晨，我把这两块石头拿给常隆庆看，他也肯定了确是磁铁矿。我们找来了主人罗明显，问他这两块矿石的来历，他说这样的石头附近很多。早饭后，我们就让罗带路去找矿，走到尖包包，果然发现了铁矿露头。测量以后，再走到乱崖，又发现了铁矿露头，而且比尖包包的更大更厚。我们不禁欣喜若狂。

由于发现了这两处铁矿露头，于是我们对这一区域的地质构造、矿体产状等作了详细考察，同时还绘制了万分之一的攀枝花铁矿矿区图，并对尖包包和乱崖两处的储量作了初步估算。估算结果，其储量不仅居西康省第一，也可称当时全国不可多得的大矿，况且金沙江对岸又有永仁那拉箐大煤田，能炼优质焦炭，用来冶炼攀枝花的铁矿，天然条件理想至极。当时正是抗战时期，东北、华北大片国土沦陷，国难深重，在内地发现如此丰富的资源，其兴奋之心情真难以言表。未及整个调查结束，我便函告技专，学校也为之振奋，随即在西昌《宁远报》上刊登了《技专采矿教授刘之祥等在盐边攀枝花发现了大型铁矿床》的报道。随后我写了两份报告：《西康宁属北部之地质与矿产》和《康滇边区之地质与矿产》，技专将报告作为科学丛书出版了。由于这次地质调查中的发现，重庆教育部奖励我两千元。我在报告中写道："故攀枝花之铁矿，或在保果冶炼，或在三堆子冶炼，或在会理冶炼，皆应从速开发，以建设后方重工业之基础。况该地居后方安全地带，对外有险可守，将来吾国重工业之中心，其唯此地乎？"但是在旧中国，这种满腔的热情只能付之流水，宝藏发现了，也只好任凭其在地下长眠。

勘探途中和彝族米加加一家人合影
（后排居中者为刘之祥，左为米加加，右为张凯基）

全国解放以后，大地回春，沉睡万年的宝藏苏醒了。过去是荒山僻壤的攀枝花，已由十几户人家变成了 30 万人口的钢铁基地。现在攀枝花有铁路贯通南北，公路纵横交错，建成了从采矿到选矿、冶炼、轧钢的联合企业，并将许多中小型企业也带动起来，发展成为一个现代化城市。今昔对比，天壤之别，深感只有社会主义才有如此奇迹！回忆我一生教书五十五载，过去在旧中国为振兴中华而冒险找矿，曾遍走青陕川滇，未见有矿成铁；今日看全国钢铁工业一派兴旺景象，满园桃李率多青胜于蓝，昔日壮志如愿以偿，心中畅快安然，足慰平生。

二、忆北洋大学①

×××同志：

前承来京访问北洋大学校史，现就所知答复如下：

（一）我与北洋大学的关系

我于1922年考入北洋大学，1928年毕业，当过六年学生，1922年至1924年是预科，1924年在本科，1928年由采矿系毕业。毕业后任母校助教，1933年改任讲师，1937年去上海招生时，天津沦陷，北洋大学停办。胜利后我由英美回国，1947年至1948年任北洋大学采矿系教授，1948年至1952年任教授兼采矿系主任，1948年解放前被推选为三人小组之一来维持学校并护校（学校暂时迁到天纬路女师学院地址），1949年春解放后被任命为副主席（陈荩民任主席，刘锡瑛任教务长，我兼任工学院代理院长），后改为秘书长（1949—1951），1952年院校调整时取消了采矿系，我调到北京钢铁工业学院。

（二）北洋大学校庆日的确定

北洋大学校庆日是1925年确定的，以前没有校庆日。1925年刘振华（仙洲）任校长时，认为学校应当有校庆日。考察档案，由盛宣怀呈请，清廷批准，到开办招生和开学，找出了两个日子，可以定为校庆日。其中一个日子是在暑假期内，师生都不在校，作为校庆日不合适；另一个日子是当年的中秋节，即10月2日，所以把1925年的花好月圆的中秋节日当成了校庆日。

（三）北洋大学是我国国立大学中最老的

北洋大学成立于1895年，比南洋大学（交通大学前身）早三个月，比北京大学早二年，比清华大学早十六年，比其他公立大学都老，只有教会办的私立大学有更老的。北洋大学原名北洋大学堂，1895年至1900年校址在天津市内，1900年八国联军入侵时停办，后在天津西沽武库地址复校。北洋大学监督（是中国人）只管行政和财政，不管教务和学生。丁家立参与了北洋大学的筹办并任北洋大学总教习（教授多是美国籍的，当时叫教习，副教授叫副教习，也有助教），负责教务、教学、学生入学和毕业一切事宜。丁家立于1923年曾访华一次并在北洋大学作了报告，我也听了报告。我在20年代曾在杂志上看到过梁启超写的一篇文章，评论最老的两个大学：北洋与南洋。对比之下，他赞扬了北洋大学，他说比南洋大学办得好，办得有成绩等，请查阅当时的老杂志

---

① 刘之祥寄给北洋大学—天津大学校友总会的信函。本文原载于《校友通讯》，1985年第2期。

对照一下。

（四）北洋大学的负责人

北洋大学负责人，除丁家立外，尚有温宗尧、徐××等，听说吴稚晖也在北洋大学教过国文。以后的负责人有王绍廉、赵天麟（抗战时期为日本人在天津街上所暗杀）、冯熙运（1922—1924）、刘振华（1924—1928）、李石曾（1928—1929）、茅以升（1929—1930）、蔡远泽（1930—1933）、李书田（1933—1937）、茅以升（1946—1948）、张含英（1948—1949）、陈荩民（1949）、刘锡瑛（1949—1952）。[①] 1951年夏（北洋大学）与河北工学院并校，改名为天津大学，由刘锡瑛任主席，赵玉振任副主席。1952年院系调整后，天津大学由西沽旧址迁到六里台和七里台现址。

1928年北伐成功后，成立平津大学区，把平津国立大学（除北京大学外）都划归平津大学区，由李石曾任大学区校长。当时规定够三个学院的才叫大学，否则叫学院，因此北洋大学改名为平津大学区第二工学院（第一工学院在北京）。到1929年，北洋大学和北京师范大学都由平津大学区独立出来，北洋大学从此叫作北洋工学院（1929—1937）。我毕业得的是北洋大学的证书，1929年毕业的得的是平津大学区第二工学院的证书，1930—1937年毕业的得的是北洋工学院的证书，1946—1951年毕业的得的是北洋大学的证书，1952年以后毕业的得的是天津大学的证书。

在刘振华和茅以升任校长之间（1928年下半年）没有校长，由当时的教务长何杰任校务维持主席，负责校政。在蔡远泽任北洋工学院院长的后期（1932—1933），由教务长王季绪任代理院长。在此期间，王季绪因愤恨日寇，要求抗日，曾绝食两天，当时全体学生也绝食一天。在茅以升第二次任北洋大学校长期间（1946—1948），先由教务长金××代理校长，后由训导长×××代理校长。在（天津）解放前的一个多月的时间内，校务无人负责，当时推选理学院院长陈荩民、教授会主席刘之祥和学生会主席×××负责校务和护校。1949年天津解放后，政府任命陈荩民为北洋大学临时主席，我为北洋大学临时副主席。

（五）校中见闻

北洋大学的校训是"实事求是"，每年9月1日上午8时开学，典礼上由校长讲校训，典礼后当日即上课，可见实事求是的作风。庚子以前的毕业生有北京大学校长、经济学专家马寅初，曾任海牙国际法院大法官四年多的王宠惠（任过国务总理），世界闻名的锑大王王宠佑，以及任过外交部部长和代理内阁总理的王正廷。王正廷自己谈过，他当学生时夜里在大宿舍赌钱，丁家立总教习在黎明刚开门时即进入大宿舍，当时大多数学生都没起床，对已起床的几个人，丁家立用手摸被窝，被窝热的没参加赌博，被窝凉的参加了赌博，如此参加赌博的人全部被查出，除申斥外，记了大过，并罚了跪。王正廷是其中的一个。可见学校对学生是严格的，并在夜里亲自检查学生宿舍，学校最高领导亲自出马，体现了校训"实事求是"的作风。

王绍廉任校长时，于上下课前后常在讲室附近走来走去，检查教学情况。有一次于下课还差几分钟时，发现化学教授付乐尔提前下课，当面予以申斥，付乐尔教授强辩

[①] 文中北洋大学负责人及其任期与目前所查到的资料有出入，为尊重原文，保留原貌。

说："我的表到下班时间了。"王校长说："要按你的表，学校的四面钟就没用了，回教室再继续讲去。"付乐尔教授乖乖地带着学生回到教室，又讲了七八分钟课。王绍廉校长的这种实事求是的作风，不但未遭到外国教授的反感，反受到当时教授们的拥护和以后教师的宣扬。

学校规定，学生考试三门以内不及格者可以补考，补考时一门不及格即留级，连续两年留级者即开除学籍。1919年有一个学生连续两年不及格，在最后补考时题又很难，该学生认为答得不好，坚持不交卷，外国教授抓卷，学生用手操了卷子，教授恐怕毁了卷子，没有凭据评定分数，用嘴咬破了学生的手才把卷子夺过来，学生也急了，将教授推倒在地上。当然，学生被开除了，造成了教授与学生在教室为了争夺试卷而武斗的笑谈。

蔡远泽任北洋工学院院长时，化学林教授在讲课进行当中不欢迎学生发问，学生告到蔡院长处。蔡院长说："学生发问是好的，多问才能学的好。明天上课我听听去，我的化学程度与你们学生差不多，我认为该问了我就问。"果然第二天蔡院长夹杂在学生中听化学课，教授也没发现他。在讲课中间，忽然院长就提出了问题，并连问两次。教授讲课一半用英语一半用汉语，蔡院长全部用英语问，闹得林教授很被动。下课后林教授认为院长让他很难堪，想辞职，蔡院长与他解释后，他不但没辞职，两人反而成了知己。

此外，北洋大学一开办就有法科、土木科、采矿科、冶金科等（现在叫系，以前叫科）。还办过师范科，在保定设有高等学堂，其实就是北洋大学的预科，培养过不少的中等学校教师。在20年代，北洋大学与北京大学科系相互调整，北洋大学法科调归北京大学，北京大学工科调归北洋大学，从此北洋大学停办了法科。1925年北洋大学增添了机械系，几年后又增添了电机系。1925年将采矿系和冶金系并为矿冶系，以后于1945年又分为采矿系和冶金系。1945年至1952年，北洋大学共有十三个系，即数学系、物理系、采矿系、冶金系、地质系、土木系、水利系、建筑系、机械系、电机系、化工系、纺织系和航空系，在工学院的系别中，系是最多、最全的。

在校任过教的教授有桥梁专家茅以升、铁道专家石志仁，有庚子以前北洋大学毕业的数学教授张秀峰，有取得会试第一名、获得"洋翰林"学位的测量制图教授冯熙敏，有连续任教六十年的采矿教授何杰，有化学专家侯德榜等。

北洋大学招生对象，在1934年以前主要是四年制中学毕业的学生，录取后在北洋大学再读六年；但也招收一些特别班学生，需要补习一年，再归入正常班，因此考入特别班的要七年毕业。招收特别班的最后一年是1925年，1925年后就不再招收特别班了。

1937年以前，学生读书，有贷书制，教科书和绘图用具由学校借给学生使用，用完后可退还或出半价购买，所以学生的经济负担比其他学校小，经济条件较差的学生愿意考入北洋大学读书。学生每学年的考试，平均分数在85分以上的，可以免去下一年的学费。在校帮助教授制图的学生可以得到津贴，每小时至少有两角钱。

外国教授比较认真严格，也有很古怪的。学校上午有课间操，20年代时教课间操的是英籍郎德义（Adward Long），他也教英文、德文和制图。在冬季教课间操时，他也去掉上身衣服，只留一层单衬衫。教时他用力做操，也不怕冷。对学生特严，我年级的同学俞锦标因胳膊没伸直就受了申斥，并当场由风雨操场揪出去。有一次在教英语课时，他发现一个学生吐了一口痰，他当时亲自取来痰盂，放在该学生课桌上，逼迫该学生吐，该学生已不敢吐。郎德义在该学生课桌旁坚持了约5分钟，然后才回讲台，并未讲课，又骂了半点钟，至下课为止。又有一次，全校学生上街游行，学校未通知教授停课，郎德义明知没有学生也照常上课讲书，在空教室中讲了五十分钟的课，连说带写，没一个人听。第二天上课时，告诉学生某部分业已讲完，不能重讲。教授古怪到此地步，只有在北洋大学才能出现此事。

在1937年以前北洋大学以考试难著称，每年有不少留级的学生，以数学、物理力学、英文和德文课不及格的学生为最多，所以学生的淘汰率很高。我年级入校时有一百多名学生，到六年后（1928）毕业时只剩下33人，其中土木系15人、采矿系15人、冶金系3人。

1929年4月初，学校带四面钟的主楼失火，主楼全部烧完。该四面钟是天津市的标准时间钟，供全市对照时间。四面钟由选矿教授施勃里负责调整，每月进行一次天文测量以校正此四面钟，因此每月与他增加六十两银子的工资。施勃里教授的工资是每月四百五十两，因管理钟变成了每月五百一十两，一两按一元五角折算，所以施勃里教授的工资是每月765元。外国教授在校中住房，一般是每月房租50元，中国人多不收房租。

承问，拉杂的就所记忆的写了一些，并祝新春好。

北京钢铁学院　刘之祥

1980.2.15

三、学校简史及概要^①

（一）缘起及筹备经过

自我政府确定抗战建国之大计，建设后方，不遗余力，爰于民国二十八年西康建省，西昌设置行辕，以为开发边疆之先驱。本校前校长李书田博士，奉命随边区调查团赴西康，作文化之调查，认为宁属农垦适宜，矿藏丰富，人才缺乏，应作文化之建设，以树百年之大计，辅助宝藏之开发，及经济之建设，由教育部陈部长提请行政院于二十八年八月一日核定，创办本校于宁属中心之西昌。教育部即聘李书田博士为本校筹备主任，嗣复聘为校长，确定校址于西昌东南十五里之泸山东麓，背山面湖，有松风水月之□，为西康第一风景区。半山庙宇层列，改为校舍，林木苍郁，为读书最宜之环境。当即在重庆、成都、乐山、康定、雅安、西昌、会理、城固等八处招生，计报名者一千三百五十名，共录取三百二十名，于二十八年十二月二十一日，师生已陆续到齐，即开始上课。

（二）沿革

本校于二十八年由李书田博士创办，三十年八月李校长改就贵州农工学院院长后，由前教务主任周宗莲博士继任校长。周校长于三十三年三月因病辞职，由教育部继聘雷祚雯先生为校长。历任校长皆本实事求是之精神，推动校务。关于教授方面，自二十八年十二月开始授课，对于课程，即严格进行，借用二十九年暑假期间，将二十八年度一年应习之学分授足。以后数年，皆本部订学年历规定开学及放假日期，按时授课。关于工程方面，除改修庙宇为教室、实习室、宿舍及办公室外，于二十九年春完成山上之操场，可供篮球、排球、垒球及军训之用。三十年复完成山下之较大操场，可供足球之用，每年春季及秋季各开运动会一次，皆在山下操场举行。同时完成湖（邛海）滨之游泳更衣室。三十一年春，完成山下学生宿舍三十间，可容学生三百余人。关于科别方面，除原有之农林、畜牧、土木工程、矿冶工程、机械工程、化学工程六科外，三十年曾增设先修班高中、初中各一班，三十一年添设医科，三十二年并添设附属高职校，三十三年因招生困难而停办，并曾一度招取蚕桑训练班一班，以造就本地蚕桑初级干部人才。关于党团方面，自三十年一月成立中国国民党直属本校区党部，三十二年成立三民主义青年团直属本校分团部以来，对于党团工作之推进，倍加努力。关于经费方面，二十八年度为经常费八万三千三百三十三元（自八月份起拨），临时费二十万元。二十九

---

① 刘之祥时任国立西康技艺专科学校采矿系教授兼总务长。本文原载于《康专校刊》创刊号，1944 年 7 月。

年度经常费二十万元，临时费三万六千元。三十年度经常费二十八万六千元，增班费八万元，建筑费十五万元。三十一年度经常费六十八万四千二百六十五元，增班费十二万元，附设高职开办费十三万元，建筑费十一万元，医科开办费十万元。三十二年度经常费一百四十八万六千八百六十八元，增班费十六万元，建设费十六万元，医科经费九万元，附属高职经费二十一万九千七百元。三十三年度经常费一百九十四万三千六百一十九元，建设费十万元，附属高职经费六万七千五百九十九元，医科经费八万元。关于毕业班次，除附属高职蚕桑训练班及先修班不计外，三十一年夏有三年制农林、畜牧、土木工程、矿冶工程各科毕业生，共五十四名，三十二年夏有三年制农林、畜牧、土木、矿冶毕业生十八名，先后已在各实业机关就业，名义及待遇，皆与大学毕业者相同。

（三）科系

本校设三年制专科及五年制专科。前者招考高级中学及同等学校毕业生，三年毕业，分置农林、畜牧、土木工程及矿冶工程四科。后者招考初级中学毕业生，五年毕业，分置农林、土木工程、机械工程及化学工程四科。各科复以地方需要，酌为分组，农林科计分农垦、森林两组，畜牧科分为兽医、蚕丝两组。民国三十年曾增招先修班一年，三十一年又添设六年制医科，招考初级中学毕业生，六年毕业。故本校共有七科，即农林、畜牧、土木、矿冶、机械、化工及医科，其中农林、土木，则兼三年制及五年制两种，医科则为六年制也。

（四）组织

本校组织系遵照教育部规定国立专科以上学校之组织系统办理，于校长下置校长办公室、教务处、训导处、总务处及会计室。校长办公室置秘书一人，教务处分注册组、出版组及图书馆；训导处分生活指导组、军事管理组及体育卫生组；总务处分文书组、庶务组及出纳组。各处主任皆由教授兼任，各组馆室皆置主任一名，专司其事，及其他职员佐理之。关于校务之处理，则有校务会议、行政会议、教务会议、训导会议及事务会议决定之。此本校组织之大概也。其他与教学有关者，农林方面有农场，畜牧方面有畜牧场、原蚕种制造所、桑园及冷藏库；机械方面，则有机械工厂。以上均设于校外，规模较大。此外如土木工程科之测量仪器室、土木模型室，矿冶工程科之矿物岩石及地质陈列室、矿冶模型室及试金实验室，机械工程科之航空机件陈列室，化学工程科之化工实验室、酿造室等，均设于校内，以便实习。又医科附设诊所，亦在筹办中。此本校附设之研究实习组织也。本校又为协助地方建设及生产事业，或作技艺上之协助指导，或与地方机关之合作，特设推广部，专司其事。并设有社会教育推行委员会，以推行社教；泸山森林保管委员会，以保护及培植泸山森林；建筑委员会，专司建筑及修缮事宜；贷金及公费生审查委员会，审查学生贷金及公费事宜；体育卫生委员会，促进饮食之清洁，及督促体育卫生事宜。其余尚有委座救济清贫学生基金保管委员会、林主席及中正奖学金审查委员会、天府煤矿奖学金审查委员会、编辑委员会、图书委员会、预算委员会、物价查报委员会、招生委员会、毕业考试委员会、毕业学生职业介绍委员会、消费合作社、公利互助社，及西昌城内本校办事处、驻蓉办事处，及本校校友总会。

（五）设备及课程

本校自创办以来，对于教学设备，即特别注意，开办费二十万元，大部用于仪器图书之购置，惟限于时间、经济及交通等实际之情形，目前设备，有自制及购置之农牧、蚕桑、生理、解剖等实验室之设备。测量仪器室，则有长期借用及自置之各种普通测量仪器：经纬仪四架、水平仪四架、平板仪二架、罗盘仪一架、面积仪一只、自记气压计一架、气压计一只、流速仪一具，及绘图仪器：计算尺、钢尺、皮尺、测远镜、标尺等各若干。机械工厂，则有车床三座、刨床一座、钻床一座、螺丝绞板一具、鼓风机一具、熔铁炉一具、轧花机十二部，及应用工具等。航空机件陈列室，则有航空第五修理厂赠予之机件多种。物理实验室及化工实验室，除购置者外，尚有国立中央研究院赠予理化仪器四套。地质矿物岩石标本室，已有自行采集标本多种，及自制结晶模型多种。矿冶地质模型室，有矿山模型、试金炉模型及地质模型等。试金炉之材料，业已由美国空运到校，俟耐火砖由会理制成后，即开始先建试金炉一座。图书馆则有西文书二千册、中文书四千册，及杂志三千余册，皆系最实用之参考书籍。二十九年六月奉教育部分配美金五千元，增置图书，嗣又分配两万元美金，增置仪器。前者业于民国三十一年运到新书一百一十五册，余皆在腊戌失守时损失。后者于民国三十二年运至昆明之仪器二十一箱，除已取来五箱外，余最近即可运来。其余医科设备，现正准备充实中。课程方面，本校三年制专科，较普通大学少一年，充分利用时间，所习之学分与大学相若。五年制及六年制，则前二年授习高中有关课程，并侧重于专门技艺之准备，利用连续编排之优点，所习之专门课程，亦不减于大学。今将各科应习之学分，分列于后：三年制农林科应习一百二十四学分，三年制畜牧科应习一百二十四学分，三年制土木工程科应习一百二十四学分，三年制矿冶工程科应习一百二十六学分半，五年制农林科应习二百二十四学分，五年制土木科应习二百二十七学分，五年制机械科应习二百三十三学分，五年制化工科应习二百二十六学分，六年制医科应习二百五十学分，皆已先后呈准教育部，按标准实行矣。

（六）教师著述

本校极注意提倡教师利用授课余暇，从事学术研究或著述，惟以创办历史，尚不足五年，故已出版者，仅有前校长李书田博士之《安宁河水利问题》，雷宝华教授之《宁属矿产资源》，魏寿昆教授及陆宗贤教授合著之《德昌陶瓷事业之调查及研究》，及刘之祥教授所著之《西康宁属北部之地质与矿产》，及《康滇边区之地质与矿产》。其尚未出版者，有前校长周宗莲博士翻译之《水利工程学》，雷宝华教授翻译之《矿业经济学》，冯肇传教授著之《宁属农业调查报告》，焦龙华副教授著之《宁属畜牧调查报告》等。其余雷祚雯校长、曾炯之教授、张朵山教授、张范村教授、张伯声教授、朱宝镛教授、黄宝勤教授、汪呈因教授、宋希尚教授、萧文灿教授、柯召教授、郑墨鲲教授、隆准教授、石琢教授、汤觉之教授、陈继志教授、汤克成教授、美书剞教授、徐人极教授、周保淇教授、英锐良教授、张传琮教授、邹朝濬教授、赫颖举教授、罗嵩翰教授、朱大鼎教授、俞筠蠋副教授、龚畿道副教授、钱立宪副教授、茅荣林副教授、丁炜文副教授、张兆瑾副教授、杨庆治副教授、周祥泰副教授、王道灿副教授、黄格非副教授、游学泽副教授、季锡五副教授等，以往皆有著作，先后在国内外出版者颇多。

（七）推广事业

依照本校组织大纲，本校应协助地方农牧工矿医事业之改进与推广，特设推广部，专司其事。良以康边正当开发之际，本校教师多属专门学者，借以指导，正亦人尽其才之意。故本校对于推广事业之办理，极为注意，有原蚕种制造所以推广蚕种，桑苗圃以推广湖桑。曾办蚕桑训练班，以培植初级干部人才。农场则试育新种，及输入良种。筹设之轧花厂，以辅助棉作。筹设血清制造厂，以防治兽疫。时常作农林之调查、畜牧之调查，及农村经济之调查，并从事研究农畜各问题。工矿方面，乐西公路南段所需之石灰，由本校化学教授陆宗贤在冕宁开窑烧炼，并研究改良之办法。乐西路、西祥路及川滇西路之筑路时期，本校于暑假期间，曾派遣土木工程科学生参加工作，既资实习，又增筑路工作效率。先后派魏寿昆博士及陆宗贤教授调查石灰原料、耐火材料及陶瓷材料。又与西康建设厅合作，派刘之祥教授先后赴西昌、冕宁、越巂、会理、盐源、盐边，及云南之华坪、永胜、丽江、宁蒗等县，调查地质及矿产，皆收获甚多。

（八）筹办大学

本校创办，为政府建设边疆高等教育之先声。西康情形复杂，环境特殊，在政治地位上，为川滇藏青之沟通中心，在经济地位上，为西南经济建设之重地，故西康建省后，经济建设及教育文化，殊途并进！而教育尤为百年之大计。本校虽为西康最高学府，然以名称关系，不如大学之易于号召，故影响于招生及聘请教师之困难，况依宪法草案之规定，西康亦有设立大学之必要，本校农工医三院具备，图书仪器设备亦渐次充实，改为大学，轻而易举，改大计划，早已呈请教育部办理，最近之将来，当可实现也。

（九）课外活动

关于教职员之课外活动，有教职员篮球队、足球队、排球队、乒乓球队、网球队，及游艺室之围棋、象棋等。学生之课外活动，除球类运动外，春夏秋三季皆可在邛海游泳，故本校学生能游泳者，居全体五分之四。学校为提倡体育起见，每年于春季及秋季，各举行运动会及爬山运动一次，并于每年旧端午节，举行水上运动会一次。其余课外活动之组织，有学生自治会、英语研习会、野火文艺社、海光歌咏团、青年歌咏团、泸影话剧团、青年话剧团、泸云平剧社、农学会、医学会、土木工程学会、矿冶工程学会、机械工程学会及化学工程学会等，提倡正当娱乐，增进研究兴趣，均著成效。

四、1949 年 4 月参加刘少奇在天津召开的教育界代表座谈会[①]

1949 年春刘少奇同志天津之行时，先请工商业界开座谈会，次日又请教育界开座谈会。在教育界开座谈会时，我参加了。到会的有河北工学院院长赵玉振等，南开大学校长杨石先、教务长吴大业，北洋大学参加的有主席兼理学院院长陈荩民，副主席兼工学院代理院长刘之祥，教务长刘锡瑛。会上天津文教部部长黄松龄介绍了每人的简要情况。少奇同志谈了很长，提到了前一天与工商业界座谈等情况，又谈到了教育界大力培养建设人才的设想，今后学生要学习俄文，学习苏联先进科学技术，并赞扬和肯定了高级知识分子，说这是我国的宝贵财富，大力培养建设人才，全靠这些财富。在会上提到了李书田其人，是水利专家，是难得的水利专家。他写过一篇治理黄河的文章，在报纸（可能是《大公报》）上发表了，毛主席全看了，很赞许，认为这篇文章很好，有内容，从实际出发。主席最留心黄河情况，认为该文章与自己的想法有很多共同之处，不是空洞浮夸的文章，所以主席脑中早就有了李书田这个人；也认为他在学校里不会逃走，所以解放前没和他联系。也怪我们大意，现在他在香港，是有用的人才，正与他接洽中。

李书田事业心很强，个性也很强，有时不近人情，对属员严苛，有的人对他有意见，又是天津市国民党党部成员，对这样的人，还这样宽大处理，还争取，还想重用，别的人就不用说了。从此全国知识分子都安心了，对工作都负责了，在教学上、在学习苏联上都刻苦努力，所以教育界的发展非常快，团结合作得非常好。少奇同志在座谈会上的发言，作用很大。

座谈会主要是刘少奇谈话，印象是刘少奇真健谈，知识真渊博。刚解放，经济破败，百废待举，民族资产阶级惶恐不安，工商业者怕自己被说成是剥削者，工厂停工，工人失业，老师思想也很混乱。刘少奇谈话，讲到当时形势，讲到政策，说要克服"左"倾，恢复生产，稳定社会。刘少奇在天津的这次谈话，在这方面起了极其重要的作用。谈话后，工商业者不怕了，不惶恐了，安心于生产了，既有利于恢复生产，又有利于发展生产，社会秩序从此更加稳定了。知识分子有一技之长者都放心了，安心工作了。

我不愿意谈论剥削是不是有罪，李书田是不是有罪。在天津解放初期的具体条件下，刘少奇同志的这次谈话是一服对天津具体病症的良药。刘少奇同志应用灵活的策

[①] 本文是刘之祥 1980 年 3 月的回忆稿。

略，稳定了天津的动荡局面，可以想到他对历史唯物主义和辩证唯物主义理解之深，具体应用的恰到好处，真令人佩服。刘少奇同志不愧为马列主义杰出的理论家和实践家，不愧为无产阶级伟大的革命家。他具有高度的共产主义修养，高度实事求是的精神，正确处理问题的办法，不畏"左"倾议论批评的勇气。他的精神对实现四个现代化也具有很大的指导和鼓舞作用。

五、忆当年[①]

封资教育受熏染，喜玩水，好游山，终遂志愿。曾绕地球转一整圈，飞过驼峰看到喜马拉雅山；亚丁奇热，遍地灰质白茫一片，到海底公园，乘玻璃船，观赏燕鱼在珊瑚林中穿；黄石公园方圆千余里，熊鹿与人同玩，又有无数沸泉、喷泉和火山。见过埃及金字塔，登过瑞士白头山，太平洋鲸鱼呼吸似喷泉，印度洋飞鱼落船板，大西洋波浪滔天，都是奇观。渡英伦海峡时间短，我反晕了船。登过埃佛铁塔，巴黎全貌真美观。上过摩天大厦，全纽约街道井然可见，大城市毕竟有污染。我爱黎明在船上观日出，红太阳在水上滚翻；又爱在山巅看晨霞千万变，空气清凉又新鲜。抗战时期在川滇，走山路，登云端，脚下白云蒙大地，头上烈日大晴天，下边雨，上边干，忽然云聚白茫茫一片，忽然云散下边村落显，瞬时又变天，真是大自然。我在青海一年有十个月落雪，狼熊遍野；我在西昌四季如春，山间明月；我在印度冬季反炎热，汗流不歇，气候就是如此区别。

尽管游览，心情并不悠闲，爱国爱民且不算，途中处处是危险，曾经三次汽车翻：一次下长坡，闸失灵，车飞跃，千钧一发险；一次卡车翻，把我摔出两丈远；一次四轮朝天，大轴折断，车幸未燃，我由窗口向外钻。探矿在青海的蒙源[②]，住在雪高原海拔尺一万，冰天雪地宿露天，煮雪和泥把房建，十天没洗脸，露宿在雪原，双层皮褥三层被，皮帽裹头和衣眠，醒后雪压被盖沉甸甸，只因被上雪厚三寸三。

抗战期间缺资源，为找矿遍走青陕川滇，爬过云南高山海拔一万八千，大渡河过了六遍，六盘山也曾一翻，踏草原步履艰而险，在蒙源每天看到几只狼不以为然，只有一天晚间狼把我骑的马腿咬残。在途中参观过瑶池，王母降生地点，又见过孙悟空的花果山、沙和尚的流沙河和唐僧的晒经台，都是后人附会，不过等闲。喜看剑阁天下险，峨眉秀色可观，塔尔寺金瓦灿烂，杭州风景宜人。最难到的是云南玉龙雪山，钻入云端，爬了两天，才到山尖。立壁数千尺，谷深不见底，山崩雪滑一日若干次，霹雳声响震天地，人俯地不敢起，提心吊胆又惊喜，世间险峰不能过此，奇观难得至，叹观止。而今怀念还想去，可惜年老无气力，空叹息。

旧社会少数民族敌对，入山找矿常是有去无回，西南联大地质教师在山区死于匪，因此我出发时有所准备，请四名士兵相随，以防抢贼。一日迷途天已黑，突然遭遇百许

---

① 本文为刘之祥 1980 年后的回忆稿。

② 疑似笔误。

匪，七把钢刀在我面前挥，杀声震耳，耀武扬威，层层把我围。士兵赶到后，紧握手榴弹，难进难退。千钧一发相对垒，全凭彝族翻译的巧嘴，说服了盲匪，避免遭到身骨碎。又一次匪徒要抢我们的枪支和子弹，预先埋伏在路旁密林中，准备猛然袭击先杀完。幸而我们也听说此地险，每日抢案出几件，到此地手扳枪机瞄向林中看，匪徒见势没敢露面，幸脱此险。路上有两个行人早知道匪徒有此谋算，认为我们性命已全完，宿店时一见面，吓得他们"见鬼"乱喊，急问我们如何脱险。一次夜宿荒庙三间，暴雨雷风庙塌两间半，唯我半间保全，被上灰尘泥泞满，幸未见阎罗，受此惊后数日心神不安。

蜀道难，山陡路滑行路艰。有一次我和马由山上往下滚，直到谷底滚了数十丈深，虽然遍体伤痕，阴雨天山间无人，只能爬起身来向前奔。又一次马倒稻田中，水深盈尺泥土松，全身陷在泥土中，被马压住不敢动，只怕头被压入泥中。等了十几分钟，来了人拉住马绳，我爬起身来浑身泥泞湿淋淋，骑在马上仍向前行，一路上逢人便问这种可怜情形，我也很是难为情。

1940年9月6日经过攀枝花那天，发现铁矿露头储量吨千万，后方就缺大矿山，如获至宝心欢喜，随即公布在西昌的《宁远报》。又谁知旧社会无人管，宝藏发现后仍在地下长眠。解放后才把钢铁基地建，当时荒山，几户人烟，而今渡口市民增到四十万。人民喜爱矿山，矿山吸引人烟，昔日穷山，今日乐园，忆昔思今，心中泰然，也算对社会有所贡献。

"文革"教训极深刻，幸喜粉碎"四人帮"，拨乱反正抓纲治国，安定团结生活得所，一心生产勤奋工作，为四化牺牲都值得，力所能及不分老弱，今后发展前途广阔。

至于我，高校任教五十余年，桃李何止三千，青出于蓝而胜于蓝，内心慰然。喜看今天，"四害"入牢监，冤案错案一齐翻，人人有笑脸，实事求是努力干，后门一律关闭，美景就在前方。可惜年已八旬岁月短，更应珍惜宝贵时间，力争晚年为建设社会主义添瓦砖，这就是我的志愿。

第五部分
学生回忆恩师刘之祥

一、怀念恩师刘之祥

高澜庆教授

在北洋大学建校 120 周年前夕，我不禁想起刘之祥恩师为我国的采矿事业和教育事业做出的重大贡献，以及他对我的教育与培养。

我怀着"工业救国"的愿望和没有机械化就不能振兴工业的想法，于 1946 年考入慕名已久的北洋大学，入读机械系并获奖学金。1947 年 6 月因看到学校布告栏中招聘采矿技术人员的单位很多，每个毕业生可有多个选择，而其他专业招聘单位则很少，另外也认识到要工业强国，原材料是基础，故二年级上了两周课后，我就找到魏寿昆主任（兼任采矿系主任），申请转入采矿系。魏主任询问了我的学习成绩（平均在 80 分以上）后，同意我转入采矿系。刘之祥先生在这战火纷飞的时期，放弃国外优越的条件，不怕困难，携瑞士夫人返回祖国，回母校任采矿系教授（他出国前就是部聘教授），1948 年初又接任采矿系主任。刘先生回校任教和我转入采矿系，这就是一种师生缘分。

我接触刘先生，是从听他讲课开始的。他先后给我们讲了"采矿工程"（8 学分，一年）、"地性探矿"（2 学分，即现在的"地球物理探矿"）、"试金学及试验"（2 学分）、"洗煤学"（1 学分）。刘先生讲课是中英文并用（教材是英文的），经常不带讲稿，在讲台上来回走动，重点和章节处才在黑板上写出中文或英文，或画些简图，还时常穿插些实例，这反映他不仅知识渊博，造诣很深，而且有丰富的实践经验。他讲课如行云流水，并习惯用手势助讲，非常生动。他的课深受同学们的欢迎。现只略述其中对我影响最大的几个事例。

1. 重视学生的实践环节

1948 年，因国民政府的腐败和国民党军队在战场上的失利，学校经费异常紧张，但刘主任千方百计向学校争取到实习经费，让我们到北平西山一带进行地质实习（因北安河、三家庄等地各地质年代的露头和古生物化石比较丰富完整，有古生代的三叶虫、中生代的菊石化石，还有清晰的断层、褶皱等），到门头沟煤矿下井了解矿山生产。印象最深的是我曾采到过三叶虫化石和在门头沟煤矿下井前要与矿方签订协议书——大意是我自愿下井，死伤与矿方无关。当时我们开玩笑说：这就是立"生死状"。这次实习，不仅使我们验证了地质类课程的教学内容，对专业有了感性认识，更重要的是，我们亲眼看到工人在井下那种恶劣的条件下，从事异常繁重的体力劳动（采煤、搬运等都是手工作业），从而增强了我们学习采矿就要改变这种落后面貌的责任感。

2. 勇于实践、不务虚名、不惧艰险的敬业精神

我 1950 年毕业，未能参加华北各大学应届毕业生暑期政治学习团（学习后分配工作），刘主任就直接把我留校了，而且马上就参加了具体工作。9 月开学，我就给教"矿山机械"与"热工学"的邓曰谟教授做助教。刘先生通知我直接留校时，送了我一张他十年前（1940 年）发现攀枝花钒钛磁铁矿时的照片，并像讲故事一样，简述了四川攀枝花裂谷当时的荒蛮，他曾几次遇到危险（含生命危险），但仍勇往直前，历时 87 天，行程近 1900 公里，终于找到了钒钛磁铁矿的大矿藏（攀枝花为全国最大的钒钛原料基地，全国四大铁矿区之一，还被誉为"世界钒钛之都"）。这本来是刘先生对国家采矿工业的重大贡献，但他不务虚名，只是说干采矿（含地质）这一行的，就要深入第一线，不要怕吃苦和危险，只有脚踏实地地干，才能使国家富强起来。他寓教于闲谈中，对我的影响确是非常大的，使我在以后的工作中一直坚持深入矿山，为矿山的机械化奋斗了一生。

3. "严"字当头，为培养高质量人才把好教师关

刘先生总是和蔼可亲的，对年轻人更像慈父一般，但他在聘任教师上却是"严"字当头，以确保教学质量为原则。下面仅举我亲身经历的几件事来说明。

1950 年 8 月（我已留校当助教），于学馥先生由山东大学应聘到沈阳东北工学院任副教授，途经天津（当时需转车再到沈阳），到北洋大学找刘之祥主任，想留在北洋大学（因考虑东北太冷，小孩还不满一岁）。刘先生详细询问了于先生的情况，最后说："你可以留下来做讲师，如要做副教授，还是去东北工学院吧。"最后于先生留在北洋大学做了讲师。

我留校后，"矿山机械"课的助教。1951 年哈尔滨工业大学来了"Горная Механика"（译成"矿山机械学"）方面的苏联专家，虽然当时采矿系教师人数很少，但刘先生还是把我抽出来，送到哈尔滨工业大学去做"矿山机械学"专家的研究生，以便较快地提高师资水平。

再有我们"自然地质""构造地质"课都是陈兆东教授讲的。陈先生 1940 年获法国里昂大学地质学硕士学位，后又毕业于法国格城大学理学院动物学系，任教于里昂大学。回国后，任北洋大学采矿系教授。本来他也可以讲"地史学"课，但刘先生为确保教学质量，请了曾在美国专攻古生物地质学且已蜚声美国地质界，后回国在清华大学任教的杨宗一教授来天津兼授"地史学"（每周来一天）。杨教授学识渊博，对各门类化石种属及地层特征均能脱口而出，令人钦佩。至今我还记得一些古生物的英文名称，可见印象之深。

最后，还想补充两点，就是天津解放前后和"文化大革命"时期刘先生的一些情况。

4. 反对南迁，坚持护校，迎接解放

1948 年 9 月以后，全国解放战争进入战略决战阶段。南京国民政府教育部要求北洋大学南迁，北洋大学学生自治会在地下党组织的领导下召开了全体学生大会，发动签名，通过决议，反对北洋大学南迁。刘先生也是反对南迁的。

1948 年 12 月平津战役打响时，张含英校长去南京办事，因交通中断不能返校，北洋工学院院长李书田又乘天津起飞的最后一个航班南去了，学校遂于 12 月 22 日成立了临时维持委员会，理学院院长陈荩民任主席，刘之祥主任任副主席，维持学校工作，迎接天津解放。

1949 年 1 月 14 日解放军发起总攻，1 月 15 日清晨攻克天津，15 日下午天津市军事管制委员会（简称军管会）宣布天津解放。解放后，临时维持委员会主席陈荩民和副主席刘之祥代表全体师生员工到军管会文教部报到，并请求军管会派人接管学校。同时邀请部队首长黄火青同志到校做了关于天津解放经过、目前战争形势、党在新解放区政策等的政治报告，广大师生员工深受教育和鼓舞。

1949 年 3 月，天津市军事管制委员会代表人民正式接管了北洋大学。刘先生作为临时维持委员会的副主席，和大家一起，把一个完整的北洋大学交给了人民。军管会文教部部长黄松龄代表军管会接收北洋大学时宣布：取缔国民党等反动组织，取消反动的训导制度和反动课程。同时明确临时维持委员会继续维持学校工作，陈荩民、刘之祥继续担任正、副主席，主持校务。直到 1949 年 5 月才撤销了临时维持委员会，正式成立北洋大学校务委员会，刘之祥任该委员会秘书长。

5. 开拓新路，探索海洋采矿

刘先生深知陆地的矿产资源总是有限的，也是不可再生的，必须寻找新的资源，所以他在上世纪六十年代就把注意力放到了海洋采矿方面。此时，国外发达国家才开始研究海洋采矿。但很快"文化大革命"就开始了，这是对文化疾风暴雨式的摧残，高等学府首当其冲。在这种极端困难的条件下，冒着被批判的危险，没有资金的支持，刘先生仍在默默地耕耘着，因他一心想的是祖国将来发展所需的资源，完全没有考虑自己的处境。他先后写出《海洋采矿》《开发海洋矿产资源》两本著作，以及论文《海底矿床开采》。这是我国最早研究海洋采矿的专著和论文。刘先生就是国内在海洋采矿研究方面勇敢的开拓者和先驱。

刘先生把自己的一生都献给了我国的采矿事业和教育事业，是我国知名的采矿专家和教育家。他那热爱祖国，无限忠于我国采矿事业和教育事业，不计名利、不惧艰险的献身精神，不但教育了我们这一代，还会不断地传承下去。我们将永远怀念他！

二、追根溯源　还历史真面目

——有关是谁最早发现了攀枝花钒钛磁铁矿的探讨

陈希廉教授

对于攀枝花钒钛磁铁矿是谁最早发现的，目前有三种说法，笔者将根据翔实的历史资料，分析其真相。

1. 1936 年常隆庆最早发现说

这是现在最普遍的说法。持这种观点的单位①或个人大致都这样说：1936 年常隆庆和殷学忠调查宁属矿产，在攀枝花倒马坎矿区见到与花岗岩有关的浸染式磁铁矿，并在调查报告《宁属七县地质矿产》中论及："盐边系岩石，接近花岗岩，受花岗岩之影响特大。当花岗岩侵入时，熔点较高之金属，如金、铁等类矿物，随熔岩上升，或侵入岩石中，成为矿脉及浸染矿床。故盐边系中有山金脉及浸染式之磁铁矿、赤铁矿等，成为宁南极为重要之含金属矿产之地层。"且不论常先生是否到过倒马坎尚有争论，这里仅就这段对于盐边系的说明进行探讨。

笔者曾两度在攀枝花矿区进行科研工作，较熟悉当地的地质条件。矿区内的矿带大体倾向 N60°E，倾角较陡。该矿带分为几个矿段，倒马坎是其中的一个矿段。

据笔者了解，倒马坎有两种铁矿，其西北部是基性-超基性侵入岩浆岩中的钒钛铁矿，东南部是接触交代型铁矿和广泛分布的花岗岩类酸性岩石。笔者认为常先生这次发现的铁矿并非钒钛铁矿，根据如下：

（1）地质学界都知道，全世界的钒钛铁矿都是赋存于基性-超基性侵入岩浆岩中。所谓盐边系（后改名盐边群）岩石绝非基性-超基性侵入岩浆岩。当地花岗岩类岩石的确很多，但是花岗岩与钒钛铁矿是风马牛不相及的。可见当时发现的是另外类型的铁矿，而非钒钛铁矿。

（2）汤克成先生在 1940 年也考察了倒马坎，在他所写的论文②中，提到了倒马坎存在非钒钛铁矿的铁矿床（下面将细述）。

（3）常先生在他的遗墨中说："在这本报告③中，除了攀枝花铁矿外，其他较大的矿产大部分都有记载。"也就是说，宁属七县的调查，还没有发现攀枝花大铁矿。④

---

① 《攀枝花市志·铁矿勘探》，http://www.panzhihua.gov.cn/zjpzh/pzhsz/dspyjgy/874.shtml。

② 汤克成、姚瑞开：《盐边县攀枝花倒马坎铁矿成因》，《地质论评》，1941 年第 Z2 期。

③ 指《宁属七县地质矿产》。

④ 张明：《到底是谁发现了攀枝花矿？》，中国钢铁新闻网，2012-06-20。

（4）常、汤先生在倒马坎所见不是钒钛铁矿的两个旁证：

①常、汤两先生都提到他们在倒马坎所见的矿石是磁铁矿和赤铁矿，而根据成矿理论及现场实际，原生的钒钛铁矿根本就不含赤铁矿；尽管风化后的钒钛铁矿可有少量假象赤铁矿，但须在显微镜下才能看到，当时两位先生凭借肉眼鉴定，发现的赤铁矿一定不是钒钛铁矿中的赤铁矿。

②常先生"在金沙江边一个叫倒马坎的地方，发现古人既已在此采矿，实地踏勘也采集到了铁矿石标本"[①]。古人无法通过选矿从矿石中剔除钛，而不剔除钛就无法炼铁，所以该地所采肯定不是钒钛铁矿。1958 年"大炼钢铁"时，许多地方将矿床露头处捡到的钒钛铁矿石用于炼铁，结果都只能炼出渣铁不分的矿渣。

（5）还有个"攀枝花矿"是"'攀枝花'的一个很小的组成部分"的说法，意即常先生发现了整个"攀枝花"，而刘之祥和常隆庆只发现了其中"一个很小的组成部分"。

但是笔者认为，攀枝花这个地名是刘先生与常先生共同命名的。而且，西昌因清初设置宁远府而简称宁，宁属七县包括西昌、越嶲、冕宁、会理、盐源、盐边、宁南，那个"地域非常广泛"的概念不会是指这七个县，因为它们中有六个县不属于 20 世纪60 年代后确定的攀枝花的行政区划。如果说是常先生先发现了"大"攀枝花，那么这个地区的许多"乡土志"（如《宁边乡土志》）的作者就应该是更早的发现者。

2. 1940 年 6 月探矿工程师汤克成最早发现说

这种说法的根据是常隆庆先生在 1936 年并未发现攀枝花钒钛铁矿，而汤克成1940 年 6 月到那一带做的考察又早于刘之祥先生和常隆庆先生 1940 年 9 月的考察。

汤克成先生考察后，1941 年与其助手姚瑞开共同在《地质论评》上发表的文章《盐边县攀枝花倒马坎铁矿成因》中这样描述："磁铁矿成扁平体，生于闪长岩中，而略相平行，倒马坎所见者极为显著。或生于灰岩与火成岩接触之一侧。"[②] 显然，他发现的也不是钒钛铁矿，因为闪长岩是中性岩，钒钛铁矿绝不会生于其中，或"生于灰岩与火成岩接触之一侧"。就该描述来看，可以肯定不是钒钛铁矿；而矿床可生于灰岩与火成岩（闪长岩）接触之一侧的，应该是接触交代型铁矿床。

3. 1940 年刘之祥与常隆庆共同发现说

笔者认为这种观点是有说服力的，根据如下：

（1）西昌学院所保存的历史资料表明，这次考察是该校组织的并任命刘之祥为领队，常隆庆要求参加，得到刘先生同意而结伴同行。

（2）常先生自己说是与刘先生一起"找到了盐边攀枝花铁矿"。常先生写到，1940 年"与技专校教授刘芝生（名之祥）于八月中旬出发，重点放在盐边、盐源地区……这次我们找到了盐边攀枝花铁矿"[③]。

（3）该次考察的铁矿样品，经"西康专科学校[④]化学系隆准教授化验认定矿石里有

---

① 龙孝明：《先行颂·梦圆攀枝花》，《报告文学》，2007－10－17。
② 汤克成、姚瑞开：《盐边县攀枝花倒马坎铁矿成因》，《地质论评》，1941 年第 Z2 期。
③ 刘降渝：《攀枝花的发现人公认是我国著名地质学家常隆庆教授》，豆丁网，2009－01－23。
④ 即国立西康技艺专科学校。

钛"①。这是中国首次正式发现的含钛铁矿床，意义非凡。

（4）刘、常两位先生于 1941 年分别发表了调查报告："1941 年 8 月，刘之祥用中、英两种文字印行了《滇康边区之地质与矿产》论著。1942 年 6 月，常隆庆在《新宁远》杂志调查报告专号发表了《盐边、盐源、华坪、永胜等县矿产调查报告》。"②

以上历史资料说明，由于这次调查是国立西康技艺专科学校组织，并任命刘之祥教授为领队，同时由该校隆准教授化验认定矿石中含有钛，而且刘先生又早于常先生10 个月发表了中、英两种文字的调查报告，说明国立西康技艺专科学校在这次调查中立了首功，刘先生的贡献当然也就不亚于常先生。

---

① 龙孝明：《先行颂·梦圆攀枝花》，《报告文学》，2007－10－17。

② 《攀枝花铁矿勘探》，http://zhb601007. blog. 163. com/blog/static/31027912008052364 2708/. 2008－01－05。

三、恩师永在我心中

——深切怀念采矿系刘之祥教授

陈云鹤总工

刘之祥教授离开我们已四年了。每当我想起这位学识渊博、诲人不倦的师长，就禁不住热泪盈眶。他的音容笑貌，犹如昨日。

今借母校四十周年校庆，献上一瓣心香，寄托我的哀思。

刘先生毕生从事采矿教育事业，在我国采矿工程界有崇高的威望。1928年他从北洋大学毕业后，即先后在北洋大学、国立西北工学院、国立西康技艺专科学校任教。抗战后期去英、美考察进修，回国后仍在北洋大学任教。后因院系调整，1952年到北京钢铁工业学院（后更名为北京钢铁学院）任教，直到逝世。在近六十年的漫长时间里，他培养的学生何止千百，真可谓桃李满天下。如果说科技是第一生产力，那么培养科技人才的教师应该说是发展生产力的源泉。

刘先生培养的学生遍布我国煤炭、冶金、化工、建材、核工业等部门，这些学生都在不同的工作岗位上做出了应有的贡献，为发展我国矿业发挥了栋梁骨干的作用。刘先生在九泉之下，当含笑瞑目矣。

和刘先生第一次见面是在41年前，即1950年秋天采矿系召开的新生欢迎晚会上，在北洋大学南大楼二楼的一间教室内。刘先生当时是北洋大学秘书长兼采矿系主任。他将采矿系各位老师一一地向我们新生做了介绍。当时被介绍的有杨世祥（1933年北洋大学毕业，教授）、陈苾（1949年留美，犹他州立大学毕业，副教授）、于学馥（1944年国立西北工学院毕业，讲师）等。

北洋大学是中国最早的理工科著名学府，于1895年建校，采矿系与北洋大学同龄，与冶金系是北洋大学历史最悠久、教授阵容最强的两个系。刘先生介绍各位教授时谈笑风生，使我们这些刚入北洋大学的新生免除了拘谨，教室内时时爆发出热烈的掌声和欢快的笑声。

在以后的几年学习时间里，和刘先生的接触就更多了。1952年院系大调整，刘先生到了北京钢铁工业学院采矿系。当时因无校舍，暂借住在清华大学，1953年秋才迁至现址。刘先生教过我们采矿学。"开拓和采矿法"是采矿学专业中的核心课，严格来说是枯燥的，但经刘先生讲解就变得生动有趣了。即使是在炎热的夏天，听刘先生讲课也不困。刘先生有时举出实例，有时离开书本讲。有一次他拿着一本小册子讲，边讲解边用手在黑板上画图，口若悬河，滔滔不绝。下课后，同学们才知那是一本英文专著，由此可见刘先生对英文的精通和学术水平之高。刘先生教授过冶金系的试金学、地质系的地球物理探矿，以及采矿系的多门专业课。50年代曾兼授北京地质学院的采矿概论。当时的学生数十年后仍对他讲的课记忆犹新。

最令人难忘的是刘先生带我们到弓长岭铁矿实习。记得是1954年夏天，我们全体采矿系实习学生住在台后沟老火药库内。老火药库是一间大约60平方米的房子，两边用火药箱搭成通铺，每边睡20多人。刘先生和同学们住在一起，就睡在最里边，吃饭也和同学们在一起，而当时刘先生已经50多岁了。刘先生真正做到了与学生同吃、同住、同劳动。在乘火车时，由鞍山到北京要20多个小时，刘先生把软卧让给了体弱的同学，自己坐硬座，丝毫没有名教授的架子。

刘先生抗战前即担任过南京国民政府教育部部聘教授，之后曾担任过北洋大学秘书长（相当于主管行政的副校长）、北洋大学校委会副主席、北洋大学采矿系主任等，是采矿工程界的老前辈。刘先生生活艰苦朴素，为人平易近人，无论是毕业多少年的学生，只要回到母校，总想去看望他。记得母校三十周年校庆时（1982年4月22日），我和几位早年毕业的校友去看望他，他虽已满八十高龄，但仍能准确地叫出每个人的名字，可见其记忆力之惊人。他屋中还是那两个旧沙发，一台黑白电视机。那台黑白电视机是他女婿从国外带回来的，因频道不匹配，在中国进行了改装。老教授生活之清苦，可见一斑。惜从此一别，竟成永诀！

刘先生青年时代风流倜傥，爱好体育运动，曾代表北洋大学参加过在上海举办的大学生网球赛。比赛月余，回校后考试成绩仍名列前茅，足见他聪颖过人。

抗战时期，刘先生率领地质调查队深入西康不毛之地，冒着生命危险攀登悬崖峭壁，发现了著名的攀枝花铁矿。新中国成立后，我国在攀枝花建立了铁、钒、钛矿基地。1991年春我应冶金部之邀去参加一次地震研讨会，到攀枝花矿山时，问到该矿领导及工程技术人员是谁发现了这个矿藏，可惜都回答不出。当我告诉他们是刘之祥教授在抗战后期的艰苦年代，由彝族同胞当向导，用牦牛驮着生活用品，跋涉千里，风餐露宿才发现这个地下宝藏时，他们都肃然起敬。刘先生为国家建设建立的不朽功勋，将永远铭记在攀枝花铁矿这块丰碑上。

敬爱的师长，您安息吧！您永远活在您的学生们心中，永远活在从事采矿的工程技术人员心中，永远活在采矿事业中！

四、忆刘之祥先生

刘华生教授[①]

我大学毕业留校后，被安排与先生在同一个教研室。日久天长，耳濡目染，能亲身接受先生的谆谆教诲。先生不畏艰辛、科学救国、崇尚实践、勇于创新、励精治学、爱国敬业的崇高精神和高贵品质，让我铭记在心，受益终生。

1. 发现攀矿，功不可没

1940年，先生率队对康滇边区开展地质勘查，行程1885公里，历时近三个月。此次勘探首次发现了攀枝花铁矿。

此次调查，先生是受国立西康技艺专科学校的委派。他深知路途艰险，生活困苦，但仍豪情满怀地说："在国破家亡的情况下，能为国家出点力，冒点险，就是牺牲了也光荣啊！"在调查中，他曾连人带马坠入山谷，跌进水田，还曾遭匪徒拦截，但每次都能化险为夷，最终圆满地完成了地质调查工作。先生是攀枝花铁矿的第一发现人，第一报矿人，第一位撰写地质报告并公之于世的人，这一地质矿业史实是无可争辩的。如今攀枝花钒钛磁铁矿已探明储量100亿吨，其中铁、钒、钛的含量分别占全国的20%、87%、94%。攀枝花钒钛磁铁矿的开发，催生了一个拥有100多万人口的新兴城市——攀枝花市，我国独一无二的钒钛之都。攀枝花铁矿能有今天的辉煌，是与七十多年前先生的重大发现密不可分的，先生为国家建设做出了杰出的贡献。

2. 著书立说，学科奠基

天津解放前夕，为使北洋大学免遭破坏，先生担任了临时维持委员会的副主席，和大家一起，把一个完整的北洋大学交给了人民。先生从教近六十年，几乎每天凌晨4时起床撰写讲义，认真备课。先生的采矿学科理论功底深厚，教学方法谙熟。他的授课内容之简练，板书之简明，图画之清晰，语言之生动，在当时的采矿系是出了名的。先生在中国古代矿业发展史、海洋矿产资源开发和采矿学科理论方面的研究都取得了突出的成就，做出了突出的贡献，可以说先生是新中国采矿学科建设的奠基人。

先生组织编写的《金属矿床开采》，是非煤采矿专业必修的主干课程的教材，是新中国成立后该专业所采用的第一部教材，也是国内首部介绍硬岩矿床开采的教材。全书共四篇二十七章，分为矿床地下开采前论、地下采矿方法、地下开采专论和矿床的露天开采。教材全面、系统地阐述了硬岩矿床开采的全过程，对矿床开采中所需遵循的核心

---

① 北京钢铁学院（现北京科技大学）采矿教研室主任，已退休。

理论、主要原则以及基本要求做了精辟的介绍。教材首次建立了该课课程体系，为采矿专业教学做了开创性工作。这一课程体系在后来基本上被全国非煤采矿专业使用的《金属矿床地下开采》《金属矿床露天开采》两本优秀教材所采用。该教材明确指出了各章的重点和基本要求，因而有利于因材施教。先生 1959 年编写的《金属矿床开采》，填补了国内矿业类学科硬岩矿床开采教材领域的空白，对新中国矿业类人才的培养和矿业学科的建设起到了开拓奠基和引领作用，做出了历史性贡献。

3. 勇于创新，首开先河

地球陆地地下的矿产资源是有限的，而且也是不可再生的。为了人类的可持续发展，人们在不断探寻矿产资源矿床的新开发区域，国外首先将目光锁定在海洋。刘之祥先生早在 20 世纪 60 年代中期就瞄准了矿产资源矿床的新开发区域——海洋。在之后的十多年里，他潜心专攻海洋采矿研究，并先后出版了《开发海洋矿产资源》等专著，发表了《海底采矿》等论文。先生在无资金支持的情况下，不畏艰难地进行着研究，他的研究工作开创了我国在这个领域的先河。根据国家矿产储量管理局在上世纪 90 年代初公布的数据，我国的一个海洋远景矿区，锰结核储量达到了 17 亿吨，含铜 1500 万吨、钴 400 万吨和锰 4.5 亿吨。而且国外还在海底发现了甲烷水合物——一种本世纪新的能源矿产，其蕴藏量已达到了 10^{17} 立方米。可以说海洋矿产资源勘查与开发是大有可为的。而先生在推动我国在该领域的研究上是功不可没的。

先生虽早已离我们而去，但他的丰功伟绩、优秀品质是值得我们铭记和学习的。

五、开放、远见与"关门弟子"

施大德教授

　　我是刘之祥先生带过的最后一个研究生，因此我成了刘先生的"关门弟子"。大家这么说，我似乎还有点美滋滋的。现在，当我追忆这位恩师的时候，才发现刘先生的门可是从来没有关过的呀。他的门一直开放，向需要的人开放，也向似乎并不需要的人开放。刘之祥先生常常因其广博的见识、丰富的学养、深沉的思考，不知不觉地、不动声色地溢出点什么来，许多人往往不理解，而我也接不住，漏掉了许多。

　　值此刘之祥文集出版之际，作为先生的研究生，无论如何也要点点滴滴地收集一下这难收的"漏水"，以告慰九泉之下的亡灵。

　　刘之祥先生是引导我走进事业大门的教授，也是引导我探索新事物、新学科，使我始终对各种学问保持高度热情的导师。这与现在大学里盛行的"师傅""老板"有本质上的区别。"关门弟子"只能产生于闭塞的农耕社会，师傅向徒弟做简单的技艺传授，使徒弟日后有一个能维持生计的饭碗。然而"教会徒弟，饿死师傅"的古训使简单的技艺传授难以为继，又何谈什么发展、创新。刘之祥先生面对成百上千的学生和青年教师，以他开放的思想、独特的人格魅力，竟把现代化大学的精神和理念演绎得如此平常和永恒。

　　1. 本教授，非"师傅"，是先生

　　1961 年，已经 59 岁的刘之祥先生带着我们三个班的大三学生（五年制）到山西中条山铜矿开展生产实习。也许大部分同学把刘先生预想成带徒弟的师傅样子了，当时二十一二岁的我们都有些紧张。没想到他平易近人，一切自理，根本不需要我们"伺候"，还不时地露出点助人为乐的绅士风度。他头脑清晰，表达平实、风趣、有深度。我们几个同学经刘先生一指点，竟把还没有学过的，也无法观察到的采矿方法图七拼八凑地画了出来。青年教师不以为然，但刘之祥先生却大加赞赏。我从此有了对学科学习的自信，消除了对老教授的畏惧。

　　回学校上课，同学们很快就成了"刘之祥迷"，没有一个人舍得缺课。他不紧不慢的讲解发人思考，幽默生动的解释引人入胜，同学们个个听得津津有味。刘先生能把"硬邦邦"的采矿方法讲解得如此生动有趣，把空间、时间表达得如此清晰有序，真是令人叹服。更有趣的是，我们没有一个人能把笔记完整地记下来。不过大家也不着急，因为我们百分之百地听懂了，理解了。刘先生所授课程的考试也完全不需要死记硬背。

　　我本人更有"脱胎换骨"的感觉，从此有了精神，好好学习。我知道我 58 年考大学的时候，有个能让我继续读书的地方就很幸运了。我不闹专业情绪，但总调动不起学习的兴趣，只想毕业后有个饭碗就算了。可是这一年经过刘之祥先生的授课、答疑、点拨，我这个在学业上"自暴自弃"的学生，在不知不觉中竟极有兴趣地"钻"进了此前完全不了解的采矿专业。我真的喜欢上了我的专业，对专业的难度、深度和许多概念的特殊性饶有兴趣。甚至我还以我身为一个年轻女性，成为采矿工作者，不时地一个人在井下钻来钻去而自豪，要当总工程师的梦想也出现了。

我想这就是大学教授的魅力，没有说教，没有动员，带领一大批青年学子投身于一个乐意为之奋斗的事业。

2. 本导师，非"老板"，是同仁

1963年大学毕业前夕，突然被告知大家可以平等地报考研究生了。当时，从来没有奢望过可以通过考试得到读研机会的我紧急备考，幸运地抓住了机会。我又可以继续读书了。不过，现在回忆起这五年的研究生经历，不再是大学五年脱胎换骨的"爽"了，而是难以下咽的甜、酸、苦、辣。

刘之祥先生深入浅出的单独授课，海阔天空的讨论、答疑，虽然不脱离专业领域，却又是如此的开阔。我一直在他思维的海洋里遨游，如此博大而精细，缜密而灵活。但他对研究生的要求却又是如此"宽松"，从不要求我做什么，怎么去做，一切由我自己决定。我紧张、焦虑，经常不知所措。他却如此的自信，气定神闲。一年多的时间，刘之祥先生平时看似不经意的谈话给了我许多点拨，使我悟出了许多道理和解决问题的方法，我在不知不觉中理出思路，在混乱中做出选择。我觉得自己渐渐地会做学术研究了，学会了该思考些什么，怎么去思考。我们师生二人一一化解了选题时的取舍，试验中的磨难，结果中的苦涩。我的感觉越来越好，论文思路逐渐清晰，对于研究成果很有信心。我想，刘之祥先生运用开放、创新的思维方式引导研究生独立思考，开拓进取，应该是一个真正意义上的研究生导师，绝不是"老板"。我们找到了共同的语言，我们是同仁。康德说过："大学是一个学术共同体，它的品性是独立，追求真理与学术自由。"

然而1966年初夏，"文化大革命"不期而至，论文构思的良好感觉戛然而止。我茫然，彻底地糊涂了。刘之祥先生也被"冲击"了。一次在老办公楼的阴暗走廊里，我们师生突然撞上，他失去了往日的淡定，双手紧握着我的手，身体在发抖，述说着刚刚发生的事，我至今记忆犹新。

学校两年的"文攻武卫"很快就过去了。我到河北迁安铁矿去接受"再教育"，当了六年的爆破工人。在这六年的时间里，看望刘之祥先生成了我偶尔回到北京时的"必修科目"。先生的家国情怀，对善的坚守，成了我在郁闷和无望中的心灵鸡汤。事实上，刘先生对我这个"小学生"从来不谈国是，只谈专业。我们谈损失贫化，谈特种炸药，谈大沟掘进，谈山顶爆破，谈载频电话，谈炸药厂设计，谈采掘计划……这些，使我六年单调的劳动不再"苦""辣"，变得有点意趣了。

3. 领骑人，非"权威"，是朋友

值得一提的是，在那个不读书的"革命"年代里，我曾几次跟着刘先生走进王府井八面槽外文书店里一个小小的"内部店"。先生熟练地取下一本英文书，从一个口袋里掏出一个两寸长的铅笔头，又从另一个口袋里抽出个小笔记本，站着边看边写起来。而我只好到外间去翻看俄文书了。当时，我还没有学过英文，不知道刘先生在关注什么，后来才知道刘先生在研究海洋采矿。1972年8月，《开发海洋矿产资源》一书由科学出版社出版。这本小册子篇幅不大，印刷也不算精良，但是它的意义非同一般，显示出了一位专业"领骑人"的权威。

实际上，早在1967年刘之祥教授准备在冶金工业出版社出版《海洋采矿》一书时，冶金工业部革命造反派在忙着抓走资派，"国家海洋局"还没有挂牌。几个大研究院的情报人员倒是跟着做了不少工作，冶金工业出版社也尽了很大努力。由此可见，在十多年时间里，海洋矿产资源的研究与开发，是刘之祥先生始终牵挂、身体力行地着力研究的一个大课题。而当时，这个领域的研究，没有单位可以立项，也没有经费来源，甚至还有受批判的风险。可刘先生甘于清贫，甘于坐冷板凳，对别人看来又苦又危险的事情如痴如醉。这是一种何等宝贵、执着的敬业精神！

是的，刘之祥先生从来没有间断过对世界范围内前沿专业动态的关注。作为中国最早的理工科大学中最接近世界前沿的开拓者，他始终自发自为地做着专业"领骑人"。但是刘之祥先生没有一点"权威"范儿，始终与学生、同事如朋友般相处。我想这应该就是学术领军人、大师的风范。

如果说刘之祥先生只是我专业上的导师，这是不准确的，因为80年代初我就离开采矿系，改学经济管理专业了。刘先生向来支持我开拓新领域，但是对专业范围做如此大的改变，先生能支持我吗？没想到劝说我留下来的是矿机专业的教授，甚至是东北工学院（现东北大学）的对口专业教授。而刘先生则与我一起畅想如何把采矿专业与经济管理专业结合起来。他没有说一个"不"字，没有一点"权威"的表现；相反，他认为我的选择有开拓新领域的希望和可能。于是，我又开始做"梦"了。

刘之祥先生这种"诲人不倦"的职业坚守和强大的人格魅力，正是来自他的业务底气和文化底色。

4. 一个好为人师的好老师

我最深切的感受是，刘之祥先生不但为人师表，还是一个来者不拒、好为人师的大好人。在那个没有电话、没有复印机的年代，我经常会碰到刘先生在接待一个又一个、一批又一批突然而至的造访者，送出一批又一批的资料。甚至到后来他把所有的书籍，包括市面上买不到的一些工具书都送人了。当时我不理解，为了表示反对刘先生的这种做法，我竟然没有接受和留下刘先生给予的一件纪念品。不过，现在的我却在重复刘先生的做法，把书送到民办大学、民办小学、贫困山区，把资料"硬塞"给学生、朋友……

现在，我不时会想起刘先生在不经意间提到的广博的话题。在去王府井外文书店的路上，他似乎很随意地谈到交通管理，谈到公交汽车站点位置的设计原则。他认为，利用公共交通工具出行的北京市民，换乘时在马路上暴露的时间和距离都太长了，不安全，不方便。当时的我根本不理解，而现在的我却有了真切的体会。想想当年他以七十开外的高龄，从西北郊赶到市中心的王府井外文书店去看书，那是一种怎样的坚持和情怀！

　　他谈到过英国煤矿的安全管理，甚至还对我谈起英国人如何利用家属教育来提高工人的安全意识，我当时只觉得很新鲜。三十多年过去了，现在一有"矿难"的报道，我还是会想起刘先生说过的英国煤矿的安全教育。奇怪，他那时为什么会多次谈到这个问题？

　　他还谈到过细菌采矿，谈到过发现攀枝花铁矿过程中的几次遇险……他常用一种平静、淡泊，甚至自我调侃的方式谈到社会和自身的方方面面。知识分子的虚怀若谷以及与生俱来的社会责任感和批判精神，在刘之祥先生这里表现得如此朴素、自然。

　　我真不知道自己为什么不能把老一辈教授们的精神全面地传承下来，不能把他们的内在修养真正学到手。我经常被人批评为"好为人师"，甚至是"倚老卖老"，可我又强调不能放弃老师的良知而"不知改悔"。我祈望先生的在天之灵能感知学生的敬意，同时又祈望先生能原谅我这个没有"改造"好的学生。

　　不过他研究学问的思路和方法的确使我受益匪浅，十多年以后我编写的三本非采矿专业的经济管理方面的教科书，就是用我在先生那里领受到的方式方法完成的。这才是好老师的好影响力！

　　对于产生于工业社会的大学教育来说，刘之祥先生是真正意义上的教授，是真正意义上的导师。刘之祥先生是一个已经逝去的，现在又被人们重新认识的好老师。但愿我们的社会能有更多的头脑清晰、有强烈社会责任感的好老师。

附记

刘之祥在北京钢铁学院的三十五年

　　1952—1987 年是刘之祥人生中最重要的一个阶段。在这个阶段，刘之祥为新中国的教育事业做出了无私的奉献，为新中国采矿学科的发展创造了多项重要成果，成为中国现代采矿领域的先驱者和奠基人。为此，本书特附记刘之祥这三十五年的简要经历和成果。

刘之祥与北京钢铁学院建院和学院发展[①]

　　1. 1952 年，首批建院职工 136 名，刘之祥在列。

　　其中教授 23 名，刘之祥在列。

　　采矿系设采矿、选矿两个专业，教授 7 名，刘之祥在列。

　　2. 1952 年 8 月 30 日，根据教育部文件，成立北京钢铁工业学院筹备委员会，刘之祥在列。

　　3. 1956 年 10 月 17 日，招收第一届副博士研究生，共 10 名。

　　其中采矿专业 2 名，刘之祥、童光煦各指导 1 名；炼铁专业 1 名，林宗彩、陈大寿两人指导；炼钢专业 1 名，魏寿昆、谢家兰两人指导……

　　4. 工会和院务委员会等。

　　工会第一次、第二次选举，张文奇副院长兼任工会主席。

　　1956 年 10 月 27 日工会第三次选举，刘之祥任主席。

　　1957 年工会第四次选举，刘之祥任主席。

　　1959 年工会第五次选举，党委副书记郭大同兼任工会主席，刘之祥任副主席。

　　1960 年、1961 年工会两次选举，党委副书记林楠兼任工会主席，刘之祥任副主席。

　　1957 年 2 月 27 日，刘之祥等 44 人被北京钢铁工业学院评为工会积极分子。刘之祥等 19 人出席北京市工会优秀积极分子大会。

　　1959 年第一届院务委员会、采矿系系务委员会，刘之祥均在列。

　　1960 年群英会，采矿、冶金等单位被评为北京市先进集体。

　　1962 年第二届院务委员会，刘之祥在列，高芸生任主任委员。

---

　　① 资料源自北京钢铁学院资料编写组编写的《北京科技大学（北京钢铁学院）纪事（1952—2012）》。

5. 1984 年 4 月 26 日，学校颁发教育荣誉证书。

其中教学 30 年以上者 193 人；教学 40 年以上者 13 人；教学 50 年以上者 5 人，刘之祥在列。

6. 1987 年 7 月 25 日。

《北京科技大学（北京钢铁学院）纪事（1952—2012）》："我国著名采矿专家，北京钢铁学院建校元老，原三级教授刘之祥逝世，享年 85 岁。"

刘之祥的教学和学术研究成果

1. 北京钢铁工业学院建院初期，根据党的教育方针，在急待建立新的教学秩序之际，刘之祥承担了采矿专业金属矿床开采等多门基础课和专业课的教学任务，并在 1952—1954 年期间编写出"采矿大意""物理探矿""矿山力学及支柱"等四门课的讲义，解了教材缺乏的燃眉之急。

2. 1956 年 2 月，刘之祥在全国学术交流会上发表了名为《中国古代矿业发展史》的长篇学术报告，为新中国采矿学科在这个领域的研究奠定了坚实的基础。

3. 1959 年，刘之祥任主编，与东北工学院等五院校合作编写了《金属矿床开采》，由冶金工业出版社出版。1961 年由北京钢铁学院采矿教研组负责对原版进行了审查与修订，由中国工业出版社再版，并明确为高等学校教学用书。

1964 年 8 月，刘之祥与其他院校教材编写人员一起，为这部教材编写了极为系统、规范的《采矿方法教学大纲》。

刘之祥成为我国金属采矿学科理论的奠基人。

4. 1972 年，刘之祥的著作《开发海洋矿产资源》由科学出版社出版。此著作极大地拓宽了采矿学科理论的视野，为我国采矿事业的发展开辟了新的领域。刘之祥是我国这个领域研究的开创者。

5. 1984 年，《英汉金属矿业词典》由冶金工业出版社出版，刘之祥为审定人。

6. 1984 年，《中国大百科全书·矿冶》由中国大百科全书出版社出版，刘之祥为采矿编辑委员会第一副主任委员。

7. 刘之祥在二十多年间还发表了多篇学术论文、回忆文稿，翻译了多篇国外采矿学科前沿理论成果。

资料搜集整理：吴焕荣

2018 年 12 月 8 日

跋

　　刘之祥教授是我国采矿业界的前辈，是新中国采矿学科建设的宗师。发现攀枝花钒钛磁铁矿，是他对国家、对社会做出的重大贡献；在中国古代矿业史和我国海洋矿产资源开发研究中，他发挥了奠基性作用，取得了开拓性成果；在采矿学科建设中，他发挥了承前启后的重要作用。出版此书，既是为了表达对刘之祥教授的缅怀之情，也是为了学习和继承刘之祥对国家、对民族的高度责任感以及对学术孜孜以求的研究精神。

　　搜集和整理刘之祥教授的成果，传扬刘之祥教授的精神，始终是我们晚辈的心愿。最初的动议是出一份特刊。西昌学院的几位领导获悉此事后，经研究，郑重提议将刘之祥的学术研究成果汇集出版，并且愿意提供经费支持等。学院领导的建议和刘之祥晚辈的愿望不谋而合。

　　刘之祥和国立西康技艺专科学校（现西昌学院）有着不解之缘。国立西康技艺专科学校是 1939 年底根据教育部的决定筹建的。筹建时虽定位为学校而非大学，但它的校长却是原北洋工学院院长李书田，师资队伍集中了当时全国多所高校的一批名教授、名专家，刘之祥是其中之一。刘之祥担任采矿系教授、采矿系主任，兼主持宁属地质矿产调查事宜，同时相继兼任总务长、教务长等职务。刘之祥在校五年，对学校的建设和发展奉献了他的青春年华，因此他对这所学校有着深厚的感情，直到晚年还经常讲到国立西康技艺专科学校建设初期的一些事情。如今，西昌学院的领导提议与刘之祥的晚辈合作，出版刘之祥的学术研究成果，可以说是顺理成章，了却了双方的心愿。

　　本书收录的文稿力求保持原貌，出处或出版情况在按语或脚注中予以说明。所有按语为主编所加，主要是提示背景，简介内容，略加评价，力求每一部分的文稿围绕主题形成一个整体，避免碎片化。

　　本书的出版首先要感谢西昌学院原院长夏明忠教授，感谢西昌学院副院长陈小虎教授和宣传部副部长黄亮，是他们提议出版本书并始终给予支持，夏院长还为本书作序。同时也要感谢西昌学院院长贺盛瑜教授的鼎力相助。康专校友会王发元会长、宋平川秘书长等老领导和老先生始终关注本书的出版，并提供了力所能及的帮助，在此一并表示感谢。

　　本书的出版还得到了北京科技大学有关部门和土木与资源工程学院领导的关心。中国工程院院士蔡美峰教授在百忙中为本书作序。学校高澜庆、陈希廉、刘华生、施大德等高龄老教授多次参与座谈，讨论相关内容，并和校外专家陈云鹤先生一起提供回忆恩师刘之祥的文稿。真诚感谢各位的尽心尽力。

教育部原副部长、国家语委原党组书记朱新均，北京科技大学原校长助理、人事处处长冯玉成教授，中华诗词学会会员柏士兴教授，中国岩石力学与工程学会顾问、博士生导师方祖烈教授，在本书资料搜集和出版过程中都提供了支持和帮助，一并感谢。

责任编辑李思莹为本书的出版做出了努力，特致谢。

本书的出版也是刘之祥晚辈共同努力的成果。吴晨生参与了调研核查史实、搜集文献资料，以及整理文稿等大量工作。刘桂馥以及刘采苹承担了全部的文字录入工作。刘桂馥同时协助承担了多方协调沟通工作，刘珍等其他晚辈也做了力所能及的工作。

抚今追昔终释怀，合卷搁笔试赋联：

汇集成果祭灵魄
总使丹心留世间

吴焕荣于北京
2018 年 7 月 8 日